油气田开发管理与钻探技术应用

闫玉龙　阿哈旦·哈银扎尔　金 凯◎主编

汕頭大學出版社

图书在版编目（CIP）数据

油气田开发管理与钻探技术应用 / 闫玉龙，阿哈旦
·哈银扎尔，金凯主编 . -- 汕头：汕头大学出版社，
2024.5

ISBN 978-7-5658-5296-1

Ⅰ．①油… Ⅱ．①闫… ②阿… ③金… Ⅲ．①油气田
开发－研究②钻探－研究 Ⅳ．① TE3 ② P634

中国国家版本馆 CIP 数据核字（2024）第 106476 号

油气田开发管理与钻探技术应用
YOUQITIAN KAIFA GUANLI YU ZUANTAN JISHU YINGYONG

主　　编：闫玉龙　阿哈旦·哈银扎尔　金　凯
责任编辑：黄洁玲
责任技编：黄东生
封面设计：刘梦杳
出版发行：汕头大学出版社
　　　　　广东省汕头市大学路 243 号汕头大学校园内　邮政编码：515063
电　　话：0754-82904613
印　　刷：廊坊市海涛印刷有限公司
开　　本：710mm×1000mm　1/16
印　　张：20
字　　数：330 千字
版　　次：2024 年 5 月第 1 版
印　　次：2024 年 6 月第 1 次印刷
定　　价：98.00 元
ISBN 978-7-5658-5296-1

■ ■ ■ 前　言

海洋油气资源丰富，资源量约占全球石油资源总量的 34%，但目前尚处于勘探早期阶段，勘探程度低、储量增长潜力大。随着全球经济快速增长，人们对能源的需求也不断增长，陆上油气勘探日趋成熟到高度成熟，全球油气储量增长减缓，发现的油气藏规模越来越小，发现难度越来越大，油气产量不断递减，大油气田日趋枯竭，于是海洋油气的勘探开发便站到了世纪的前沿。

由于海洋环境的复杂性，海洋油气的开发与陆地相比多出了许多难以估量的不确定因素，从而成了真正的"三高产业"——高技术、高投入、高风险，对石油开发装备和技术提出了更高的要求。不仅要求从事海洋石油开发的工作人员具有扎实的专业知识，也同样需要他们具备熟练的操作技能。

本书围绕"油气田开发管理与钻探技术应用"这一主题，以海洋油气为切入点，由浅入深地阐述海洋油气的形成及分布、海洋油气工业的发展、海洋油气勘探开发特点、海洋油气田开发的可行性研究，并系统地分析了海洋石油施工技术管理、海上油（气）田建设项目实施阶段的安全管理等，诠释了随钻测井技术、钻井工程地质、钻井工程设计与施工准备、钻井技术等内容，以期为读者理解与践行油气田开发管理与钻探技术提供借鉴。本书内容翔实、条理清晰、逻辑合理，兼具理论性与实践性，适用于从事相关工作与研究的专业人员。

由于笔者水平有限、时间仓促，书中难免存在缺点与不足，诚请广大读者批评指正，以期日后修改与提高！

目　录

第一章 海洋油气概述

第一节 海洋油气的形成及分布

一、海洋油气的形成

(一) 海洋石油

1.海洋石油的形成

海洋石油与陆地石油一样，是一种化石燃料。由远古海洋或湖泊中的生物在地下经过漫长的地球化学演化而成。从深部地层中开采出的淡黄色、茶色、黑褐色或暗绿色的不同黏稠度的可燃性液体，即石油。它常与天然气并存。

2.海洋石油的特点

海洋石油与陆地石油一样，是以碳氢化合物为主要成分，具有特殊气味的有色可燃性液体。石油的性质因各海域产地而异，密度为 $0.8 \sim 1.0 \mathrm{g/cm}^3$，黏度范围很宽，凝固点差别很大，范围为 $-30 \sim 60 \,^{\circ}\mathrm{C}$（我国东海平湖油气田的轻质原油如清水一样透明，而辽河油田的原油是呈深黑色的块状物），沸点范围在常压下可达到 $500 \,^{\circ}\mathrm{C}$ 以上，可溶于多种有机溶剂，不溶于水，但可与水形成乳状液。组成石油的化学元素主要是碳（83% ~ 87%）和氢（11% ~ 14%），还包括硫（0.06% ~ 0.8%）、氮（0.02% ~ 1.7%）、氧（0.08% ~ 1.82%）及微量金属元素（镍、钒、铁等）。由碳和氢化合形成的烃类构成了石油的主要组成部分，占 95% ~ 99%。硫、氧、氮的化合物对石油产品是有害的，在石油加工中应尽量除去。

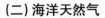

(二) 海洋天然气

1. 海洋天然气的形成

海洋天然气的形成与海洋石油一样，常与石油伴生共存。

2. 海洋天然气的主要成分和特点

海洋天然气与陆地天然气的主要成分和特点一样。天然气的主要成分是甲烷，也称油田气、石油气或石油伴生气。开采石油时，与石油伴生的气体称为天然气。天然气的化学组分和它的物理化学特性因开采地不同而有差别，主要成分是甲烷，还含有少量乙烷、丙烷、丁烷、戊烷、二氧化碳、一氧化碳、硫化氢和微量的惰性气体，如氦和氩等。液化石油气的主要成分是丙烷和丁烷。天然气无硫化氢时为无色、无臭、易燃、易爆气体，密度多在 $0.6 \sim 0.8 \text{g/cm}^2$ 范围，比空气轻。

经过天然气陆上终端降温降压处理将乙烷、丙烷、丁烷、戊烷等提取后，剩下较纯的甲烷，即为较纯的天然气。《液化天然气的一般特性》(GB 19204—2020) 规定天然气的甲烷成分在 75% 以上，含有少量的乙烷、丙烷、氮等其他成分。通常将甲烷含量高于 90% 的称为干气，甲烷含量低于 90% 的称为湿气。

3. 天然气的用途

天然气的主要用途是民用和工业燃料。民用如用于生活饮食的加热、房屋取暖等；工业燃料如汽车用 CNG、LNG、LPG 动力、发电厂的燃气透平动力等；天然气中的乙烷、丙烷、氮等也是重要的能源和化工原料；它是一种清洁能源，与石油一样，对国计民生同样重要。

(三) 液化天然气

1. 液化天然气的形成

将湿天然气通过脱水、脱硫、去除杂质并分离重烃类，温度降至 -162℃以下，天然气中的主要成分甲烷即从气体变为液体 (其余烃类如乙烷、丙烷、丁烷等由于各自变为液体的温度不同且其液化温度均较高，已先后被分离出)，称为液化 (液态) 天然气 (Liquefied Natural Gas, 简称 LNG)。

2. 海洋液化天然气的性质与特点

从海底产出的天然气与陆产天然气一样，当温度降至 -162℃以下变为液体的天然气，它是无色、无味、无毒且无腐蚀性的液体；LNG 的质量相当于同体积水的 45% 左右，LNG 的体积为同量气态天然气体积的 1/625，即液化后的天然气比常压气态天然气体积缩小 624 倍，这就大大方便了它的储存和海陆运输；LNG 主要成分是甲烷（含量 75% ~ 99%），其中还有少量的乙烷、丙烷、丁烷及氮气等惰性组分；LNG 汽化后在常压下热值为 36 ~ 46MJ/Nm³（约合：8 600 ~ 11 000kcal/Nm³）；LNG 液体密度为 420 ~ 460kg/m³，气体密度为 0.717kg/m³（101.325kPa，2℃）；燃点为 650℃，着火点较高，所以相对较难点燃，而且汽化后密度很低，仅为空气的一半左右，即使稍有泄漏，也会较快挥发扩散，安全性相对较好；1tLNG 可汽化约为 1.4×10^6Nm³ 天然气：LNG 在常温下携带有大约 836kJ/kg 的冷量。

3. 液化天然气的用途

LNG 便于储存和运输，特别适于远海天然气的运输。LNG 汽化后与一般天然气一样，主要用于民用和工业燃料。

（四）页岩气

1. 页岩气的形成

页岩气（Shale Gas）与煤层气一样，均属于非常规油气；页岩也属于致密岩石，所以页岩气可归入致密气层气。它是从页岩层中开采出来的天然气资源。页岩气多分布在盆地内厚度较大、分布较广的页岩烃源岩地层中。与常规天然气相比，页岩气开发有开采生产周期长即开采寿命长的优点，页岩分布范围广、厚度大，且普遍含气，故页岩气井可以较持久稳定的速率产出天然气。

对页岩气成藏（即形成）机理，油藏专家的认识如下。

（1）页岩气成藏机理兼具煤层吸附气和常规圈闭气藏特征，体现出复杂的多机理递变特点。

（2）在页岩气的成藏过程中，天然气的赋存方式和成藏类型逐渐改变，含气丰度和富集程度逐渐增加。

（3）完整的页岩气成藏与演化可分为 3 个主要的作用过程，自身构成了从吸附聚集、膨胀造隙富集到活塞式推进或置换式运移的机理序列。

（4）相应的成藏条件和成藏机理变化对页岩气的成藏与分布产生了控制和影响作用，岩性特征变化和裂缝发育状况对页岩气藏中天然气的赋存特征和分布规律具有控制作用。

2. 页岩气的特点

页岩气与常规天然气相比，其开发具有开采寿命长和生产周期长的优点，大部分产气页岩分布范围广、厚度大，且普遍含气，因而页岩气井可以持久稳定的速率产出天然气；页岩气藏的储层一般呈低孔隙、低渗透率的物性特征，气流的阻力比常规天然气大，因而采气井都需要实施对储层压裂等措施进行开采；页岩气采收率比常规天然气低，常规天然气采收率一般在 60% 以上，而页岩气仅为 5%～6%。

3. 页岩气的用途

采出并经分离处理的页岩气与常规天然气的用途一样。

（五）煤层气

1. 煤层气的形成

煤层气是从煤炭层中析出的气体，也称煤层瓦斯或瓦斯。煤层气是以吸附在煤基质颗粒表面为主、部分游离于煤孔隙中或溶解于煤层水中的烃类气体，主要成分是甲烷（CH_4），是煤的伴生矿产资源，也属非常规天然气。

煤炭和煤层气的具体形成过程如下。

煤炭地质专家认为：煤炭来源于陆地生长的高等植物，由于地震等地壳变迁将其深埋于地下，逐年长期演化而成。煤的原始有机物质主要是碳水化合物、木质素，成煤作用由泥炭化和煤化作用 2 个阶段完成。植物→泥炭→褐煤→烟煤→无烟煤，是未成岩→成岩→变质作用→泥炭化→煤化的全过程。泥炭化阶段（成岩期前），有机质在低温（<50℃）和近地表氧化环境中，由于细菌的作用，生成少量甲烷及二氧化碳，呈水溶状态或游离状态而散失。褐煤阶段已经进入成岩阶段，属煤化作用的未变质阶段。此期是干酪根的未成熟期，地温在 50℃ 左右，有机质热降解作用已经开始并且逐步加深，生物化学作用逐步减弱，主要生成甲烷及其他挥发物。烟煤阶段的长焰煤、气煤、肥煤、焦煤、瘦煤属于煤化作用的低－中变质阶段，此期

是干酪根的成熟期，沉积物埋深达到 1 000 ~ 4 500m，地温达 50 ~ 150℃，有机质经过热降解，有重烃、轻烃、甲烷及其他挥发物产出。煤化作用的后期是高变质阶段，一般将贫煤与无烟煤划分在这一阶段，地温 >150℃，埋深 >4 500m，热降解产物主要是甲烷。

2. 煤层气的特点

与煤炭伴生的煤层气，主要成分是甲烷，热值是通用煤的 2 ~ 5 倍，$1m^3$ 纯煤层气的热值相当于 1.13kg 汽油、1.21kg 标准煤，它的热值与天然气相当；煤层气比空气轻，密度为空气的 55%，稍有泄漏便会上升、扩散，若能保持室内空气通畅，便可避免爆炸和火灾的发生；而工业煤气、液化石油气密度是空气的 1.5 ~ 2.0 倍，若它们泄漏，便会向下沉积，所以工业煤气或液化石油气使用的危险性要比煤层气大许多。煤层气爆炸范围为 5% ~ 15%，水煤气爆炸范围为 6.2% ~ 74.4%，因此，煤层气相对于水煤气不易爆炸。煤层气不含一氧化碳，在使用过程中不会像水煤气那样易发生中毒现象。煤层气可以与天然气混合输用，而且燃烧后很洁净，几乎不产生任何废气，是上好的工业、化工、发电和民用燃料。煤层气在空气中浓度达到 5% ~ 16% 时，遇明火就会爆炸；若将煤层气直接排放到大气中，由于其温室效应约为二氧化碳的 21 倍，所以对生态环境的破坏性很大。

（六）可燃冰

1. 可燃冰的形成

可燃冰（即固体的"天然气水合物"）的形成与海底油气的形成类似，在海底缺氧环境中，厌氧性细菌将大量有机质（如鱼类尸体、蚌类等）分解而最终形成油气。其中，许多天然气被包进水分子中，在海底低温与压力（深水液柱压力和覆盖层压力）下即形成可燃冰。

2. 可燃冰的特点与用途

可燃冰在标准状况下，1 单位体积的天然气水合物分解，最多可产生 164 单位体积的甲烷气体，即 $1m^3$ 可燃冰可释放约 $164m^3$ 天然气；它的能量密度是煤的 10 倍。因而它是一种重要的潜在能源资源，被誉为 21 世纪最具有商业开发前景的能源资源，它的成分与目前广泛使用的天然气成分相近，但更为纯净，它燃烧时产生的二氧化碳仅为煤炭的 50%。开采时只需将固

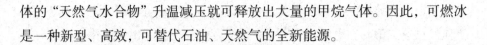

体的"天然气水合物"升温减压就可释放出大量的甲烷气体。因此，可燃冰是一种新型、高效，可替代石油、天然气的全新能源。

二、海洋油气的分布

（一）全球海洋油气资源分布与特征

从区域来看，全球海上油气资源勘探开发形成三湾、两海、两湖的格局。"三湾"即波斯湾、墨西哥湾和几内亚湾；"两海"即北海和南海；"两湖"即里海和马拉开波湖。其中，波斯湾的沙特、卡塔尔和阿联酋，里海沿岸的哈萨克斯坦、阿塞拜疆和伊朗，北海沿岸的英国和挪威，还有美国、墨西哥、委内瑞拉、尼日利亚等，都是世界上重要的海上油气勘探开发国。其中，巴西近海、美国墨西哥湾、安哥拉和尼日利亚近海是备受关注的世界四大深海油区，几乎集中了世界 90% 的深海探井和新发现的储量。

目前深水油气勘探效益较好的地区多位于被动大陆边缘盆地或与被动大陆边缘相关的裂谷盆地，且往往是浅水区及陆上勘探的延伸。油气储层常为白垩系或第三系，且多为第三系深水浊积砂岩。深水油气勘探常以发现大中型油气田为目标和寻找大中型圈闭地质结构为主，深水区开发和发现的多为油藏。海洋油气资源主要分布在大陆架，约占全球海洋油气资源的 60%。在探明储量中，目前浅海仍占主导地位，但随着石油勘探技术的进步，海洋油气勘探逐渐转向深海。目前，海洋石油钻探最大水深已超过 3 000m，油田开发的作业水深达到 3 000m，铺设海底管道的水深达到 2 150m。

（二）我国海洋油气资源分布与特征

中国海域面积约 $475 \times 10^4 km^2$，属中国管辖的经济区海域面积达 $300 \times 10^4 km^2$，其中有广大的深水区，包括南海中央海盆四周的深水区和东海冲绳海槽深水区。其中南海中央海盆的四周分布着台西南、笔架南、中建南、万安、排波、南薇、曾母、北康、巴拉望等多个盆地，这些盆地部分或全部位于深水区。中国南海北部、南部和西部陆坡深水区发育多个含油气盆地，具有多种类型的生储盖组合，油气成藏条件较好。在中国南海北部陆坡区的珠江口盆地深水区以及南海南部海域的曾母、文莱－沙巴等盆地深水区已经找到了大量的油气田。

中国近海海域油气资源丰富，近海海域主要含油气盆地有10个，它们自北而南分别是渤海盆地、黄海盆地、东海陆架盆地、台西盆地、台西南盆地、珠江口盆地、琼东南盆地、北部湾盆地、莺歌海盆地和中建南盆地。中国近海海域沉积盆地大部分为中、新生代沉积盆地，发育于大陆边缘。按照盆地成因类型和构造演化历史，其大体可分为如下4类盆地。

(1) 伸展和张扭 (张裂) 盆地，如珠江口盆地、北部湾盆地、琼东南盆地、南黄海盆地、北黄海盆地和渤海湾盆地等。这些盆地发育在大陆边缘上，是经过大陆岩石圈的张裂活动以及其后的沉降作用而生成的沉积盆地。

(2) 转换伸展 (或走滑拉张) 盆地，如莺歌海盆地、万安盆地和中建南盆地等。这些盆地发育在莺歌海 – 南海西缘走滑断裂带附近，是由区域走滑活动而产生的盆地。

(3) 前陆盆地，如曾母盆地等。它是发生在造山带前，由于岩石圈弯曲而产生的沉积盆地。

(4) 叠合盆地，如台西南盆地、台湾海峡盆地和东海陆架盆地等。这些盆地是由早、晚期不同类型原型盆地叠加而成。

第二节　海洋油气工业的发展

一、全球海洋油气开发介绍

开发海洋石油，首先是从浅水海区开始，然后逐渐向深水海区发展，所以钻井装置也是由简单到复杂、由固定式向移动式发展。

在 19 世纪末期，为了开发从陆地向海底延伸的油田，曾采用在岸上向海底钻斜井的办法开发海底石油。海洋石油开发是从 1887 年美国在加利福尼亚州西海岸架木质栈桥打井开始的。随后又用围海筑堤填海、建人工岛、从岸边向海上架设栈桥等办法开发海底油田。但对离岸较远、水深和风浪较大的海区，这些办法在经济和技术上就不适用了。

到 20 世纪 40 年代末，海上开始出现钢结构的桩基固定平台。它是先在海底立一个钢管架 (导管架)，然后在所立的钢管内打桩使导管架固定，再在架顶铺设平台，作为石油开发的场地。这种平台适应的工作水深可从几米到几百米，在现代海洋石油开发中，它仍被广泛地应用。但这种平台建成后就不易搬迁，因为不够经济，故现代主要用它作永久生产时的采油平台、储油平台、油气处理平台、动力平台、生活平台等。

海洋石油开发初期的大量钻探工作，需要能灵活移动的海洋石油钻探装置。这类移动式钻井装置在 20 世纪 40 年代以后才陆续出现。

最早出现的是坐底式（沉浮式）钻井平台。它是下部为某种形式的浮箱、上部支起平台的装置，钻井前先往浮箱内注水，使浮箱沉坐到海底，所以这种浮箱也叫沉垫。浮箱坐到海底后，平台仍能露出海面作为钻井场地。钻完井，排出沉垫里的水，平台又可浮起拖走。这种平台因高度有限，一般只用于水深不超过 20m 的浅海区，而且是非自航式。

20 世纪 50 年代初，出现了一种自升式钻井平台：这是一种可沿桩腿升降，以适应不同水深的移动式平台。平台本身是一个浮力相当大的驳船形浮体，浮体边部有几条能升降的桩腿，这些桩腿由气动、液压或电动的升降机构驱动。钻井前，桩腿下降、插到海底，平台被顶起脱离海面，在平台的甲板上就可以进行钻井作业。钻完后，升降机构先把浮体降回海面，拔起桩腿，就可拖走。自升式钻井平台的工作水深一般是十几米到上百米左右，大多是非自航式。

20 世纪 60 年代初，由于海洋石油钻探伸展到海况条件更恶劣的深海区，随之就出现了一种半潜式钻井平台。它在外形上和坐底式平台相似，只是沉垫和平台甲板间距较大。钻井时，向沉垫和立柱内灌水，沉垫和立柱下沉。当水浅时，沉垫可坐于海底，即与坐底式钻井平台相同。当工作水深较深时（在 60~200m 水深区），沉垫只是沉没于水中并不坐到海底，平台仍高出海面，呈半潜的状态。这样，在海面受波浪作用的只是几根立柱，所以它比钻井船稳定得多。半潜式平台也要用锚系或动力定位的方法，在钻井的井位上系留。钻完井，排出沉垫支柱里的压载水，整个装置浮起，就可自航或拖航离开。半潜式平台的工作水深可从几十米到几百米。

海上采油也是从 19 世纪末开始的。很多国家曾先后在浅海的堤坝、栈桥、人工岛及不同的木质、混凝土、钢质平台上进行过海底石油的开采。

在堤坝、栈桥、人工岛及各种固定平台钻成的油井，装上采油井口设备就可采油。用移动式钻井平台时，要预先在海上建立简单的混凝土或钢质小平台。它们有单桩、三桩的，这种平台也叫油井导管架或油井保护平台。这种小平台因本身抵抗海上风、浪、潮、冰、海啸等的能力和承载力都较差，故只用在风浪不大的浅海区，小平台上只装油井的井口设备。当油井要进行检修或各种井下作业时，要用专门的修井船或作业船。

随着海洋石油钻探进入环境恶劣的深海区，海上采油开始采用各种大型的固定平台。偶尔也有用移动式钻井平台作临时采油场地的情况。

现代已探明有开采价值的海上油田，主要是用各种大型固定平台钻生产井采油。在平台上除了安装采油井口设备外，还布置修井、井下作业、补充油层能量所用的各种机械设备。一座这样的平台，多得可以有几十口生产井。这种固定的海上钻、采平台，除了前面提到的桩基钢质固定平台外，20世纪70年代还出现了一种混凝土的重力式固定平台。这种平台是靠本身重量稳定地坐在海底。它除供钻井、采油以外，本身还能储油，甚至供油轮系泊装油。由于它建造时用的钢材量少、防腐性能好、经济效果高，使用范围不断扩大，不但在水深二三百米的海域得到应用，在水深一二十米的海域也出现浅海用的重力式平台。

二、国内海洋石油开发介绍

我国海域辽阔，海岸线超过18 000千米，海域面积约470万平方千米。我国海洋蕴藏着丰富的石油资源，有30多个沉积盆地，面积近70万平方千米。经过部分海域的地质普查，已发现近海含油的有渤海盆地、东海盆地、南海珠江口盆地和莺歌海盆地等，石油天然气地质储量丰富。

中国近海油气勘探历程可分为早期自营勘探（1957—1979）、对外合作与自营勘探并举（1979—1997）以及1997年以后的自营引领合作勘探共三个阶段。

中国海洋石油工业起步于20世纪50年代末，大约比先进国家海洋石油的发展晚了70多年。那个时候，发达国家海洋石油勘探开发的热潮已经兴起，海洋石油的钻井设备也发展到了相当先进的程度。但是，由于历史原因，当时我国只能从零开始，一切都是"自力更生"地摸索着前进。

1966年，我国自行设计建成第一座钢结构固定式平台，终于将钻机搬到了海上。随着勘探规模的扩大，固定钻井平台建造周期长、无法重复利用的种种弱点逐渐暴露出来。特别是钻探失利以后，固定平台也必须报废，加大了成本的投入，这在当时国家经济实力还很薄弱的情况下，是个很突出的问题。因此要求人们改变思路，用移动钻井平台替代固定钻井平台。在当时的形势下，自力更生建造自己的钻井平台，但国产钻井船与同时期西方国家设计建造的钻井平台在质量和性能上都相距甚远，很难满足大规模发展海洋石油勘探开发的要求。"渤海1号"在海中经历了折断桩腿的危险；"渤海3号"基本上没打井，就拆卸当废钢铁卖了。实践证明，像海洋石油勘探开发这样的高科技产业，拒绝学习引进国外先进技术的道路一般是行不通的。因此，20世纪70年代从国外引进了一批钻井平台，这些移动式钻井平台极大地增强了渤海的钻探力量，油气产量有所上升。但海洋石油事业的发展仍然十分缓慢，1967—1979年间，十几年累计产油只有 63.5×10^4 吨。20多年的实践使海洋石油人认识到海洋石油勘探开发是高投入、高科技、高风险的产业，跟陆地石油的勘探开发有着巨大差异。

自20世纪70年代末至80年代初，海洋石油事业逐步蓬勃发展起来。截至1982年中国海洋石油总公司成立前夕，渤海已先后有4个油田投入生产。

随着我国海洋石油事业的发展，为了科学合理地开发海洋资源，成立了中国海洋石油总公司，专门负责海洋石油资源勘探开发。自此，我国的海洋石油开发走上了专业化、正规化、国际化发展的快车道。

20世纪80年代以来，我国在浅海和滩涂地区也发现了丰富的油气资源。胜利油田在浅海地区经过多年勘探也发现了油田。辽东湾的滩海地区发现油田，产能规模逐步扩大。

几十年来，我国海洋石油工业有了长足的发展，储量和产量都有大幅度的提高。海洋石油勘探开发的装备从无到有，至今已具有相当的规模，海洋石油产量从1971年的8万吨达到了2023年的7000万吨油气产量。

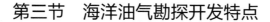

第三节 海洋油气勘探开发特点

一、海上油气田开发特点

海上油气田的生产是将海底油（气）藏里的原油或天然气开采出来，经过采集、油气水初步分离与加工、短期的储存、装船运输或经海底管道外输的过程。海上油气田开发具有技术复杂，投资高、风险大等特点。由于海上油气田生产是在海洋平台上或其他海上生产设施上进行，因而海上油气的开发有其自身的特点。

（一）适应恶劣的海况和海洋环境

海上平台或其他海上生产设施要经受各种恶劣气候和风浪的袭击，经受海水的腐蚀，经受地震的危害。为了确保海洋平台安全和可靠地工作，对海上生产设施的设计和建造提出了严格要求。

（二）安全生产

由于海上开采的油气是易燃易爆的危险品，各种生产作业频繁，发生事故的可能性很大，同时受平台空间的限制，油气处理设施、电气设施和人员住房可能集中在同一平台上。因此，为了保证操作人员的安全，保证生产设备的正常运行和维护，对平台的安全生产提出了极为严格的要求。

（三）海洋环境保护

油气生产过程可能对海洋造成污染。一是正常作业情况下，油田生产污水以及其他污水排放；二是各种海洋石油生产作业事故造成的原油泄漏。因此，海上油气生产设施必须设置污水处理设备，还应设置原油泄漏的处理设施。

（四）平台布置紧凑，自动化程度高

由于平台大小决定投资的多少，因此要求平台上的设备尺寸小、效率高、布局紧凑。另外，由于平台上操作人员少，因而要求设备的自动化程度

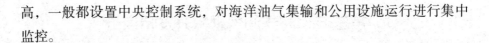
高，一般都设置中央控制系统，对海洋油气集输和公用设施运行进行集中监控。

(五) 可靠、完善的生产生活供应系统

海上生产设施远离陆地，从几十公里到几百公里不等，必须建立一套完善的后勤供应系统满足海上平台的生产和生活需要。

(六) 独立的供电／配电系统

海上生产、生活设施的电气系统不同于陆上油田所采用的电网供电方式，油气田的生产运行大多采用自发电集中供电的方式。为了保证生产的连续性和生产、生活的安全性，一般还应设置备用电站和应急电站。

二、海洋油气开发生产模式

油井集中在一个平台上，油井产物也在同一平台上汇集、处理和储存，然后定期把油气装上油轮运走。这种集输系统是简便的，但这种系统只适于产量不大的小油田，在经济上是否合理需要考虑，因为这种大型平台造价高，最终从油田得到的石油产值能否互相抵偿尚未可知。

如果有几个生产平台或油井较分散，通常要通过海底集油管线将各井产物汇集到一处进行处理。离岸近的油田，可用海底输油管线送到岸上处理；离岸远的油田，常是在海上的集油处理平台上集中处理。

有些油田产物中有大量凝析油，要用庞大的多级脱气或液化设备进行处理。在海上不具备这类设备时，容易将凝析油损失掉，故在海上进行脱水、计量后，就把油气从海底管线泵送到陆地上再处理。

在海上铺设海底管线是海洋石油开发的一项重要基本建设，它在海洋石油生产中起着重要作用。建筑海底管线的工程规模大、投资多，耗用的钢材、使用的船舶机具等也多，必须预先进行慎重周密的考虑。因为海底管线建成后，可以连续输油，几乎不受水深、气候、地形等条件的影响，输油效率高、能力大，且管线铺设的工期短、投产快，所以在海上油气集输中被广泛应用。但这种管线坐在海底或埋在海底一定深度，检修和保养较困难。

第四节 海洋油气田开发的可行性研究

一、海洋油气田开发设计

(一)油藏驱动方式及其开采特征

油田在开发以前,整个油藏处于相对平衡状态,储油层中油、气、水的分布与油层的岩石性质、流体性质有关。在一个油藏内,油、气、水是按密度大小分布的,气体最轻,将占据圈闭构造顶部的孔隙,称为气顶;原油则聚集在气顶以下或构造翼部,水的密度最大,位于原油的下部,占据构造的端部,称为边水;当油层平缓时,地层水位于原油的正下方,把原油承托起来,称为底水;气顶与含油区之间、含油区与边底水之间都存在过渡带,分别称为油气过渡带和油水过渡带。

1. 油藏驱油能量

当油井投入生产后,石油就会从油层中流到井底,并在井筒中上升到一定高度,甚至可以沿井筒上升到地面。原因是处于原始状态下的油藏,其内部具有潜在的能量,这些能量在开采时成为驱动油层中流体流动的动力来源。在天然条件下,油藏的驱油能量主要有以下几种:

(1)边水压头所具有的驱油能量;

(2)原油中的溶解气析出并发生膨胀所产生的驱油能量;

(3)气顶中压缩气体膨胀所产生的驱油能量;

(4)当压力下降时,油层中的流体和岩石发生膨胀而产生的驱油能量;

(5)原油在油层内由于位差而具有的重力驱油能量,使得石油从高处流向低处。

当油田天然能量不足时,依靠人工向油层注水、注气的方式来增加油层驱油能量;驱动石油流动的能量可以是几种能量的综合作用。

2. 驱动类型

油田开发过程中主要依靠哪一种能量来驱油,称为油藏的驱动类型(或驱动方式)。由于油层地质条件和油气性质上的差异,不同油田之间,甚至同一油田的不同油藏之间,驱动方式是不相同的。一方面,开发过程中油田

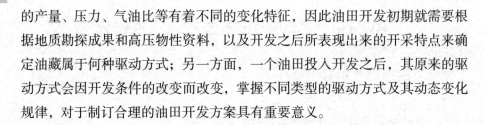

的产量、压力、气油比等有着不同的变化特征，因此油田开发初期就需要根据地质勘探成果和高压物性资料，以及开发之后所表现出来的开采特点来确定油藏属于何种驱动方式；另一方面，一个油田投入开发之后，其原来的驱动方式会因开发条件的改变而改变，掌握不同类型的驱动方式及其动态变化规律，对于制订合理的油田开发方案具有重要意义。

(二) 开发层系与井网系统

一个油田往往由几个油藏组成，而组成油田的各个油藏在油层性质、圈闭条件、驱动类型、油水分布、压力系统、埋藏深度等方面都不同，有时差别很大。不同油藏的驱油机理、开采特征有很大区别，它们对油田开发的部署、开采条件的控制、采油工艺技术、开采方式，甚至对地面油气集输流程都有不同的要求。若把高渗透层和低渗透层放在一起合采，则由于低渗透层的原油流动能力小，生产能力受到限制；若把高压层和低压层合采，则低压层可能不出油，甚至产生倒灌现象。对于水驱开发油田，高渗透层通常很快出现水窜，在合采情况下，高、低渗层间差异越来越大，油水层相互干扰，严重影响油田的采收率。因此，在制订开发方案时，需要将油层进行划分和组合，缓解层间差异。

(三) 开发指标概算

在油田实际开采或模拟开采过程中，油藏的油气储量、油气水分布、油层压力等都会发生变化，油藏动态的变化表现为油井生产能力的变化。通常采用开发指标来评价油藏动态变化的程度。

在油田开发过程中，能够表征油田开发状况的数据，统称为开发指标，包括产能、综合含水、采油速度、采出程度、注采比、生产压差、含水上升率等。

二、海上油气田开发采办

(一) 海上油气田开发工程项目采办主要内容

海上油气田开发工程项目需要开展工程、服务、设备和材料等采办工作。工程合同一般是项目的平台建造 EPIC 总包合同、导管架建造和生活模块建造等 EPC 总包合同。服务合同包括项目的详细设计、基本设计、井口管线回接服务、安全技术服务、质量检验服务、项目监理等相关合同。设备和材料主要是海上平台上配置的相关机械设备、工艺设备、阀门管线等。

(二) 采办策略

开发工程项目采办实施的首要任务是在项目的总体进度计划和概算控制原则下，充分考虑项目特点和各种影响因素，制定项目采办策略。主要包括项目概况与采办控制目标、采办机构设置与职责、采办包的划分原则与合同模式、采办方式选择、推荐供应商原则、预计采办周期和费用估算、采办风险与控制办法、采办策略与计划明细表。

1. 项目概况与采办控制目标

项目概况包括项目的工程概况、项目投资性质、项目总体进度安排、项目投产时间等。根据项目的总体要求和采办的特点，制定项目的采办控制目标，使整个项目的采办工作合法合规又能满足项目的投产要求。

2. 采办机构设置与职责

开发工程项目一般由项目管理机构设置专门的采办部门。明确部门的职责和工作要求，从而更好地开展项目采办实施和管理工作。

3. 采办包的划分原则与合同模式、采办方式选择

根据开发工程项目采办的主要内容和特点，项目采办包划分主要有工程总包合同、服务合同、设备采办合同、材料采办合同等。合同模式的选用，应根据项目实际情况选择有利于项目建设的最优模式，达到合规合法，满足质量、安全、工期、费用控制要求。项目实施管理部门应根据采办包各自的特点，做好前期的资源市场调研和考察，确保潜在供应商满足项目和管理要求后，确定各采办包的采办方式。通常工程总包合同由于行业特点所需的资源比较特殊，一般采用单一来源采办和邀请招标采办方式。设计、监理、咨询等各类服务合同所需的外部资源相对比较固定，一般采用邀请招标采办方式。设备采办类合同根据设备的技术特点，一般采用国际公开招标和国内公开招标采办方式。材料类采办合同由于材料的通用性，一般可以选择集中采办方式。

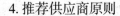

4. 推荐供应商原则

项目合同选择单一来源采办和邀请招标采办方式的，需要提前确认推荐供应商。推荐供应商的原则应该按照项目所在单位公司的要求，优先选择在公司供应商库的一级库供应商和本单位二级库供应商。在库内供应商不能满足要求或库内供应商数量不足以形成有效竞争的情况下，再考虑从潜在供应商或库外供应商中选择。供应商选用时，应考虑供应商的规模及经营状况，发现不足以满足本次采办项目要求的，不能选用。推荐库外供应商原则，一般应该审查供应商是否符合如下条件。

（1）具有独立签订合同的权利。

（2）履约能力，包括专业、技术资格和能力、资金、设备状况，管理能力、经验、业绩、信誉、人员水平等。

（3）相同或相似业绩的情况。

（4）对临时的供应商还需额外审查：在编制技术标书时，技术部门应明确供应商资质要求（包括从事本次业务的资质和服务类、工程类所需的资质等）；在评标时，技术负责人还须加强供应商资质的审核。

（5）审查供应商的无行贿犯罪记录证明文件。

5. 预计采办周期和费用估算

根据项目的总体进度要求，确认预计项目工程采办包和服务采办包的施工服务周期。设备和材料采办包应该做好前期市场调研，预计项目的立项、招投标、评标、授标、合同签订等需要的时间周期，设备和材料的生产制造周期，还要考虑运输、进口报关等因素，来最终确认比较准确的采办周期。各个采办的费用估算，主要依据项目前期概算，再结合实际市场调研考察情况以及以往合同的参考价格进行。

6. 采办风险与控制办法

项目采办包在采办实施过程中会面对各类采办风险。风险控制不好，就会影响项目的采办实施进度，并造成项目的采办成本增加。主要有项目采办包招投标阶段的各类流标、围标、串标、恶意低价中标等风险，中标和合同签订阶段供应商不能履约的风险。外部环境的风险，如市场价格变化、地缘环境突变、国家政策变化等。为了应对风险，项目管理部门应制定对应的控制办法，事先做好项目采办涉及的各项法律法规、技术规范、部门规章、

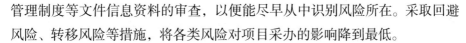

管理制度等文件信息资料的审查，以便能尽早从中识别风险所在。采取回避风险、转移风险等措施，将各类风险对项目采办的影响降到最低。

7. 采办策略和计划明细表

项目采办策略和计划明细表中应包含的内容信息：采办包的名称、采办包主要技术参数、方案、数量、采办包类型、采办包集采种类、采办包资金类型、采办包估计价格、货币种类、计划采办时间、需求时间、推荐采办方式、推荐供应商名单、产地等。

三、海上油气田开发施工组织

(一) 项目组织管理和生产作业

主要内容有：

(1) 编制组织机构体系图；

(2) 油气田实际的企业管理体制；

(3) 管理的组织形式原则上由管理、技术、操作各层次组成；

(4) 根据岗位分工的实际情况和国家劳动制度规定制定企业的工作制度。

项目组织管理和生产作业的内容包括定员人数，重要岗位的名称及职责范围、生产技术的要点、划分项目实施阶段、安排整个项目进度计划。

(二) 职业卫生、安全与环境保护

主要内容有：

(1) 职业卫生；

(2) 安全保障；

(3) 环境保护。

第二章 海洋石油施工技术管理

第一节 施工技术管理体系建设

施工技术管理体系是施工单位内部建立的，主要由技术管理组织机构、人员、职责、运行四个基本要素组成，并形成有机的整体。

一、技术管理体系组织机构及人员构成

（1）施工单位层面技术管理体系实行公司总经理领导下的公司技术负责人（总工程师）负责制，由公司技术负责人（总工程师）、技术部负责人等组成。

（2）施工单位成立以公司技术负责人（总工程师）为核心的技术委员会，负责审议和决定公司的科学技术发展战略和重大技术问题。

（3）施工单位技术管理一般实行公司、项目部分级技术管理，各级技术负责人对本单位技术工作负管理责任。在技术工作上，下级技术负责人受上级技术负责人领导。施工项目应成立技术部门，按照公司的技术管理制度，结合项目的实际情况，开展技术管理工作。

（4）施工项目应建立质量管理体系，根据需要建立特种设备安装质量保证体系。项目技术人员是上述体系人员的主要组成部分。项目技术部门对项目质量体系中的技术系统负有部署、执行、督促、检查等管理责任。项目技术人员除了完成技术管理工作外，还应按照相关质量体系要求和质量标准要求，进行质量管理工作，如在进行项目质量策划时，参与确定工程项目单位工程、分部分项工程的具体划分。

二、技术管理体系岗位责任制

(一) 公司技术负责人 (总工程师)

(1) 负责组织建立本单位技术管理体系，落实技术负责人 (总工程师) 负责制。

(2) 主持制定本单位技术体系管理制度，并付诸实施；督促技术管理部门对实施情况进行跟踪管理。

(3) 按分工和受委托组织或参与重大项目技术改造、技术引进、重大技术开发的前期论证，提出决策与建议。

(4) 负责组织重大项目装备、软件引进的技术论证。

(5) 负责组织公司级技术方案评审。

(6) 负责组织技术人才的策划、培育和评价工作，组织开展工程技术人员的职称评审工作。

(7) 主持本单位技术管理会议。

(二) 项目技术负责人 (总工程师)

(1) 参加组建项目技术管理系统，审核项目技术人员的需求计划；根据本单位技术管理制度和本工程的具体情况，组织编制实施细则和相关的管理制度、计划，并督促贯彻执行。

(2) 组织项目专业之间图纸核查，参加图纸会审和设计交底。

(3) 参与施工组织设计编制。

(4) 审批项目一般技术方案，审核项目专项技术方案、重大技术方案，组织重大技术方案的交底；审核工程联络单。

(5) 定期组织项目技术检查，有权停止违纪作业的行为，并对违纪作业提出处理意见。

(6) 负责项目部对外对内的技术联络、协调，参与组织编制项目施工进度计划；及时解决项目工程中遇到的关键技术问题等。

(7) 检查指导项目技术体系人员的工作。

(8) 参加对分包施工单位的资质及其质量管理、技术管理体系的考核；

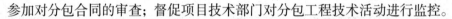

参加对分包合同的审查；督促项目技术部门对分包工程技术活动进行监控。

（9）负责本项目部科技进步工作的组织实施，负责审定项目所使用标准的有效性。

（10）负责组织项目施工技术文件和交工技术文件的编制，对施工和交工技术文件编制的准确性和资料移交的及时性负责。

（11）负责组织编制项目技术总结，协助项目经理对项目及时做出技术经济分析与评价。

(三) 项目专业工程师

（1）贯彻执行公司和项目部的技术管理制度。

（2）参加施工组织设计编制工作，并按批准的施工组织设计开展专业工作。

（3）负责本专业施工技术方案的编制、交底，实施监督；负责本专业施工的变更、签证管理工作。

（4）组织对本专业施工图纸的核查；参加本专业与相关专业间的图纸核查；参加设计交底。

（5）协助控制工程师编制本专业施工进度计划；监督现场设备、材料检验和试验工作；审核本专业用料计划和材料请购计划。

（6）现场检查技术工作；参加停检点和共检点的检查；发现和解决施工中的技术问题；纠正或制止施工违规现象，重大问题及时汇报。

（7）对分包施工单位进行现场施工技术指导，对质量进行监督和检查。

（8）对班组施工安全技术和环境保护技术工作负责。

（9）组织提出本专业技术创新的实施计划，并负责实施。

（10）负责本专业施工记录和验收记录的收集，同步整理本专业施工技术文件和交工技术文件。

（11）负责编制本专业施工技术总结。

三、技术管理体系运行机制

(一) 技术管理流程

需要公司技术负责人（总工程师）审定的各类事项，由主办单位（部门）

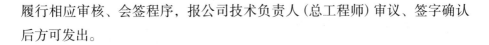

履行相应审核、会签程序，报公司技术负责人（总工程师）审议、签字确认后方可发出。

（二）技术管理体系建立

施工单位所属项目部均应建立技术管理体系，各项目均应任命技术负责人（总工程师）。公司技术部门定期发布公司技术体系表，明确当前公司技术体系框架和相关技术负责人。

（三）技术会议组织

公司各级技术系统应定期或不定期召开各级技术工作会议（如公司技术工作会议、技术负责人工作例会、技术工作月例会、公司科学技术委员会专题技术研讨会等），传达上级技术部门工作要求，通报前期技术工作任务落实情况，研究存在的困难和问题，交流技术管理工作经验，布置今后技术管理工作任务。

（四）技术工作汇报制度

为了使公司技术负责人（总工程师）及时、准确了解各单位、各项目的技术信息，掌握公司技术体系运行状况，公司各级技术体系人员应定期向上级技术部门提交工作情况信息。

（五）技术体系运行考核评价

上级技术部门通过监督检查和信息反馈掌握下级单位技术体系运行情况和各项技术工作完成情况，并对各单位进行技术考核。

第二节　施工过程技术管理

一、施工准备阶段技术管理

技术准备是施工准备的核心，是指通过详细而充分的技术准备工作，使工程开工后能有条不紊地顺利进行。

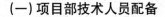

(一) 项目部技术人员配备

(1) 项目技术体系负责人和各专业技术人员应配备齐全并到岗到位。

(2) 技术人员的数量应与专业工程需要相匹配。

(3) 对项目技术人员进行必要的技术管理、专业技术培训和能力评价等。

(二) 技术标准、资料准备

(1) 项目技术负责人 (总工程师) 组织各专业技术人员，根据项目合同、设计文件和公司发布的最新技术标准有效目录清单，提出本项目施工需要的各专业标准的有效清单，进行配备。

(2) 收集当地政府对建设工程颁布的相关管理规定和施工记录表格。

(3) 收集建设单位和总承包方提供的相关技术资料。

(三) 现场核对

(1) 在施工组织设计编制前，应了解工程规模、主要工作量、工程特点、技术难点以及设计进度、设备材料到货进度等情况。

(2) 必要时进行现场查看。

(3) 根据已掌握的工程设计情况及技术要求，必要时组织技术人员调研或在关键设备出厂前到制造厂检查验收。

(四) 项目技术工作计划

项目技术负责人 (总工程师) 应根据工程具体情况，分阶段组织编制项目技术工作计划，以指导整个项目的技术工作。项目技术工作计划包括但不限于以下内容：

(1) 施工组织设计和施工技术方案编制计划；

(2) 技术工作例会制度；

(3) 技术工作报告制度；

(4) 技术攻关计划、工法编制计划；

(5) 必要的技术培训、调研计划；

(6) 施工过程和交工技术文件编制计划；

(7) 施工技术总结编制计划。

(五) 施工图纸等技术文件管理和发放

技术文件 (包括施工图纸、设计变更通知单、施工组织设计、施工技术方案、工程联络单、随机资料等) 的接收和发放都应建立台账，按照项目规定签字发放；技术文件的版次变更后，应及时回收作废版本的文件，并根据需要保存或作废处理。

(1) 根据合同规定，从建设单位、设计或总承包单位领取规定份数的施工图纸，并由项目资料人员按照施工图纸管理规定进行登记发放；原则上，不是施工蓝图不应作为施工依据，除非施工白图上已有设计签章或有建设单位等相关方的书面要求。

(2) 施工组织设计和施工技术方案的管理应符合相关规定要求。

(3) 设计变更通知单应有设计人员和设计总代表的两级签字并加盖设计专用章方为有效，然后由项目技术负责人 (总工程师) 审核后，由项目资料人员负责下发。

(4) 当发生下列情况之一时，项目部应及时办理工程联络单。

①设计文件本身存在错误。

②设计文件与项目实际情况不符。

③施工条件发生变化，导致原设计无法实施。

④第三方提供的设备、材料的规格、品种、数量、质量等不符合设计和标准要求。

⑤项目部提出的合理化建议。

(5) 工程联络单应由项目专业工程师提出，经项目技术负责人 (总工程师) 审核后方可对外送交。工程联络单应详细反映工程施工的变更部位和变更内容；工程联络单反映事项应经设计认可方可施工。

(六) 施工图纸核查和会审

(1) 施工图核查由施工单位组织，图纸会审由建设 / 监理单位组织。施工图核查和图纸会审应在设计交底之前完成，分批到货的图纸分别组织进行会审。

(2) 施工单位专业图纸核查应由专业工程师组织, 技术人员等参加; 专业之间的图纸核查由项目技术负责人 (总工程师) 组织, 相关专业工程师、技术员及相关部门人员参加。

(3) 施工图核查后应及时填写核查记录。

(4) 组织项目部相关人员参加图纸会审。

(5) 施工图核查的主要内容。

①专业图纸核查应领会设计意图, 明确施工阶段执行的标准和施工技术要求。核查时要注意鉴别设计选用的标准的适用性。

②对照设计文件目录核查设计图纸是否缺少, 根据施工工序核查相关图纸是否齐全。图纸上设计的设、校、审签字和设计资格印章是否完备。

③核查设计是否符合国家有关技术法规、标准规定, 图纸的范围和设计深度能否满足施工需要。

④设计采用的"四新"技术在施工技术、机具和物资供应上有无困难, 构件划分和加工要求是否在施工能力范围之内, 是否适应合理的预制和安装分离施工的需要。

⑤材料表中给出的数量、材质以及尺寸等与图面表示是否相符, 是否满足施工需要。

⑥设计图纸上结构、基础的尺寸、方位、标高是否有差错, 是否相互碰撞。

⑦有关联的施工图之间的尺寸、标高和接线等有无矛盾, 图纸说明是否一致。

⑧设备布置及构件尺寸能否满足其运输及吊装要求。

⑨扩建工程的新老系统之间的衔接是否吻合, 施工过渡是否可能, 除按图面检查外, 还应按现场进行实际情况校核。

(6) 专业之间施工图的核查主要内容。

①对各专业之间的设计是否协调进行核查。如设备外形尺寸与基础设计尺寸、土建和安装与建 (构) 筑物预留孔洞及预埋件的设计是否冲突; 设备与系统连接部位、管道之间、电气与仪表之间相关设计等是否冲突。

②一项工程分别由多个施工单位施工的, 由项目部负责组织对各施工单位结合部分的相关内容进行重点核查。

(七) 设计交底

（1）设计交底应在工程开工之前进行，由建设单位组织，监理单位，项目部技术、质量、工程、供应、经营等部门有关人员参加。

（2）在设计图纸分批交付的情况下，设计交底可分批进行。

（3）设计单位对设计意图、工程特点、采用标准、施工（制造）重点和关键质量要求等进行交底，并对图纸会审提出的问题进行答疑。

（4）设计交底完成后，由组织单位整理设计交底纪要，经参会各方签字确认后发给参加交底的相关单位，并作为施工依据。

（5）未经图纸会审和设计交底的工程不得施工。

二、施工过程中的技术管理

施工过程技术管理是指施工技术人员按照既定的施工组织设计和施工技术方案，指导施工作业人员完成相关专业施工任务，并对施工作业进行检查、控制和确认等。

(一) 施工工艺检查

（1）专业工程师负责对本专业施工人员执行施工技术方案、标准、图纸及变更单等情况进行日常的施工工艺检查。

（2）项目技术负责人（总工程师）应对施工过程中专业技术人员执行技术方案、标准、图纸及变更单的情况进行检查，以保证施工技术文件得到贯彻执行，检查结果应在项目技术工作例会中通报。

（3）施工单位技术部门应不定期对项目进行技术管理工作检查，重点检查施工技术体。运行的有效性、技术方案的编制及执行情况、法律法规和标准执行的正确性等。

(二) 施工技术问题处理

（1）施工技术问题如与建设单位、设计、监理或总承包等单位有关，应以书面、传真或电子邮件等记录媒体形式提出，提请相关方处理。

（2）当施工过程只涉及本专业一般工序或作业方式调整时，经项目专业

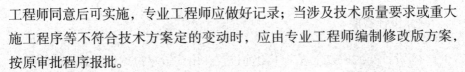

工程师同意后可实施，专业工程师应做好记录；当涉及技术质量要求或重大施工程序等不符合技术方案定的变动时，应由专业工程师编制修改版方案，按原审批程序报批。

（3）施工技术问题逐级处理原则。

①专业技术问题一般由专业工程师负责处理。

②跨部门、跨专业的技术问题由项目技术负责人（总工程师）协调处理。

③项目部无法处理的关键性、重大的技术问题应报施工单位技术部门牵头组织处理。

④属攻关性的技术问题，项目技术负责人（总工程师）应组织技术人员、施工班组攻关，并在攻关完成后及时总结。

（三）施工工序控制

（1）属于质量控制点范围内的一般工序交接，由上道工序施工班组直接向下道工序施工班组进行交接；列入质量控制点的各类工序交接，在项目部内部，由上道工序专业工程师主持，下道工序专业工程师及质量检查人员参加，向下道工序施工班组办理交接；检查合格后，参加各方应在交接书上签字。

（2）施工记录应与工程实体同步，根据质量计划要求应进行报验的内容，专业工程师应及时整理，会同质量检查人员一起进行报验。

（3）列入 B 级及以上质量控制点的验收，需经施工单位自行验收合格后向监理单位或建设单位报验，验收合格后，参加验收各方应在相关记录上签字。

（4）引进设备的商品检验按订货合同和国家有关规定办理。

（5）属于隐蔽工程的工序，须经监理单位或建设单位专业工程师和项目专业工程师、质量检查人员联合检查；确认合格后，参加各方应及时在隐蔽工程记录上签字。隐蔽工程不得做紧急放行处理。

（6）工程施工收尾阶段，项目技术负责人（总工程师）应组织技术质量人员对工程进行核对检查。主要检查内容如下。

①各分项工程是否已按设计要求施工完毕。

②各专业设备、管道、构件和配件的材质及安装方位是否正确；规格、

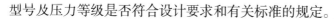

型号及压力等级是否符合设计要求和有关标准的规定。

③施工技术文件及记录是否齐全、准确。

④"三查四定"("三查"——查设计漏项、查施工质量隐患、查未完工程;"四定"——对检查的问题定任务、定人员、定措施、定整改时间)内容是否列出消项计划。

(7)试运转阶段,应成立试运组织机构,全面组织和安排试运准备和试运工作。编制变电所投电、单机试运等方案,并按施工技术方案审批程序报批。试运方案未列入的项目不得参加试运;未经试运负责人下达指令不得投电启动设备。

(8)各专业工程最终检查和试验的主要内容。

①建筑物、构筑物、基础的最终测量。

②静设备的压力试验。

③管道系统的压力试验和泄漏性试验。

④炉类设备的烘炉、煮炉。

⑤机泵的单机试车。

⑥电气工程的受电和送电。

⑦仪表性能试验。

第三节　交(竣)工阶段技术管理

工程中间交接标志着工程施工安装的结束,由单机试车转入联动试车阶段,是项目部(建设单位)办理工程交接的一个必要程序。中间交接由建设单位组织,施工单位各专业工程人员参与,按单元工程,分专业进行中间验收,并填写项目和分专业的工程中间交接证书。中交接只是装置保管、使用责任的移交,不排除施工单位对工程质量应负的责任。

一、交工技术文件管理

石油化工工程施工过程形成了交工技术文件和施工过程技术文件。交工技术文件是工程总承包单位或设计、采购、施工、检测等承包单位,在建设工程项目实施过程中形成并在工程交工时移交建设单位的工程实现过程、使用功能符合要求的证据及竣工图等技术文件的统称；施工过程技术文件是施工单位在建设工程项目施工过程中形成的质量管理文件、质量控制记录等技术文件的统称。

交工技术文件主要包括：施工图会审记录；工程施工开工、工程中间交接、工程交工验收等工程文件；土建、安装工程施工质量检验、检测、验收等文件；特种设备安全监察机构和特种设备安装监督检验机构等监督检验文件；设备、材料质量证明文件及材料的检测、复验报告；工程联络单、设计变更文件；竣工图。

施工过程技术文件主要包括：施工组织设计；施工技术方案或技术措施；施工工艺文件或作业指导书；检验试验计划或工序质量控制计划；单位工程，分部、分项工程的划分；项目质量管理体系文件及运行记录；接受政府行政主管部门、工程质量监督机构监督检查所形成的文件；与施工相关的监理程序运行记录；工程质量验收记录；施工过程质量控制记录，包括土建、设备、管道、电气、仪表等专业工程；施工图纸及其他文件。

交工及施工过程技术文件是装置今后检维修、升级改造、工程质量创优、特种设备取换证、单位资质升级，甚至安全质量事故调查的重要参考资料。

(一) 技术文件管理的技术准备与策划

为做好交工及施工过程技术文件的编制和整理，提高交工文件的交付质量，特别是对于大项目，做好前期技术准备和策划至关重要。技术准备与策划重点包括以下几方面。

1. 单位工程、分部分项工程划分

工程项目开工前，划定工程项目的单项工程、单位 (子单位) 工程，作为参建单位编制交工及施工过程技术文件的指导性文件。总承包单位 / 施工单位应根据建设单位单项工程 / 单位工程划分对分部分项工程进行划分。通过单项工程、单位工程及分部、分项工程的划分，为质量验收、交工文件编制、分类组卷等提供依据。

2. 交工技术文件编制方案

工程项目开工前，建设单位应根据项目特点或具体要求明确交工技术文件编制方案，各参建单位应根据项目具体情况及建设单位的交工技术文件编制方案，制定本单位交工及施工过程技术文件编制细则。

建设单位编制的交工技术文件方案主要包括项目名称、单项工程名称、交工技术文件编制依据、质量要求、分类组卷原则、整理要求、归档数量、电子版制作要求以及审查、移交要求等。参建单位编制交工技术文件编制细则主要包括项目名称、单元名称、单位工程及分部分项工程名称、表格名称、书写格式、交工技术文件明细、档案明细、补充相关表格、填写注意事项、组卷、装订、移交、电子文档要求，以及审查、移交程序和要求等。

3.交工及施工过程技术文件编制方案交底

交工及施工过程技术文件编制方案或编制细则完成后，建设单位和参建单位应开展交工及施工过程技术文件方案分层级的技术交底，以确保相关要求被参与编制的技术管理人员了解和熟知，同时提高交工及施工过程技术文件的编制质量，减少返工。

4.交工及施工过程技术文件的形成策划

施工过程技术文件、交工技术文件应随施工的进程同步生成，并能真实反映工程实体状况。

（1）原始记录的形成。施工前每个专业、每台或每种设备需要填写自检或试验的原始记录，表格中各检查项目的允许值应在施工方案和技术交底时给予明确。施工班组长或试验人员应是表格原始记录数据填写的第一责任人，将检查数据手工填写在原始记录中，填写日期并签字。

（2）审查原始记录。施工技术人员须对原始记录数据进行审查，符合规范要求后签字确认。

（3）核查原始记录。施工单位专职质量检查人员应对班组检测的原始记录数据进行实测复查，复查合格后在原始记录中签署合格意见。

（4）规范化施工技术文件。作为交工技术文件的记录须录入计算机，技术人员应核查录入数据的准确性。

（5）工序交工文件的确认。建设/监理及总包单位有关责任人员须在工序质量报验时对施工单位编制的纸质版记录进行审查，并按规定比例对实体质量进行复查，核对记录的有效性，签字确认。

(6) 其他交工文件的确认。单位及人员资质报审、设备材料报审、施工组织设计、施工技术方案报审、工程质量验收、特种设备告知及监检等应按照项目工程检试验计划进行审核、复查，并签字确认。

(7) 交工及施工过程技术文件的存放。施工单位应妥善保管原始记录和总包、监理/建设等单位确认过的技术文件记录等。

(8) 相关管理措施策划。通过编制报验文件编码、上墙销号的方式，确保档案真实、系统、自然形成，做到可追溯。可按以下规则进行编码：单位代码＋装置代码＋单元号＋专业代码＋文件类型＋流水号。如某对二甲苯装置及配套工程技术文件中有关施工组织设计/方案、人员资质报验、企业资质报验、工机具入场报验等，其报验文件编码为 FCC-PX02-106-G-FA-001，单位代码为 FCC，装置代码（PX02）为第二套对二甲苯装置及配套工程，单元号为 106，专业代码（G）为管道，文件类型（FA）为方案类，流水号为 001。

(二) 交工技术文件及施工过程技术文件编制及整理

1. 交工技术文件的编制整理

(1) 交工文件的主要内容和各参建单位具体负责编制的范围。

(2) 责任人员应用符合档案要求的书写工具签字确认，交工技术文件涉及责任人（设计、施工、监理、建设等单位）签字，以及第三方签署的结论性意见，应采用碳素墨水、蓝黑墨水等耐久性强的书写材料进行签署确认，不能代签，不可采用红色墨水、纯蓝墨水、圆珠笔、复写纸、铅笔等易褪色的书写材料。

(3)《石油化工建设工程项目交工技术文件规定》(SH/T 3503—2017) 规定了检测报告和管道无损检测结果汇总表的要求。明确了交工技术文件的版面要求，包括字体、页边距（通常不要改动），以及电子版的要求。

(4) 交工技术文件整理成果为规范的案卷，以达到交工技术文件移交归档后可直接装盒入库上架的目的。

(5) 交工技术文件的编制单位按单项工程编制。施工文件、材料质量证明文件、设备出厂资料、竣工图等应按专业分类。明确了交工文件按单项工程编制，以保持每个单项工程交工文件的完整性。

（6）一个单项工程交工技术文件由8部分组成：单项工程施工综合卷、建筑工程卷、管道安装工程卷、设备安装工程卷、电气安装工程卷、仪表安装工程卷、设备出厂资料卷、竣工图卷。

2.施工过程技术文件编制及整理

《石油化工建设工程项目施工过程技术文件规定》(SH/T 3543—2017) 明确了施工过程技术文件的编制、整理及归档要求。

（1）施工单位应负责工程承包范围内施工过程技术文件的编制、整理、审核和汇编。施工过程技术文件的形成应与工程进展同步，并将其纳入项目管理职责范围。

（2）建设单位、项目管理单位、监理单位、总承包单位和施工单位应按质量管理程序、标准规范要求及时办理过程质量的验收和文件的确认手续。

（3）施工过程技术文件的编制应符合档案管理规范要求，且应做到字迹清晰、签章完整。

（4）施工单位应对施工过程技术文件的真实性、完整性负责。

（5）施工过程技术文件归档装订、用纸规格应符合规定。

（6）建设工程项目施工过程技术文件由施工单位归档。

（7）建设工程项目交工验收前，应完成施工过程技术文件的编制与整理工作。

（8）施工过程技术文件应与交工技术文件同步归档。

（9）归档文件应经项目总工程师或技术负责人审核，并签字确认。

（10）归档文件应经本单位档案管理部门审查验收，并办理归档文件移交手续。

二、施工技术总结

（1）项目技术负责人(总工程师)负责组织项目施工技术总结的编制，专业工程师负责本专业施工技术总结的编制。

（2）施工技术总结的主要内容和要求。

①项目概况。

a.项目名称及工作范围。

b.建设单位、设计单位、采购单位、监理单位、监督单位的名称。

c. 主要技术经济指标。

d. 工程建设大事记 (项目部组建、土建开工、设备安装开工、主要设备吊装就位、变配电室受电、管道试压、单机试车、中间交接等)。

e. 项目部技术人员分工一览表。

②技术管理。

a. 本项目技术特点、难点及采取措施; b. 本项目技术管理特色或亮点; c. 本项目发生的主要技术问题分析 (从设计、采购、施工、保运等方面分别阐述); d. 承包方的技术管理情况 (技术管理模式、技术管理规定、技术人员配置及素质等)。

③技术开发与创新。

a. 新技术的开发和推广。

b. 设计技术或施工工艺的创新与改进。

c. 施工工具的革新与改进。

d. 本项目开发和应用的工法。

e. 本项目采用的通用施工工艺一览表。

④项目实施存在问题与经验教训。

(3) 优秀的施工技术总结应成为编制或修订工法以及编制同类工程项目技术标书的基础资料。

第三章 海上油(气)田建设项目实施阶段的安全管理

第一节 施工安全管理

一、法规要求

《安全生产法》《建筑法》等法律中都包含施工过程中安全管理的内容，政府有关主管部门也陆续制定了一些施工安全方面的技术规程。技术规程中对一些具体的技术问题有较为详细的规定。另外，对施工安全提出了比较全面的管理要求、发布时间比较晚的法规是国务院《建设工程安全生产管理条例》，条例中的安全管理要点如下。

（1）建设项目应已经获得施工许可证，设计文件已完成报批手续。

（2）勘察、设计、施工、工程监理、设备制造、供货商、检测检验机构、安全评价单位、培训单位等均应具有相应的资质。

（3）设计单位建筑师、监理单位监理工程师、施工单位主要负责人、施工单位项目负责人、专职安全管理人员、特种作业人员、检测检验人员、机动车驾驶员、医护人员、保安人员等，均应具有相应的执业资格证书。

（4）施工所涉及的设备、机械、材料、工具、安全防护用品等均应符合有关法规、标准的要求，合格证书、检验证书、检验报告等证明文件应齐全并持续有效。

（5）应掌握施工场地气象、水文、相邻建构筑物、地下工程（含地下管道和线路）的有关资料，施工期间做好相应的保护工作。

（6）工程监理单位和监理工程师应当按照法律、法规和工程建设强制性标准实施监理，并对建设工程安全生产承担监理责任。

（7）施工单位应当建立健全安全生产规章制度和操作规程。

（8）施工单位应当编制施工方案，制定安全施工措施，并完成报批手续。

（9）应保证对安全施工措施投入足够数量的经费、装备、工程技术和安全管理人员。

(10) 施工人员已经经过了足够的培训，并了解所从事作业的风险及应对措施。

(11) 施工场地布置、功能分区、临时设施应满足安全要求。危险部位要设置明显的安全警示标志。

(12) 应做到文明施工，保护作业人员的健康、保护周边环境。

(13) 为施工现场从事危险作业的人员办理意外伤害保险。

(14) 制订安全事故应急救援预案，建立应急救援组织、配备足够的应急救援装备、定期组织演练。

(15) 发生生产安全事故后，应采取措施防止事故扩大，组织救援、保护现场和有关证物，并向相关部门报告。

二、中国海洋石油总公司要求

(一) 一般要求

(1) 各项目应制定具体的 HSE（Health Safety Environment）方针政策，并不得违背总公司 HSE 管理理念的基本含义。

(2) 投资在 2 亿元人民币以上的项目应设 HSE 管理部门，低于 2 亿元人民币的项目可设专职 HSE 管理人员。

(3) 建设项目 HSE 活动实行目标管理，各项目的 HSE 年度目标不得低于总公司 HSE 年度目标，并在当年 2 月底之前报上级单位健康安全环保部审查公布。

(4) 总公司及其所属单位不负责日常生产经营活动的各类项目，应按照《中国海洋石油总公司生产经营型投资活动合同中应涉及的 HSE 条款》的要求，与负责生产经营管理的责任方以法律文件的形式明确 HSE 管理的形式和要求。

(5) 项目应实行 HSE 体系化管理和"持续改进计划"。

(6) 对承包商管理实行资格认可、合同中 HSE 责任条款审查、现场作业监督及项目完工评价制度。

(7) 应建立广泛的 HSE 沟通渠道，建立内部的信息平台，共享 HSE 信息,鼓励员工参与 HSE 活动,建立 HSE 绩效激励机制,开展 HSE 合理化建议及未遂事件、不安全行为的报告分析活动。

(8)项目组应编制年度 HSE 报告,并及时提交上级主管单位。

(二)绩效考核

对工程建设项目和项目组主要负责人的考核中,安全指标(绩效)同项目进度、费用、质量等指标一同被列为绩效考核的重要指标,参与考核。

对划入考核范围内的单位进行 HSE 绩效考核,各单位负责管理的工程建设项目也应纳入考核范围。HSE 绩效考核数据分为两部分:其一为 HSE 综合管理考核部分;其二为生产作业相关死亡事故考核部分,两部分各占50% 权重。HSE 综合管理考核部分根据被考核单位年度内的综合管理绩效,采用实际工作情况给予定性评分。生产作业相关死亡事故考核部分,要综合考虑被考核单位的作业风险、作业量和管理过程应承担的责任。

对重大安全、环境污染责任事故进行行政责任追究。要点如下。

(1)按照事故分级管理及"谁主管,谁负责"的原则,总公司负责对重大安全、环境污染责任事故负有领导责任的所属单位主要领导的责任认定与追究;所属单位负责对重大安全、环境污染责任事故其他责任者和一般事故责任者的责任认定与追究;发生特大事故,按照《国务院关于特大安全事故行政责任追究的规定》执行。

(2)在总公司控股或其他拥有实际控制权的企业,其主要领导对重大事故负有失职、渎职或负有领导责任的,可参照本规定并依据其公司章程处理。

(3)重大安全、环境污染责任事故系指重大责任事故,并造成严重的危害和影响。这些危害和影响包括:一次死亡 3 人及以上,或一次性重伤 7 人以上,或造成一次溢油 100t 以上,或直接经济损失陆上 200 万元人民币以上,海上 500 万元人民币以上的责任事故。

(三)HSE 月报

(1)HSE 月报范围应覆盖全部生产经营活动和所有人员。人员包括公司员工、直接承包商、间接承包商。

（2）报告内容应包括 HSE 方面的主要工作完成情况、培训、事故（包括交通事故、OSHA 统计）、下月计划等。

（3）以电子邮件形式在下月 7 个工作日内上报总公司健康安全环保部。报告信息定期在公司内部网络上共享。

（四）海外项目管理

1. 境外投资承包作业中的安全管理工作要点

对于境外投资、承包作业中的安全管理工作要点如下。

（1）建立境外投资和施工项目安全评估制度，根据安全风险评估的结果慎重决策。

（2）合同中必须明确各方的安全管理责任，依据合同进行安全管理。

（3）遵守所在国和地区有关安全生产、劳动保护、技术标准等方面的法律、法规，保障当地员工合法权益，严格依法经营。

（4）由中方负责管理的项目，要制定完善的安全生产管理规章制度和技术操作规范，应纳入母公司安全管理体系之中，并接受母公司的监督检查。

（5）加强外派人员的资质培训、审核和管理工作。

（6）加强与所在地政府、社团、中国使领馆的联系与沟通。

2. 对执行项目所在国法律、法规和标准方面做补充说明

对执行项目所在国法律、法规和标准方面做补充说明，当项目所在国有关要求低于国内要求或不符合公司良好的习惯做法时，应按照国内要求或公司习惯做法进行。主要有以下几个方面的原因。

（1）一些经济欠发达的国家安全生产方面的法规、标准不够完善或要求较低，不能满足安全生产的需要。

（2）中国海洋石油总公司的定位是国际一流的能源公司。其采用的较低的安全标准不符合公司的定位、HSE 政策理念，会破坏公司形象，也不利于公司保持持续、稳定、健康、快速的发展。

（3）这样的要求符合国家政策的调整方向，应急管理部有关人员曾多次表达过类似的观点，相信政府主管部门在调整监管政策时会补充相关要求。

（五）健康管理

工程建设项目应执行的主要内容如下。

（1）对作业场所职业病危害进行识别，对存在职业病危害因素的场所定期进行监测，采取各种措施保证作业场所符合国家职业卫生的法律法规标准的要求。对职业病危害风险较大的工作场所，应建立相应的应急救援预案。

（2）创造条件为员工提供健身器材、健身活动场所等。

（3）应将员工常规体检制度化，新录用人员应进行健康体检，45岁以上的员工应适当增加体检次数和体检内容。对员工身体状况进行跟踪和监控，结合身体素质情况合理安排和调整工作岗位。

（4）制定员工工休日、法定节假日及休假制度并监督实施，严格控制长时间加班及过度应酬造成的健康伤害。

（5）保证员工聚集区饮食的卫生、科学、合理。进行卫生监督检查，防止食物中毒事件的发生。

（6）对人群易患的常见传染病，应采取预防免疫接种和防疫措施。

（六）配备安全监督

1. 施工安全监督要点

（1）起重船和铺管船、施工建造工地等作业场所应按照现场人员总数每30～50人配备1名安全监督。水下作业、爆破、大型吊装等危险作业现场至少配备1名安全监督。涉及爆炸品、剧毒品、放射物品使用、储存和运输的单位应至少配备1名安全监督。

（2）安全监督应满足学历、现场工作经验、HSE管理素质和能力要求。

（3）总公司对安全监督实行资格考核和注册管理，对培训、考核合格的人员颁发《中国海洋石油总公司安全监督资格证书》。

2. 安全监督配备要求补充说明

在此对安全监督配备要求补充说明如下。

（1）建设项目有不同的管理模式（包括安全管理），依据合同条款，工程项目组（建设单位）、施工单位、监理单位（或发证检验机构）在安全管理上会有不同的分工、职责和工作内容，应保证现场总的工作人数和安全监督之间的匹配。

（2）中国海洋石油总公司的文件对于承包商是没有约束力的，应通过合同、协议的形式确定承包商的 HSE 职责和工作内容，明确对安全监督等安全管理人员在人数、经历、素质、资质、能力等方面的具体要求。

应注意法律、法规、政府规章中对安全管理人员的配备要求，各单位安全管理人员的配备首先应该满足这些规定中的要求。

（七）承包商管理

承包商管理要点如下。

（1）发包方应把对承包商的管理作为一种社会责任，并按照总公司的 HSE 理念与承包商共同推动承包项目的 HSE 管理。

（2）发包方应在项目实施前，按照"承包合同健康安全环保条款指南"，与承包商签订 HSE 协议或在合同中纳入 HSE 条款，通过 HSE 条款明确双方的权利及义务。

（3）发包方应将法律法规的要求、总公司的管理要求及合同中 HSE 条款等落实到项目运行中。发包方可通过如下基本步骤开展对承包商 HSE 的管理项目的风险评价：承包商的选定、项目实施的准备、项目实施、项目 HSE 绩效总结。

第二节　建造期的发证检验

一、固定平台的发证检验

（一）建造检验的一般要求

建造检验的一般要求如下。

（1）承担平台建造的单位必须按发证检验机构或检验机构批准的文件、图纸进行施工。

（2）发证检验机构或检验机构应按批准的文件、图纸实施检验。

（3）在建造过程中发生工作变更，必须按平台作业者编制的项目执行程序进行。

（4）检验合格后，发证检验机构应向平台作业者签发最终检验报告和证书。

（二）钢结构建造检验

钢结构建造检验除满足一般要求外，承担平台钢结构建造的单位应通过平台作业者向发证检验机构或其他检验机构至少报批下列文件。

（1）权威机构认可的承包单位资格证书及有关报告、文件。

（2）特殊工种（如无损探伤人员、焊工等）人员资格证书和设备证书。

（3）质量保证手册和安全手册。

（4）质量保证和检验实施计划。

（5）钢结构建造程序。

（6）钢结构检验程序。

（7）钢结构焊接与焊接返修程序。

（8）焊接程序试验报告和焊工记录。

（9）钢材出厂证书和材料跟踪检验程序。

（10）无损探伤程序与无损探伤图。

（11）涂装和阴极保护施工程序。

（12）热处理程序。

（13）焊接材料储藏和使用程序。

（14）重量控制程序。

（15）其他形式连接的安装程序及检验程序。

（三）设备检验

海上平台设备可按 A、B、C 三类进行取证检验。A、B 类设备应具有检验机构证书；C 类只需工厂证书。平台作业者可根据生产具体要求对该表进行调整，其他设备由平台作业者决定检验要求。

（1）A 类设备设计要经检验机构审查批准，开工前审核制造厂的 QA/QC 系统、送审有关施工文件，制造过程应根据质量保证计划报检，功能试验、压力试验和负荷试验进行报检取证，以及审查制造记录。

（2）B类设备与安全有关的图纸应送审批准，其余与A类设备相同。

（3）C类设备要求工厂应按照一般认可的制造方法和规范、标准进行制造。

（四）设备安装检验

（1）平台组块建造承包单位应通过平台作业者向检验机构报送吊装就位程序、安装技术要求和检验程序等。

（2）平台组块建造承包单位应通过平台作业者向发证检验机构或检验机构报送电气、仪表消防等系统的安装、试验程序。

（3）平台组块承包单位还应通过平台作业者向发证检验机构或检验机构报送生活区、机器间的安装施工和检验程序；报送隐蔽电缆、管路的施工和检验程序。

（五）海上施工检验

承担海上施工的单位应通过平台作业者向发证检验机构至少报送下列文件，并取得批准。具体内容如下。

（1）装船、固定程序。

（2）拖航运输程序。

（3）导管架下水就位程序。

（4）打桩、接桩和灌浆程序。

（5）平台组块吊装和安装程序。

（6）规则所列有关资格证书，焊接、探伤、涂装等程序文件。

（7）海上工程作业检验程序。

（8）潜水员资格证书。

（9）潜水作业程序。

海上连接应满足前面所列建造检验的一般要求、设备安装检验要求等相关要求。

（六）试运转检验

（1）试运转承担单位应编制试运转大纲，报送平台作业者批准，并取得发证检验机构认可。

（2）试运转承担单位应根据试运转大纲编制相应的检查程序，报作业者批准并取得发证检验机构认可。

(七) 检验报告及证书

（1）检验合格后发证检验机构应向平台作业者签发最终检验报告和证书（或临时证书）。

（2）平台建造完工后还应具备以下证书。

①重要设备出厂合格证及由发证检验机构或第三方机构签署的产品合格证书。

②用于危险区内的电气仪表、电气设备、接线盒、接线箱等，以及与安装在危险区内的设备附连的电气仪表、电气设备及电器应有防爆证书。该项证书应由有资格的单位颁发。

③安全办公室颁发作业许可证所需要的其他证书。

二、FPSO 的发证检验

在很长一段时间内，浮式生产系统、浮式储油装置和其他移动式生产平台上部设施都要参照《海上固定平台安全规则》的要求执行发证检验制度。

FPSO（Floating Production Storage and Offloading System）安全规则目前尚未上升为技术法规，以各公司文件的形式发布、执行。现有装置应在大修或改建时，在合理可行的范围内满足 FPSO 安全规则的要求。与《海上固定平台安全规则》相比，FPSO 发证检验在内容上有很多相似之处，主要区别有以下几点。

（1）提出对质量管理体系、检验计划等的管理要求。

（2）要求 FPSO 的责任方对设计、施工及调试的承包商进行资格审查。

（3）对 FPSO 与平台不同的要素提出要求，如系泊、拖曳、稳性、船体等。

（4）对一些具体检验内容的调整，如对 A、B、C 类设备分类的调整，对具体检验项目的差异的调整。

(5) 检验合格后签发的证书种类不同，如吨位证书、稳性批准书、载重线证书、起货设备检验簿等。

第三节　专业设备检验

一、对专业设备检验的管理要求

海洋石油的专业设备应当由专业设备检验机构检验合格，方可投入使用。专业设备检验机构对检验结果负责。专业设备，是指海洋石油开采过程中使用的危险性较大或者对安全生产有较大影响的设备，包括海上结构、采油设备、海上锅炉和压力容器、钻井和修井设备、起重和升降设备、火灾和可燃气体探测、报警及控制系统、安全阀、救生设备、消防器材、钢丝绳、电气仪表等。

二、专业设备检验机构应具备的条件

海洋石油天然气生产设施专业设备检验检测机构应具备以下基本条件。

(1) 依法设立，取得法人资格。

(2) 有与其申请业务相适应的固定场所、办公设施、检测和检验设备、计算和分析手段。

(3) 注册资金或者开办费 300 万元以上。

(4) 有完善的机构章程、管理制度、工作规则和质量管理体系。

(5) 有 10 名以上专职技术人员，其中至少有 5 名具有高级专业技术职称或者注册安全工程师资格，并且从事海洋石油天然气安全工作 3 年以上。

(6) 机构的主要负责人应通过相关安全生产培训、考核，并且从事海洋石油天然气安全相关工作 3 年以上；专职技术负责人应具有工程类高级专业技术职称和专业设备检验检测工作经历，且从事海洋石油天然气安全工作 5 年以上。

(7) 申请换证或延期的机构应有从事海洋石油专业设备检验检测工作的良好业绩。

(8) 法律、法规要求的其他条件。

第四节 试生产前检查

一、试生产前检查的管理要求

海洋石油生产设施试生产前，应当经发证检验机构检验合格，取得最终检验证书或者临时检验证书，并制定试生产的安全措施，于试生产前45日报海油安办有关分部备案。海油安办有关分部应对海洋石油生产设施的状况及安全措施的落实情况进行检查。

二、试生产前检查的主要内容

(一) 应交验的证书、文件和资料

(1) 生产设施有关证书和文件，包括作业者营业执照、油（气）田开发方案批准书、环境影响报告书批复文件、第三方发证检验证书、国际防止油污证书、无线电台执照、投保单，浮式生产储油装置可能还涉及国籍证书、入级证书、国际船舶载重线证书、吨位证书以及其他证书法规要求的证书。

(2) 生产设施的主要技术说明、总体布置和工艺流程图。

(3) 油（气）生产系统、处理系统、注水系统、污水处理系统等专业设备合格证书。

(4) 防喷装置和紧急自动停产系统，包括井上、井下安全阀，以及修井防喷器装置等的合格证书。

(5) 防硫化氢的井口装置、检测装置、排放装置及防护器具的出厂合格证书和试验报告。

(6) 浮式生产储油轮的快速解脱装置、系缆张力和距离测量装置的出厂合格证书及试验报告。

(7) 单点系泊的锚、锚链出厂合格证书和试验报告。

(8) 起重设备出厂合格证书和试验报告。

(9) 主电站和应急电站设备的合格证书。

(10) 油（气）生产和集输管线的检验和试压报告。

(11) 消防、救生设备实际布置图和消防、救生岗位部署表。

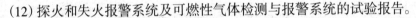

(12) 探火和失火报警系统及可燃性气体检测与报警系统的试验报告。

(13) 安全手册。

(二) 应备查的证书、文件和资料

(1) 电工作业人员、锅炉司炉人员、起重机械作业人员、无线电报务员及采油 (气) 作业主操作工的合格证件。

(2) 生产设施作业人员持有的"海上求生""海上急救""船舶消防"和"救生艇筏操纵"安全培训证书。

(三) 试生产前检查程序

(1) 试生产前,作业者应制定试生产的安全措施。试生产的安全措施应包括投入试生产过程中、试生产期间的风险辨识与风险分析,并制定相应的应对措施。

(2) 试生产的安全措施提前 45 日报海油安办有关分部备案,还应交验和备查前面列明的文件、资料。

(3) 海油安办有关分部应对海洋石油生产设施的状况以及安全措施的落实情况进行检查。

(4) 检查组根据检查情况出具书面检查意见 (备忘录)。

(5) 作业者根据书面检查意见进行整改。整改完成后投入试生产。

第五节 安全验收评价

一、安全验收评价的管理要求

矿山建设项目和用于生产、储存危险物品的建设项目,应当分别按照国家有关规定进行安全条件论证和安全评价。

《非煤矿矿山建设项目安全设施设计审查与竣工验收办法》规定:"建设项目的安全评价包括安全预评价和安全验收评价""建设项目在可行性研究阶段,应当进行安全预评价;建设项目在投入生产或者使用前,应当进行安全验收评价"。

二、安全验收评价的主要内容

建设项目安全验收评价报告应当包括下列内容。

(1) 安全设施符合法律、法规、标准和规程规定以及设计文件的评价。

(2) 安全设施在生产或者使用中的有效性评价。

(3) 职业危害防治措施的有效性评价。

(4) 建设项目的整体安全性评价。

(5) 存在的安全问题和解决问题的建议。

(6) 安全验收评价结论。

(7) 其他需要说明的事项。

第六节　安全设施验收

建设项目生产设施试生产前已经向相关分部备案，投入试生产且达到正常状态后，作业者和承包者（以下统称作业者）应在投入试生产后 6 个月内（最长不得超过 12 个月）向海油安办或相关分部申请安全竣工验收。

建设项目生产设施试生产超过 12 个月又不提出安全竣工验收申请的，必须立即停止试生产，并向海油安办或相关分部提交书面报告，说明未按规定申请安全竣工验收的原因。

一、申请安全竣工验收

申请安全竣工验收时，作业者应向海油安办或相关分部提出书面申请，并附以下资料（一式两份）。

(1) 海洋石油建设项目生产设施安全竣工验收申请表。

(2) 发证检验机构出具的生产设施发证检验证书。

(3) 发证检验机构编制的生产设施发证检验报告。

(4) 安全评价机构编制的生产设施验收评价报告，报告内容及格式应符合国家有关安全验收评价的规定和标准。

(5) 作业者编制的试生产期间安全生产情况报。

（6）建设项目生产设施单位主要负责人和安全生产管理人员的安全资格证书复印件、特种作业人员资格证书清单、出海作业人员安全培训证书清单。

海油安办或相关分部受理安全竣工验收申请表和相关材料后，应在10个工作日内完成各项审查工作，出具审查意见，并填写海洋石油建设项目生产设施安全竣工验收资料审查表。

安全竣工验收资料审核合格后，海油安办或相关分部应在15个工作日内组织开展安全竣工现场验收工作。现场验收应成立由相关专家组成的验收专家组（以下简称验收组），并指定一名专家担任组长。其中：海油安办组织的验收组成员不少于7人，相关分部组织的验收组成员不少于5人。聘请的专家应具有海洋石油安全生产相关高级技术职称或相当资格，熟悉海洋石油安全生产相关法规和标准，而且身体健康，能够适应海上工作环境。

二、验收工作

（一）工作步骤

验收组按以下步骤开展工作。

（1）召开会议，听取汇报。会议由验收组全体成员、作业者代表、建设项目生产设施单位的代表、发证检验机构代表、安全验收评价机构代表和设计、施工单位代表及相关人员参加。听取作业者有关生产设施基本情况、试生产前安全检查发现问题的整改情况和试生产期间的安全生产情况汇报，听取发证检验机构发证检验情况的汇报。

（2）验收评价报告形式审查。核验验收评价报告的真实性和有效性，如验收评价报告不符合规定，将中止验收。

（3）现场检查和试验。验收评价报告经形式审查通过后，按照本细则第十三条和第十四条规定，进行现场检查和试验。

（4）提出验收意见。验收组组长通报验收情况，宣布验收意见，并填写现场验收意见表。

(二)验收情况

海油安办或相关分部根据验收组验收情况,做出以下决定。

(1)现场验收合格的,在10个工作日内做出通过竣工验收的批复。

(2)现场验收发现问题、需要整改的,作业者应按照验收组提出的意见进行落实,整改完成后向海油安办或相关分部提交整改情况报告。经复核符合要求的,做出通过竣工验收的批复。

(3)存在重大问题、不能通过安全竣工验收的,海油安办或相关分部应督促作业者停产整顿,整改完成后应重新履行安全竣工验收手续。

三、建设项目生产设施通过安全竣工验收的基本条件

(1)取得发证检验机构出具的发证检验证书。

(2)发证检验机构提出的遗留问题已经整改。

(3)试生产前安全检查发现的问题已经解决或已落实安全措施。

(4)建设项目生产设施单位的主要负责人、安全管理人员和特种作业人员取得相应的资格证书。

(5)建立并实施安全管理体系。

(6)编制应急预案,并定期组织演练。

(7)现场检查和试验符合要求。

第七节 安全生产许可证

一、办理安全生产许可证的程序

安全生产许可证办理程序如下。

(1)安全设施竣工验收合格后,应向政府主管部门提交申请书及所需的文件、资料等,申请办理安全生产许可证。

(2)安全生产许可证颁发管理机关接到申请书及所附文件、资料后,应当场做出受理或不予受理的决定;或于5个工作日内一次性告知申请人需要补正的全部内容。

（3）对已经受理的申请，安全生产许可证颁发管理机关应指派有关人员对申请材料和安全生产条件进行审查；需要到现场审查的，应当到现场进行审查。负责审查的有关人员应当向安全生产许可证颁发管理机关提出审查意见。

（4）安全生产许可证颁发管理机关应当对有关人员提出的审查意见进行讨论，并在受理申请之日起45个工作日内做出颁发或者不予颁发安全生产许可证的决定。

（5）对决定颁发的，安全生产许可证颁发管理机关应当自决定之日起10个工作日内送达或者通知申请人领取安全生产许可证；对决定不予颁发的，应当在10个工作日内书面通知申请人，并说明理由。

二、申办安全生产许可证应具备的条件

（一）非煤矿矿山企业应具备的条件

非煤矿矿山企业取得安全生产许可证，应当具备下列安全生产条件。

（1）建立健全主要负责人、分管负责人、安全生产管理人员的部门职能、岗位安全生产责任制；制定安全检查制度、职业危害预防制度、安全教育培训制度、生产安全事故管理制度、重大危险源监控和重大隐患整改制度、设备安全管理制度、安全生产档案管理制度、安全生产奖惩制度等规章制度；制定作业安全规程和各工种操作规程。

（2）安全投入要符合安全生产要求，并按照有关规定提取安全技术措施专项经费。

（3）设置安全生产管理机构，配备专职安全生产管理人员。

（4）主要负责人和安全生产管理人员的安全生产知识和管理能力经考核合格。

（5）特种作业人员经有关业务主管部门考核合格，取得特种作业操作资格证书。

（6）其他从业人员按照规定接受安全生产教育和培训，并经考试合格。

（7）依法参加工伤保险，为从业人员缴纳工伤保险费。

（8）对有职业危害的场所进行定期检测，有防治职业危害的具体措施，

并按规定为从业人员配备符合国家标准或行业标准的劳动防护用品。

（9）依法进行安全评价。

（10）对作业环境安全条件和危险性较大的设备进行定期检测检验，有预防事故的安全技术保障措施。

（11）石油天然气储运设施、露天边坡、人员提升设备、尾矿库、排土场、爆破器材库等易发生事故的场所、设施、设备，有登记档案和检测、评估报告及监控措施。

（12）制定井喷失控、中毒窒息、边坡坍塌、冒顶片帮、透水及坠井等各种事故以及采矿诱发地质灾害等事故的应急救援预案。

（13）建立事故应急救援组织，配备必要的应急救援器材和设备；生产规模较小可以不建立事故应急救援组织的，但应当指定兼职的应急救援人员，并与邻近的事故应急救援组织签订救护协议。

（二）海上石油天然气开采企业的生产系统应具备的条件

海上石油天然气开采企业的生产系统除应具备非煤矿矿山企业取得安全生产许可证应当具备的生产条件外，其厂房、作业场所和安全设施、设备、工艺等还应当具备下列条件。

（1）海上油气生产设施经发证检验机构检验合格，取得检验合格证书，保证海上消防设备、海上救生设备，海上无线电通讯设备、起货设备、航行信号、火灾和天然气监测报警设备、油气生产流程中的紧急关断系统及压力释放系统满足海洋石油作业安全法规、标准或者国际先进标准的要求。

（2）海上移动式钻井设施必须取得船舶国籍证书、船级证书等安全证书。

（3）海上压力容器由具有相应资格的单位设计和制造，并经发证检验机构检验合格，取得检验合格证书。

（4）海上作业的工作人员经海上石油作业安全救生培训考核合格，并取得证书。

（5）钻井平台、油气生产设施具有总体布置图、危险区划分图、救逃生布置图和消防部署图。

（6）石油天然气钻井作业应当进行井控设计，安装井控装置，制定并落实井控措施。

(7) 海上油气生产设施应当按有关标准划分危险区，并配备满足该区域要求的防爆电器。

(8) 含硫化氢的油气井进行钻井、试油气和采油气作业时，必须使用防硫工具、井下工具、井口装置和地面流程，并采取其他防止硫化氢危害的技术措施和保护措施。

(9) 油气生产作业期间应当有守护船进行守护。

(10) 物探作业中爆炸物品的储存、运输、使用要符合《民用爆炸物品管理条例》的规定。

(11) 陆上油气终端的安全生产条件不低于陆上石油天然气开采的要求。

第四章　陆上建设项目安全管理

第一节　工程监理

一、工程监理的管理要求

与海上油气生产设施实行发证检验制度不同，陆上建设项目实行工程监理制度。

工程建设监理合同与监理程序要点如下：

（1）监理单位承担监理业务，与建设单位签订书面工程建设监理合同。工程建设监理合同的主要条款是：监理的范围和内容、双方的权利与义务、监理费的计取与支付、违约责任、双方约定的其他事项。

（2）监理机构一般由总监理工程师、监理工程师和其他监理人员组成。

（3）承担工程施工阶段的监理，监理机构应进驻施工现场。

（4）工程建设监理一般应按下列程序进行：

①编制工程建设监理规划。

②按工程建设进度，分专业编制工程建设监理细则。

③按照建设监理细则进行建设监理。

④参与工程竣工预验收，签署建设监理意见。

⑤建设监理业务完成后，向项目法人提交工程建设监理档案资料。

二、工程监理的职责

（一）监理公司、监理工程师主要职责

监理公司、监理工程师与安全相关的主要职责有如下几个方面：

（1）监理的重点是工程质量，控制由工程质量引发的生产安全事故。

（2）审查施工方案中的安全技术措施。

（3）确保施工过程的生产安全。

（4）参与竣工验收（包括安全设施的竣工验收），签署监理意见。

（5）提交工程建设监理档案资料（包括安全设施）。

（二）监理人员安全职责

1. 项目总监

项目总监对监理部的安全工作负责，履行其在 HSE 方面的领导责任。

（1）贯彻国家、地方政府和本单位的各项 HSE 管理政策、法规、规定，以及业主的 HSE 管理要求。

（2）负责组织本项目 HSE 管理体系的建立、完善工作；力争现场所有工作符合政府和业主的 HSE 规定和要求。

（3）主持召开本项目 HSE 工作小组会议及 HSE 管理例会，及时研究解决 HSE 管理工作存在的各项问题。

（4）负责组织本项目的 HSE 检查，及时通知有关单位进行隐患治理，要求施工单位不断改善施工作业环境条件。

（5）参与重大伤亡事故的调查，分析、处理和上报工作。

2. 技术负责人

（1）在技术上对监理部 HSE 工作全面负责。

（2）加强 HSE 技术管理，积极采用先进技术和防护措施，组织研究落实重大事故隐患整改方案和有毒有害环境治理方案。

（3）审查监理部和施工单位 HSE 管理技术措施项目，保证在技术上切实可行。

（4）参加重大事故调查，组织技术力量对事故进行技术原因分析、鉴定，提出技术改进措施。

3. 专职 HSE 工程师

（1）贯彻国家、地方政府和本单位的各项 HSE 管理政策，法规、规定，以及业主的 HSE 管理要求，负责施工现场 HSE 管理的监督检查工作。

（2）负责员工进入现场前的 HSE 管理教育和岗位 HSE 管理教育；协助项目总监建立全面的 HSE 计划。

（3）在政府和业主有关 HSE 要求的基础上，参与审核施工单位编制的安

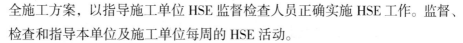

全施工方案，以指导施工单位 HSE 监督检查人员正确实施 HSE 工作。监督、检查和指导本单位及施工单位每周的 HSE 活动。

（4）负责施工过程的 HSE 巡回检查、监督以及安全施工措施的落实情况；及时纠正违章和失职行为，督促检查隐患整改，遇紧急情况有权令其停止作业；对违章情况及时下发监理通知单，督促违章单位整改。

（5）参加本项目的 HSE 检查及事故的调查工作。

（6）与业主的 HSE 管理部门保持密切联系。

（7）主持召集每周 HSE 例会，参加本单位 HSE 工作小组会议并负责完成会议纪要。

（8）检查监理部的 HSE 会议执行情况。

4.各部门专业管理技术人员

（1）贯彻执行本单位 HSE 管理办法和监理部 HSE 计划，审核施工单位的施工方案，对本岗位的 HSE 活动负责。

（2）有权拒绝接受不符合 HSE 规定的作业任务；有权拒绝违章作业的指令，对他人的违章作业有权加以劝阻和制止。

（3）发现事故隐患及时通知有关人员并向上级报告，力争把事故消灭在萌芽状态。

（4）对现场活动进行监督并采取纠正措施，以保证现场施工方案的安全措施得以实施。

（5）指导和协调施工人员活动，保障 HSE 的工作环境。

三、监理计划的内容

监理计划包括以下内容：

（1）项目 HSE 会议管理，包括：HSE 工作小组会议、项目 HSE 例会、HSE 专题会议、班前会、安全技术交底会。

（2）项目 HSE 管理文件和资料控制。

（3）承包商安全资格审核。

（4）危险源辨识与控制、应急程序；报告制度。

（5）检查与监督。

（6）现场 HSE 管理，包括：HSE 标识、劳动防护用品的使用，现场急救

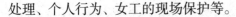

处理、个人行为、女工的现场保护等。

（7）施工作业的安全管理，包括：施工前的准备、事故的调查处理和防范措施、作业许可证、防火防爆、动土管理、高处作业管理、起重作业管理、施工用电管理、脚手架作业、危险物品管理、压缩气瓶管理、木材和钢筋加工、射线作业、健康管理、文明施工、环境保护。

第二节　危险化学品建设项目安全许可

一、建设项目设立安全审查

（一）选址论证

建设项目选址时，建设单位应当对建设项目设立的下列安全条件进行论证：

（1）建设项目内在的危险、有害因素对建设项目周边单位生产、经营活动或者居民生活的影响。

（2）建设项目周边单位生产、经营活动或者居民生活对建设项目的影响。

（3）当地自然条件对建设项目的影响。

（二）安全评价

1. 安全评价机构选择

申请建设项目设立安全审查前，建设单位应当选择有资质的安全评价机构对建设项目设立进行安全评价。下列建设项目应当由甲级安全评价机构进行安全评价：

（1）国务院及其投资主管部门审批（核准、备案）的。

（2）省、自治区、直辖市人民政府及其投资主管部门审批（核准、备案）的。

（3）生产剧毒化学品的。

（4）跨省、自治区、直辖市的。

（5）安全监管总局和省、自治区、直辖市人民政府安全生产监督管理部门有特别要求的。

2. 安全评价报告

安全评价机构应当依据有关安全生产法律、法规、规章和标准，对建设项目设立进行安全评价，并对出具的建设项目设立安全评价报告负责。建设项目设立安全评价报告包括下列主要内容：

(1) 建设项目概况。

(2) 原料、中间产品、最终产品或者储存的危险化学品的理化性能指标。

(3) 危险化学品包装、储存、运输的技术要求。

(4) 建设项目的危险、有害因素和危险、有害程度。

(5) 建设项目的安全条件。

(6) 主要技术、工艺或者方式和装置、设备、设施及其安全可靠性。

(7) 安全对策与建议。

3. 安全审查提交资料

建设项目设立前，建设单位应当向相应的建设项目安全许可实施部门申请建设项目设立安全审查，并提交下列文件、资料：

(1) 建设项目设立安全审查申请书。

(2) 建设 (规划) 主管部门颁发的建设项目规划许可文件 (复印件)。

(3) 建设项目安全条件论证报告。

(4) 建设项目设立安全评价报告。

(5) 工商行政管理部门颁发的企业法人营业执照或者企业名称预先核准通知书 (复印件)。

(三) 安全审查

对已经受理的建设项目设立安全审查申请，建设项目安全许可实施部门应当指派有关人员或者组织专家，对建设项目设立安全审查申请文件、资料进行审查；必要时，应当对建设项目进行实地核查。

负责审查的人员应当依据有关安全生产法律、法规、规章和标准，对建设项目安全可靠性和建设项目设立安全评价报告提出审查意见。

建设项目安全许可实施部门应当对负责审查的人员提出的审查意见进行审议，做出同意或者不同意建设项目设立的安全审查决定，并在受理申请

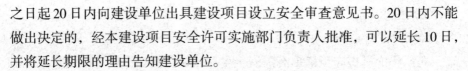

之日起 20 日内向建设单位出具建设项目设立安全审查意见书。20 日内不能做出决定的，经本建设项目安全许可实施部门负责人批准，可以延长 10 日，并将延长期限的理由告知建设单位。

1. 安全审查不予通情况

建设单位提交的建设项目设立申请文件、资料有下列情形之一的，安全审查不予通过：

（1）建设项目涉及危险、有害因素未全面分析、辨识的。

（2）建设项目涉及危险、有害程度分析、判断不准确的。

（3）未进行安全条件论证或者论证不充分的。

（4）主要技术、工艺或者方式和装置、设备、设施未确定的。

（5）安全设施的对策与建议不符合法律、法规、规章规定和国家有关安全生产标准要求的。

（6）未选择相应资质的安全评价机构进行安全评价的。

（7）提供虚假文件、资料的。

2. 未通过处理

对安全审查未通过的建设项目，建设单位经过整改后可以再次向原审查部门申请建设项目设立安全审查。已经通过安全审查的建设项目有下列情形之一的，建设单位应当向原审查部门申请变更建设项目设立安全审查：

（1）建设项目外部安全防护距离发生变化的。

（2）变更建设地址的。

（3）变更主要装置、设备、设施平面布置的。

（4）变更技术、工艺或者方式和主要装置、设备、设施的。

（5）建设项目涉及的危险化学品品种、类别、数量超出已经通过安全审查的建设项目范围的。

二、建设项目安全设施设计审查

（一）安全设施设计

建设项目安全设施设计应当由取得相应设计资质的设计单位进行，设计单位对建设项目安全设施设计负责。

设计单位应当依据有关安全生产的法律、法规、规章和标准以及建设项目设立安全评价报告，对建设项目安全设施进行设计，并组织设计人员编制建设项目安全设施设计专篇。建设项目安全设施设计专篇包括下列内容：

(1) 建设项目概况。

(2) 建设项目涉及的危险、有害因素和危险、有害程度。

(3) 建设项目设立安全评价报告中的安全对策和建议采纳情况说明。

(4) 采用的安全设施和措施。

(5) 可能出现事故预防及应急救援措施。

(6) 安全管理机构的设置及人员配备。

(7) 安全设施投资概算。

(8) 结论和建议。

(二) 安全设施设计审查

1. 审查申请

建设单位应当在建设项目安全设施设计全部完成后，向与本实施办法第四条规定相应的建设项目安全许可实施部门申请建设项目安全设施设计的审查，并提交下列文件、资料：

(1) 建设项目安全设施设计的审查申请书。

(2) 建设项目设立安全审查意见书 (复印件)。

(3) 设计单位的设计资质证明文件 (复印件)。

(4) 建设项目安全设施设计专篇。

(5) 审查时要求提供的其他材料。

对已经受理的建设项目安全设施设计的审查申请，建设项目安全许可实施部门应当指派有关人员或者组织专家，对申请文件、资料进行审查，做出同意或者不同意建设项目安全设施设计专篇的决定，并出具建设项目安全设施设计的审查意见书。

2. 审查不通过情况

建设项目安全设施设计有下列情形之一的，审查不予通过。

(1) 未经过建设项目设立安全审查或者经安全审查未通过的。

(2) 未选择相应资质的设计单位进行设计的。

(3) 未按照有关安全生产的法律、法规、规章和标准、规范的强制性规定进行设计的。

(4) 未采纳建设项目设立安全评价报告中的安全对策和建议的。

(5) 对未采纳建设项目设立安全评价报告中的安全对策和建议未做充分论证说明的。

3. 审查不通过处理

建设项目安全设施设计的审查未通过的，建设单位经过整改后可以再次向原审查部门申请建设项目安全设施设计的审查。

对已经审查通过的建设项目安全设施设计有下列情形之一的，建设单位应当向原审查部门申请建设项目安全设施变更设计的审查：

(1) 改变安全设施设计且可能降低安全性能的。

(2) 在施工期间重新设计的。

三、建设项目安全设施竣工验收

(一) 安全设施施工情况报告

建设项目安全设施的施工应当由取得相应工程施工资质的施工单位进行。

施工单位应当严格依照建设项目安全设施设计文件和施工技术标准、规范施工，并对建设项目安全设施的工程质量负责。

施工单位应当编制建设项目安全设施施工情况报告，建设项目安全设施施工情况报告包括下列内容：

(1) 建设项目概况。

(2) 施工依据的有关法律、法规、规章和技术标准。

(3) 安全设施及其原材料检验、检测情况。

(4) 主要装置、设施的施工质量控制情况。

(二) 建设项目试生产 (使用) 方案

建设项目安全设施竣工后，建设单位应当按照有关安全生产的法律、法规、规章和标准的规定，对建设项目安全设施进行检验、检测，保证建设项目安全设施满足危险化学品生产、储存的安全要求，并处于正常适用状态。

建设单位应当组织有关单位和专家，研究提出建设项目试生产(使用)可能出现的安全问题及对策，并按照有关安全生产的法律、法规、规章和标准制订周密的试生产(使用)方案。建设项目试生产(使用)方案应包括下列有关安全生产的内容：

(1)建设项目施工完成情况。

(2)生产、储存的危险化学品品种和设计能力。

(3)试生产(使用)过程中可能出现的安全问题及对策。

(4)采取的安全措施。

(5)事故应急救援预案。

(6)试生产(使用)起止日期。

建设单位应当在建设项目试生产(使用)前，将建设项目试生产(使用)方案，分别报送与本实施办法第四条规定相应的建设项目安全许可实施部门和有关危险化学品其他安全生产许可的实施部门备案。

建设单位在采取有效安全生产措施后，方可将建设项目安全设施与生产、储存装置、设施同时进行试生产(使用)。试生产(使用)不得超过建设项目试生产(使用)方案确定的期限和国家有关部门规定的试生产(使用)期限。

(三)安全评价

建设项目安全设施竣工验收前，建设单位应当选择有相应资质的安全评价机构对建设项目及其安全设施试生产(使用)情况进行安全评价。

安全评价机构应当依据有关安全生产的法律、法规、规章及标准、规范进行评价，并对建设项目竣工验收安全评价报告的真实性负责。

1.建设项目竣工验收安全评价报告内容

建设项目竣工验收安全评价报告包括下列主要内容：

(1)危险、有害因素和固有的危险、有害程度。

(2)安全设施的施工、检验、检测和调试情况。

(3)安全生产条件。

(4) 可能发生的危险化学品事故及后果、对策。

(5) 事故应急救援预案。

2. 安全许可实施部门验收申请

建设项目投入生产 (使用) 前，建设单位应当向相应的建设项目安全许可实施部门申请建设项目安全设施竣工验收，并提交下列文件、资料：

(1) 建设项目安全设施竣工的验收申请书。

(2) 建设项目安全设施设计的审查意见书 (复印件)。

(3) 施工单位的施工资质证明文件 (复印件)。

(4) 建设项目安全设施施工情况报告。

(5) 安全生产投入资金情况报告。

(6) 建设项目竣工验收安全评价报告。

3. 建设项目安全设施竣工验收

已经受理的建设项目安全设施竣工的验收申请，建设项目安全许可实施部门应当指派有关人员或者组织专家，对申请文件、资料进行审查，做出同意或者不同意建设项目安全设施投入生产 (使用) 的决定，并出具建设项目安全设施竣工验收意见书。

建设项目安全许可实施部门在组织审查申请文件、资料时，应当组织或者商请有关危险化学品其他安全生产许可的实施部门共同审查；有关危险化学品其他安全生产行政许可的实施部门应当指派有关人员参加审查。

建设项目安全设施竣工验收意见书的有效期自建设项目安全许可实施部门决定之日起，至建设项目投入生产 (使用) 后取得有关危险化学品的其他安全生产许可之日止。

4. 验收不通过情况

建设项目安全设施有下列情形之一的，建设项目安全设施竣工验收不予通过：

(1) 未选择有相应资质的施工单位施工的。

(2) 未按照建设项目安全设施设计文件施工或者施工质量未达到建设项目安全设施设计文件要求的。

(3) 建设项目安全设施的施工不符合国家有关施工技术标准的。

(4) 建设项目安全设施竣工后未进行检验、检测的。

(5) 未选择有相应资质的安全评价机构进行安全评价的。

(6) 安全设施和安全生产条件不符合或者未达到有关安全生产法律、法规、规章规定和标准要求的。

(7) 发现建设项目试生产 (使用) 期间存在事故隐患未整改的。

(8) 提供虚假文件、资料的。

5. 不通过情况处理

建设项目安全设施竣工验收未通过的，建设单位经过整改后可以再次向原验收部门申请建设项目安全设施竣工验收。

建设单位收到同意投入生产 (使用) 的建设项目安全设施竣工验收意见书 10 日内，应当依照《危险化学品安全管理条例》和《安全生产许可证条例》及其配套规章的规定，申请有关危险化学品的其他安全生产许可，并提交建设项目竣工验收意见书 (复印件)。

建设单位申请有关危险化学品的其他安全生产许可时，申请资料中的安全评价报告由申请建设项目竣工验收的安全评价报告代替。

四、监督管理

已经取得安全许可的建设项目有下列情形之一的，建设项目安全许可实施部门应当撤销建设项目的安全许可：

(1) 建设单位决定停止建设的。

(2) 建设项目被依法终止的。

(3) 建设项目安全许可实施部门超越职权实施安全许可的。

(4) 建设项目安全许可实施部门违反本实施办法规定的程序实施安全许可的。

(5) 以欺骗、贿赂等不正当手段取得安全行政许可的。

建设项目安全许可实施部门应当建立、健全建设项目安全许可实施情况的档案及其管理制度。建设项目安全许可实施部门应当将建设项目的安全许可情况，通报有关部门和建设项目所在地的安全生产监督管理部门。

建设项目所在地县级以上人民政府安全生产监督管理部门应当按照各自职责，对建设项目安全许可情况进行监督检查，并将检查中发现的违反本实施办法的情况，通报与本实施办法第四条规定相应的建设项目安全许可实施部门。

省、自治区、直辖市人民政府安全生产监督管理部门应当分别于每年2月1日前和8月1日前，将本行政区域内上一年和当年上半年建设项目安全许可的实施情况报安全监管总局备案。

五、罚则

(一) 建设项目安全许可实施部门工作人员

建设项目安全许可实施部门工作人员有下列行为之一的，依照国家有关规定给予行政处分；构成犯罪的，依法追究刑事责任：

（1）发现建设项目未依法取得安全许可擅自从事生产、储存活动，不依法处理的。

（2）接到建设项目违反本实施办法规定的举报后，不及时查处的。

（3）在实施建设项目安全许可中，索取或者接受建设单位的财物、谋取不正当利益的。

(二) 建设单位

1. 危险化学品安全管理条例》处罚

建设单位有下列行为之一的，依照《危险化学品安全管理条例》规定处罚：

（1）建设项目设立未经安全审查批准，擅自从事危险化学品生产、储存的。

（2）建设项目设立未经安全审查批准，擅自建设的。

（3）建设项目设立变更后未经安全审查批准，擅自建设的。

2. 安全生产法》处罚

建设单位有下列行为之一的，依照《安全生产法》规定处罚：

（1）建设项目安全设施设计未经安全审查或者安全审查未通过，擅自建设的。

（2）建设项目安全设施设计变更后未经安全审查或者安全审查未通过，擅自建设的。

（3）建设项目安全设施未经验收或者验收不合格，擅自投入生产（使用）的。

3.行政处罚法》和国务院的处罚

建设单位有下列行为之一的，依照《行政处罚法》和国务院的有关规定处罚：

（1）建设项目安全设施竣工后未进行检验、检测的。

（2）施工期间修改建设项目安全设施设计未保存记录的。

（3）在申请建设项目安全行政许可时提供虚假文件、资料的。

（4）未组织有关单位和专家研究提出建设项目试生产（使用）可能出现的安全问题及对策或者未制订周密的建设项目试生产（使用）方案，进行试生产（使用）的。

（5）建设项目试生产（使用）方案未向安全生产监管部门备案的。

（6）建设项目试生产（使用）未采取有效安全生产措施，发生事故的。第三十五条，承担安全评价、检验、检测工作的机构出具虚假报告、证明的，依照《安全生产法》第七十九条的规定处罚。

第三节　特种设备安全管理

一、特种设备安全管理概述

（一）特种设备管理的重要性

特种设备安全是安全生产的重要组成部分，特种设备的管理是企业管理的重要内容。所谓特种设备管理，就是针对人们在生产、使用等过程中的安全问题，运用有效的组织控制和活动，实现生产过程中人与设备的和谐，实现特种设备在各种生产过程中的安全运行，有效防范事故的发生，保障人民生命、财产安全，维护社会稳定，促进经济发展。

特种设备的安全涉及设计、制造、安装、改造、维修、使用、检测检验等各个环节。特种设备安全问题涉及的因素较多，各个环节之间相互联系、相互影响。如在设计、制造时，不但要考虑设备本身的安全需求，而且要考虑安装、使用、检验等环节的要求。2023 年底全国特种数量设备数量两千多万台，我省的特种设备数量近 40 万台，总量居全国第 3 位，约占全国的十分之一，并且以每年约 15% 的速度增长。由于特种设备数量大，使用范围广，不少生产、使用者安全意识较差，因此，近年来，特种设备安全状况在获得相对稳定发展的同时，仍存在不少隐患和问题，甚至发生群死群伤事故。从大量的事故教训和对特种设备管理的成功经验中，可以得出这样的结论：只有有效加强对特种设备各个环节严格的管理，才能有效地减少和防止事故的发生。通过多年特种设备安全管理的实践和经验总结，安全管理的内容可以归纳为"三落实、两有证、一检验、一预案"，即落实安全管理机构、落实责任人员、落实规章制度；特种设备具有使用证，作业人员持证上岗；对特种设备应申报检验；生产、使用单位应制订科学有效的特种设备事故应急救援预案。

(二) 特种设备的定义及其特点

1. 特种设备的定义

特种设备是指涉及生命安全、危险性较大的锅炉、压力容器 (含气瓶，下同)、压力管道、电梯、起重机械、客运索道、大型游乐设施。列为特种设备种类范围的七种设备，有两个基本特征：一是"涉及生命安全"，一旦发生事故极易造成人身伤亡，影响公共安全；二是"危险性较大"，一旦发生事故容易造成群死群伤，产生重大经济影响和较大社会影响，潜在的危险性较大。

2. 特种设备管理的特点

(1) 特种设备进行目录管理。国务院《特种设备安全监察条例》规定 (以下简称《条例》)，国家对特种设备实行目录管理，其目录由国务院特种设备安全监督管理部门制定，报国务院批准后执行。

(2) 特种设备实行行政许可。特种设备的生产、使用和检测检验实行行政许可，这是特种设备管理部门实施监督管理的主要手段，也是生产、使用单位和检测检验机构必须遵守的。特种设备的行政许可主要包括下列内容：

①关于生产单位的许可：

a. 压力容器设计单位，应当具备《条例》第十一条第二款规定的条件，并经国务院特种设备安全监督管理部门的许可，方可从事压力容器的设计活动。

b.锅炉、压力容器、电梯、起重机械、客运索道和大型游乐设施及其安全附件、安全保护装置的制造、安装、改造单位，以及压力管道用管子、管件、阀门、法兰、补偿器、安全保护装置等的制造单位，应当具备《条例》第十四条第二款规定的条件，并经国务院特种安全监督管理部门许可，方可从事相应活动。

c.锅炉、压力容器、电梯、起重机械、客运索道和大型游乐设施的维修单位，应当有与特种设备维修相适应的专业技术人员和技术工人及必要的检测手段，并经省级特种设备安全监督管理部门的许可，方可从事相应的维修活动。

d.气瓶充装单位，应当具备《条例》第二十二条规定的条件，并经省级特种设备安全监督管理部门的许可，方可从事充装活动。

②关于使用单位的许可。特种设备使用单位应当在特种设备投入使用前或者投入使用后30日内，向设区的市的特种设备安全监督管理部门办理登记，取得特种设备登记标志。

③关于检验检测机构的许可。从事特种设备监督检验、定期检验、型式试验检验检测工作的特种设备检验检测机构，应当具备《条例》第四十三条规定的条件，并经国务院特种设备安全监督管理部门的核准，方可从事相应的检验检测活动。

④关于特种设备作业人员的许可。锅炉、压力容器、电梯、起重机械、客运索道和大型游乐设施的作业人员及其相关管理人员，应当按照国家有关规定经特种设备安全监督管理部门考核合格，取得国家统一格式的相应资格证书，方可从事相应的作业或者管理工作。

⑤关于特种设备检验检测人员的许可。从事特种设备监督检验、定期检验、型式试验的检验检测人员，应当经国务院特种设备安全监督管理部门组织考核合格，取得检验检测证书，方可从事检验工作。

二、特种设备安全管理制度

特种设备生产、使用单位应当建立健全特种设备安全管理制度和岗位安全责任制度。特种设备的安全管理制度，是生产、使用单位保障职工人身安全、财产安全，保证设备安全运行的最基础规定。特种设备生产、使用单位应根据国家有关法律法规，结合生产、使用实际制定安全管理制度。因此，生产、使用单位的安全管理制度是企业贯彻执行国家有关法律、法规的具体体现。

根据特种设备各自的使用特点，逐步探索和适应其运行规律，严格按客观规律办事，建立、完善特种设备使用管理规章制度，减少和避免人为影响因素，消除企业内部之间、上下之间、管理与生产之间的不协调因素，有效地克服不讲责任、职责、工作效率与经济效果的不良现象。因此科学地建立健全特种设备的各项规章制度，并逐步落实执行，这是管理好特种设备的重要条件，是降低事故发生的主要措施。

(一) 特种设备安全管理制度主要内容

由于特种设备各有其特点，使用范围广，使用单位错综复杂，使用单位从十几万人的特大型企业到个体私营业主差异较大，管理层次、管理形式不同，制定的规章制度也有所不同，但不论怎样，都应包括如下主要内容：

(1) 特种设备岗位安全责任制。

(2) 特种设备使用管理制度 (包括特种设备档案管理制度、注册登记、报废制度、定期检验制度等)。

(3) 特种设备作业人员教育培训制度。

(4) 事故应急救援。

(5) 事故报告与处理制度。

(6) 特种设备的操作规程。

(二) 特种设备岗位安全责任制

在我国，在推行全员安全管理的同时，实行岗位安全责任制。明确企业的特种设备安全责任主体，落实企业各级领导和各类人员应负的安全责任，是企业岗位责任制的重要内容。

1. 特种设备生产、使用单位主要负责人的责任

企业是特种设备安全的责任主体，特种设备生产、使用单位的主要负

责人是特种设备安全的主要责任者，应当对本单位特种设备的安全全面负责。企业的主要负责人，在特种设备安全方面具有法定的指挥权和决策权，同时，也承担着特种设备安全的法定义务。其主要职责为：

（1）建立健全本单位特种设备安全责任制。

（2）组织制定本单位特种设备安全规章制度和操作规程。

（3）保证本单位特种设备安全投入的有效实施。

（4）督促、检查本单位的安全工作，及时消除特种设备事故隐患。

（5）组织制定并实施本单位的特种设备事故应急救援预案。

（6）及时、如实报告特种设备伤亡事故。

2. 企业其他负责人员的责任

企业其他负责人在各自的职责范围内，对分管范围的安全工作负有直接领导责任，协助主要负责人做好特种设备安全工作。

（1）企业特种设备安全管理人员的职责。企业特种设备安全管理人员应当经特种设备安全监督管理部门考核合格，并取得相应的资格证书后，方可从事管理工作。参与和协助企业负责人制定特种设备管理制度、设备操作规程等，按照制度要求，对特种设备使用状况进行经常性检查，发现问题应立即处理。在紧急情况时，可以决定停止使用特种设备，并及时报告本单位有关负责人，认为有必要时，可以向当地特种设备安全监督管理部门报告。

（2）特种设备作业人员的职责。从事特种设备作业的人员，必须经特种设备安全监督管理部门考核合格，取得相应的资格证书后，方可从事相应的作业。其主要职责为：遵守劳动纪律，执行安全规章制度和操作规程，听从指挥，保持本岗位设备的安全和清洁，不随意拆除安全保护装置，有权拒绝违章指挥。在作业过程中发现事故隐患或不安全因素，应立即向特种设备管理人员和单位有关负责人报告。

（3）特种设备安全管理机构职责。落实安全管理机构和人员，是做好特种设备安全管理工作的前提条件。随着市场经济的不断发展，经济全球化和区域经济一体化进程的不断推进，以国有集体经济为主，多种经济形势共同发展的今天，特种设备的所有者既可能是集团、有限责任公司，也可能是个体私营者，特种设备的管理已趋向多元化发展。因此，安全管理机构对不同的企业、组织或个人有其不同的内容。就其企业管理而言，都应设立特种设

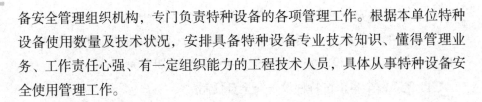

备安全管理组织机构，专门负责特种设备的各项管理工作。根据本单位特种设备使用数量及技术状况，安排具备特种设备专业技术知识、懂得管理业务、工作责任心强、有一定组织能力的工程技术人员，具体从事特种设备安全使用管理工作。

(三) 特种设备使用管理制度

1. 特种设备安全技术档案管理制度

特种设备使用单位应建立特种设备安全技术档案，并保证特种设备安全技术档案的完整、准确。其主要内容包括：特种设备的设计、制造单位、产品质量合格证明、使用维护说明等文件以及安装技术文件和资料；定期检验和定期自行检查的记录；日常使用状况记录；特种设备及其安全附件、安全保护装置、测量调控装置及其有关附属仪器仪表的日常维护保养记录；运行故障和事故记录等。特种设备档案是从特种设备的设计、制造、使用、检修全过程的文字记载，它向人们提供各个过程的具体情况，也是特种设备定期检验和更新报废的根据。通过建立特种设备档案，可以使特种设备的管理部门和操作人员全面掌握其技术状况，了解和掌握运行规律，防止盲目使用特种设备，从而能有效地控制特种设备事故。

2. 特种设备的注册登记制度

新增特种设备在投入使用前或投入使用后 30 日内，使用单位应持监督检验机构出具的监督检验报告等，到所在地区的地市级以上特种设备安全监察机构注册登记。特种设备使用登记后应将检验合格标志固定在特种设备的显著位置，并在有效期内安全使用。

3. 特种设备报废制度

标准或者技术规程有寿命期限要求的特种设备或者零部件，或者特种设备存在严重事故隐患，无改造、维修价值，应当按相应要求予以报废处理。特种设备进行报废处理后，使用单位必须到负责该特种设备注册登记的特种设备安全监察管理部门办理注销手续。

4. 特种设备安全技术性能定期检验制度

在用特种设备实行安全技术性能定期检验制度。对特种设备进行定期检验，是确保安全使用的必要手段。所有特种设备在运行中，因各种原因会产生一些缺陷，或原有允许的缺陷逐步扩大，产生事故隐患。通过定期检验可以及时发现缺陷，以便能够得到及时处理，消除事故隐患。根据特种设备的使用情况及自身结构特点，在有关特种设备的技术规范中，规定了特种设备的检验周期，如电梯为 1 年、起重机械为 2 年等。使用单位必须按照安全技术规范的定期检验要求，在安全检验合格有效期届满前 1 个月向特种设备检验检测机构申请定期检验，及时更换安全检验合格标志中的有关内容。检验合格标志超过有效期的特种设备不得使用。

三、特种设备作业人员的管理

特种设备的使用单位是保障设备安全运行的责任主体，保障设备安全运行的前提是人机——环境的协调。因此，具备一定技术素质的作业人员是保障设备安全运行的关键因素。特种设备用人单位有法定责任和义务，雇用或聘用取得《特种设备作业人员证》的人员从事相关的作业和管理工作。持有《特种设备作业人员证》的人员，必须经用人单位法人或负责人或授权人雇用（聘用）后，方可在许可的项目范围内作业。用人单位应加强特种设备作业现场和作业人员的管理，制定特种设备操作规程和有关安全管理制度，建立特种设备作业人员管理档案，对作业人员进行安全教育和培训，并能及时进行知识更新。提供必要的安全作业条件，如个人劳动防护用品等。

特种设备作业人员在作业中应当严格执行操作规程和有关的安全规章制度。为确保特种设备的安全运行，除需要特种设备作业人员获取基本的安全知识和操作技能外，还要求作业人员在具体的作业过程中，按照操作规程进行作业。每台设备都有其具体的操作要求，包括出现问题的处理方法等，作业人员必须严格遵守。为保证安全，使用单位制定的各项规章制度，如岗位责任制度、交接班制度等，作业人员必须严格遵守这些制度。

特种设备在运行过程中，因受各种因素的影响，会出现事故隐患或者出现某种不安全因素，特种设备作业人员必须能够及时发现。这就要求特种设备作业人员一方面必须具备基本的安全技术知识，另一方面也必须坚守工作岗位，密切注视设备的运行状况，发现问题能够及时处理。无论出现的问题是否能够处理，或者是否已经处理，特种设备作业人员必须立即向现场管理人员报告和单位的有关负责人报告。

取得《特种设备作业人员证》者，每2年进行一次复审。持证者应当在期满前3个月，填写好《特种设备作业人员复审申请表》《特种设备作业人员证》，经用人单位签署意见后，向发证部门提出复审申请。复审不合格的应当重新参加考试。逾期未申请复审或考试不合格的，其《特种设备作业人员证》自动失效，由发证部门予以注销。

第四节　政府主管部门相关验收

一、消防验收

（1）按照国家工程建筑消防技术标准需要进行消防设计的建筑工程，设计单位应当按照国家工程建筑消防技术标准进行设计。建设单位应当将建筑工程的消防设计图纸及有关资料报送公安消防机构审核；未经审核或者经审核不合格的，建设行政主管部门不得发给施工许可证，建设单位不得施工。

（2）经公安消防机构审核的建筑工程消防设计需要变更的，应当报经原审核的公安消防机构核准；未经核准的，任何单位、个人不得变更。

（3）按照国家工程建筑消防技术标准进行消防设计的建筑工程竣工时，必须经公安消防机构进行消防验收；未经验收或者经验收不合格的，不得投入使用。

二、环保验收

随着安全事故引发的环保事故日益引起安全生产监督管理部门的重视，以下几项内容也需要在履行安全设施竣工验收手续前完成：

（1）环境监测报告。

（2）政府环境保护主管部门组织的环保设施竣工验收。

（3）安全验收评价中对事故状态下污水的收集、储存、处理能力的专项评价。

三、防雷检测

有关防雷检测的要求如下：

（1）各级气象主管机构应当加强对雷电灾害防御工作的组织管理，并会同有关部门的指导，对可能遭受雷击的建筑物、构筑物和其他设施安装的雷电灾害防护装置展开检测。

（2）违反本法规定，安装不符合使用要求的雷电灾害防护装置的，由有关气象主管机构责令改正，给予警告。

四、职业病控制

（1）可能产生一般职业病危害的建设项目，应当进行可行性论证阶段职业病危害预评价的卫生审核、竣工验收时的职业病危害控制效果评价及职业病防护设施的卫生验收。

（2）可能产生严重职业病危害的建设项目，除应当进行前项规定的卫生审核和卫生验收外，还应当对设计阶段的防护设施设计进行卫生审查。

五、工程质量监管

（1）国务院建设行政主管部门对全国的建设工程质量实施统一监督管理。国务院铁路、交通、水利等有关部门按照国务院规定的职责分工，负责对全国的有关专业建设工程质量的监督管理。

（2）县级以上地方人民政府建设行政主管部门，对本行政区域内的建设工程质量实施监督管理。

（3）国务院发展计划部门按照国务院规定的职责，组织稽查特派员，对国家出资的重大建设项目实施监督检查。

（4）国务院经济贸易主管部门按照国务院规定的职责，对国家重大技术改造项目实施监督检查。

（5）建设工程质量监督管理，可以由建设行政主管部门或者其他有关部门委托的建设工程质量监督机构具体实施。

（6）建设单位应当自建设工程竣工验收合格之日起15日内，将建设工程竣工验收报告和规划，以及公安消防、环保等部门出具的认可文件或者准许使用的文件，报建设行政主管部门或者其他有关部门备案。

第五章　海洋石油工程环境与安全环保影响

第一节　海洋资源与工程环境

一、海洋与资源

翻开世界地图，我们可以看到人类赖以生存的陆地，零星地散布在地球的海洋中。海洋不仅起着调节陆地气候，为人类提供航行通道作用，而且蕴藏着丰富的资源。因此，人类对海洋的开发和利用越来越受到重视。海洋中一切可被人类利用的物质和能量都叫海洋资源，目前海洋已经成为人类获取蛋白质、工业原料和能源的重要场所。无论是海洋的面积还是体积都占据地球很大的百分比，这些百分比蕴含着对人类生存与发展的巨大能量，因此开发和利用海洋对人类的生存与发展有着十分重要的意义。

地球海洋的面积约相当于38个中国的面积，约有36 100万平方公里，占地球表面积的71%。海洋的总面积差不多是陆地面积的两倍半。从分布上看，南半球海洋面积约占80.9%，被誉为水半球；而被称为陆半球的北半球，海洋的面积仍大于陆地面积约占53%。同时现代高程测量和各大海洋水深测量间接表明，海洋占据着地球很大的体积空间。

在海洋巨大的水体中蕴含着极其丰富的资源，主要有：生物资源、动力资源、矿物资源、水资源以及海底油气资源。

(一) 富饶的海洋生物资源

地球上生物资源的80%以上在海洋。海洋中的生物多达69纲、20多万种，其中动物18万种 (仅鱼类就有2.5万种)，在不破坏水产资源的条件下，每年可提供30亿吨水产品 (目前被利用的不到1亿吨)。据科学家估计，海洋的食物资源是陆地的1 000倍，它所提供的水产品能养活300亿人口。但目前人类利用的海洋生物资源仅占其总量的2%，还有很多可食资源尚未开发。人们在海洋中若繁殖一公顷水面的海藻，加工后可获得20吨蛋白质，相当于40公顷耕地每年所产大豆蛋白质的含量。据中国农业科学院研究员包建中先生称：光近海领域生长的藻类植物加工成食品，年产量相当于目前全球小麦总产量的15倍。海洋提供蛋白质的潜在能力是全球耕地生产能力的1000倍，我国有3亿公顷的海洋国土，其中1.53亿公顷适合养殖和种植。

(二) 巨大的动力资源

海洋动力资源是一种巨大的潜在能源，主要指海水运动过程中产生的潮汐能、波浪能、海流能及海水因温差和盐度差而引起的温差能与盐差能等。目前正在研究利用的海洋动力资源有：潮汐发电、海浪发电、温差发电、海流发电、海水浓差发电和海水压力差的能量利用等，通称为海洋能源。其中潮汐发电应用较为普遍，并具有较大规模的实用意义。

这些能源理论蕴藏量折合电力为1 528亿千瓦，可开发量为73.8亿千瓦，其中波浪能27亿千瓦，盐差能26亿千瓦，温差能20亿千瓦、海流能为0.5亿千瓦。据计算，中国沿海和近海的海洋能源蕴藏量估计为10.4亿千瓦，其中潮汐能1.9亿千瓦、海浪能1.5亿千瓦，温差能5.0亿千瓦、海流能1.0亿千瓦、盐差能1.0亿千瓦。可开发利用的装机容量潮汐能为2 000万千瓦，海浪能为3 000万~3 500万千瓦。

海洋能源与其他能源相比，具有资源丰富、不会污染、占地少，可综合利用等优点。它的不足之处是密度小、稳定性差，设备材料及技术要求高，开发利用工艺复杂、成本高等。由于石化燃料和煤不可再生能源对环境污染造成严重的挑战，海洋可再生能源将作为巨大的潜在能源在不久的将来被人类开发利用。

(三) 丰富的矿物资源

海洋的水体中还含有80多种元素，主要有氯、钠、镁、硫、钙、钾、溴、碳、硼、锶、氟等。由它们构成了海水中的主要盐类，占海水总含盐量的99.8%~99.9%。每立方千米海水中含氯化钠2 720吨、氯化镁380吨、硫酸镁170吨、硫酸钙120吨、碳酸钙及溴化镁各10吨。全球大洋中盐类物质的总重量约为$5 \times 10^{\circ}$亿吨，体积为2 200多万立方千米。如果把这些盐类全部提取出来，均匀地撒在地球表面，盐层可厚达 87.7m，有 30 层楼房那么高。在海水中还含有许多种浓度很低的金属元素如金、银等，其总量十分可观的，其中金 548 万吨、银 5 480 万吨、铀 43.8 亿吨（陆地上仅有 100 万吨）。

而海洋中除盐、镁、金、铀、溴化物外，海滩中的砂矿、浅海底部的石油、磷钙石和海绿石，深海底部的锰结核和重金属软泥及其基岩中的矿脉都十分丰富。其中石油资源约 1 350 亿吨，占陆地上石油资源的一半，如果包括天然气折算石油储量在内，则全球大陆浅海区石油储量为 2 400 亿吨。锰结核在各大洋中的总储量为 3 万亿吨，比全球陆地上蕴藏的锰、铜、镍、钴、铁等金属储量还要高几千倍。大洋底锰结核中除含有丰富的锰外，还含有铜、镍、钴等金属矿物。单是太平洋底就有 1.5 亿平方千米的锰结核，约 1.7×10^4 亿吨，其中含镍量就有 164 亿吨，可供全球消费 2.4 万年，铜 88 亿吨，可供使用 1 000 年；钴 58 亿吨，是陆地上储量的 960 倍，可供使用 34 万年；含锰最多达 4 000 亿吨，是陆地上储量的 67 倍，可使用 18 万年。并且洋底的锰结核还在以每年 1 000 万吨左右的速度生长，每年从新生长出来的锰结核中提取的金属：铜可供全球使用 3 年，钴可供使用 4 年，镍可供使用 1 年，锰结核的生长率大大超过全球的消耗率。

（四）丰富的水资源

随着工农业的发展，人口的膨胀，人类对水的需求量不断增加，现在对人类最大的威胁并非土地，而是水资源的短缺。全球 60% 的地区面临供水不足的问题。我国 600 多个城市中已有 300 多个城市缺水，并有包括北京在内的 100 来个城市严重缺水。为了解决水荒，人们把目光移向海洋。海洋是个巨大的天然水库，地球上 96.53% 的水都在这里，大约有 133 800 万立方千米。

海洋中还有丰富的淡水资源，那就是漂浮在两极海洋中的冰山。北冰洋中每年有从格陵兰等岛屿上断裂崩解的冰山，约 1 0000 ~ 1 5000 座，南极大陆崩解的冰山漂浮于南极大陆周围的南大洋，大约有万余座。就其冰山体积来讲，有长达 350km，宽 40km 的大冰山，南大洋有能供应淡水的冰山就有 1 000km²，即 1 万亿立方米，等于全球居民每年日常生活用水总量

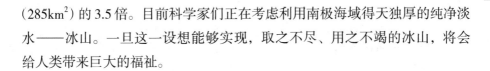

（285km^2）的 3.5 倍。目前科学家们正在考虑利用南极海域得天独厚的纯净淡水——冰山。一旦这一设想能够实现，取之不尽、用之不竭的冰山，将会给人类带来巨大的福祉。

（五）油气资源

地球的海洋蕴藏着极其丰富的油气资源，其石油资源量约占全球石油资源总量的 34%。全球近十年发现的大型油气田中，海洋油气田已占 60%以上，尤其是 300m 以上的深水海域，尚有 2000 亿桶未探明的油气储量。国际能源界早已形成共识，海洋油气特别是深海油气，将是未来世界油气资源接替的重要区域。但海洋油气与陆上油气资源一样，分布极不均衡。在四大洋及数十处近海海域中，石油、天然气含量最丰富的数波斯湾海域，约占总储量的一半；第二位是委内瑞拉的马拉开波湖海域；第三位是北海海域；第四位是墨西哥湾海域；第五位是亚太、西非等海域。

二、海洋工程环境

海洋资源的开发，是一种复杂的、技术性很高的工程。近几年来，随着人们对海洋研究的深入和海洋资源开发经验的总结，知道海洋工程的建设需要总结各种的海洋要素，特别是海洋环境如风、浪、流等的规律，只有遵循大自然的规律，开发工程才能顺利进行。同时，在开发利用海洋资源的同时，还要防止海洋污染，合理安全开发，以保证海洋资源的可持续为人类的生存和发展服务。

近年来，人们在研究海洋的同时还广泛地开发海洋。其内容主要包括以下三个方面：

（一）资源开发

海洋水产、海洋矿物的开发，海水运动过程中海洋动力资源的利用等，其中特别重要的是海底石油资源的开发。

（二）空间开发

修建水上城市、人工岛、水下仓库、水下贮油罐以及在近海建造原子

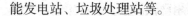
能发电站、垃圾处理站等。

(三) 海上通信运输

修建港口、水上机场、铺设海底管线、海底隧道等。但是无论哪种形式的海洋开发，都必须通过其特定形式的海洋工程结构物来实现。这些结构物种类繁多，它们之中不单单仅有码头、人工岛、水下仓库、各种防波、防潮和护岸工程，还有采、钻油平台，贮油、输油设施、邮轮系泊点等。

第二节　海洋石油污染与治理

海洋占了地球表面积的71%，在人类社会发展史中占有非常重要的位置，为人们提供了丰富的生产资源、生活资源、空间资源。特别是石油资源，石油及其产品是人类生产过程中重要的能源和工业原料，素有"工业血液"之称。随着现代化经济和社会的迅猛发展，石油产品越来越广泛地延伸至社会生活的各个领域中。

海洋石油污染是石油及其炼制品 (汽油、煤油、柴油等) 在开采、炼制、贮运和使用过程中进入海洋环境，超过海洋环境容量就会造成的污染，是目前一种世界性的严重海洋污染。特别是近几年，经济的发展导致石油用量的剧增，石油运输业繁荣、漏油事故时常发生，造成了海洋的严重污染。

一、海洋石油污染的过程

海洋石油污染按石油输入类型，可分为突发性输入和慢性长期输入。突发性输入包括油轮事故和海上石油开采的泄漏与井喷事故，而慢性长期输入则有港口和船舶的作业含油污水排放、天然海底渗漏、含油沉积岩遭侵蚀后渗出、工业民用废水排放、含油废气沉降等。而造成污染的原因主要体现在：石油的海上运输频繁使海上溢油事故发生概率增大；港口装卸油作业频繁，存在溢漏油的隐患；油轮的大型化增添了发生重大海上溢油事故的可能性，提高了溢油处理的难度；海上油田石油勘探开发中的泄漏和采油废水排放等。

石油入海后即发生一系列复杂变化，包括扩散、蒸发、溶解、乳化、光化学氧化、微生物氧化、沉降、形成沥青球，以及沿着食物链转移等过程。这些过程在时、空上虽有先后和大小的差异，但大多是交互进行的。

（1）扩散。入海石油首先在重力、惯性力、摩擦力和表面张力的作用下，在海洋表面迅速扩展成薄膜，进而在风浪和海流作用下被分割成大小不等的块状或带状油膜，随风漂移扩散。扩散是消除局部海域石油污染的主要过程。风是影响油在海面漂移的最主要因素，油的漂移速度大约为风速的3%。中国山东半岛沿岸发现的漂油，冬季在半岛的北岸较多，春季在半岛的南岸较多，也主要是风的影响所致。石油中的氮、硫、氧等非烃组分是表面活性剂，能促进石油的扩散。

（2）蒸发。石油在扩散和漂移过程中，轻组分通过蒸发逸入大气，其速率随分子量、沸点、油膜表面积、厚度和海况而不同。含碳原子数小于12的烃在入海几小时内便大部分蒸发逸走，碳原子数在 12～20 的烃的蒸发要经过若干星期，碳原子数大于 20 的烃不易蒸发。蒸发作用是海洋油污染自然消失的一个重要因素。通过蒸发作用可消除泄入海中石油总量的 1/4～1/3。

（3）氧化。海面油膜在光和微量元素的催化下发生自氧化和光化学氧化反应，氧化是石油化学降解的主要途径，其速率取决于石油经的化学特性。扩散、蒸发和氧化过程在石油入海后的若干天内对水体石油的消失起着重要作用，其中扩散速率高于自然分解速率。

（4）溶解。低分子经和有些极性化合物还会溶入海水中。正链烷在水中的溶解度与其分子量成反比，芳烃的溶解度大于链烷。溶解作用和蒸发作用尽管都是低分子烃的效应，但它们对水环境的影响却不同。石油经溶于海水中，易被海洋生物吸收而产生有害的影响。

（5）乳化。石油入海后，由于海流、涡流、潮汐和风浪的搅动，容易发生乳化作用。乳化有两种形式：油包水乳化和水包油乳化，前者较稳定，常聚成外观像冰淇淋状的块或球，较长期地在水面上漂浮；后者较不稳定且易消失。油溢后如使用分散剂有助于水包油乳化的形成，加速海面油污的去除，也加速生物对石油的吸收。

（6）沉积。海面上的石油经过蒸发和溶解后，形成致密的分散离子，聚合成沥青块，或吸附于其他颗粒物上，最后沉降于海底，或漂浮于海滩。在海流和海浪的作用下，沉入海底的石油或石油氧化产物，还可再上浮到海面，造成二次污染。

二、海洋石油开发带来的污染

(一) 溢漏油

油轮事故、油井井喷、海上石油开采泄漏、炼油厂污水排放、油轮洗舱水等都可以造成海上溢油。随着海洋运输业和油气产业的发展，海上溢油事故频发，最近30年里全球溢油量超过4 500m² 的事故就有62起。石油泄漏既浪费了资源，又破坏了生态环境，造成的损失不可估量。

1. 海洋石油污染对海洋环境的影响

石油溢入海水，将会形成大片油膜，使海水中大量的溶解氧被石油吸收，同时隔离海水与大气，造成海水缺氧，导致海洋生物死亡，对海洋生物的危害非常严重。漂浮海面的油膜能吸收80%的阳光辐射，致使海水表层水温比日常高3℃左右。此外，油膜还可以阻碍海水与大气的热交换，减少海面水分蒸发，导致气候异常。由于油膜妨碍光线透过，导致海洋深处光量下降，会影响海洋生物及藻类的光合作用。水面的大量油膜甚至可能引起火灾，不仅污染海洋、危害海洋生物、影响水上交通，而且能产生有毒气体，造成更大范围的大气污染。石油中含有的硫磺会产生具有恶臭的硫化氢，它与船舶侧面或底部涂料内所含的铜反应产生黑色硫化铜，会污染船舶，加速铁锈生成，而且硫化氢可以转化为二氧化硫，造成局部大气污染。

海洋石油污染还可能影响局部地区的水文气象条件和降低海洋的自净能力。据实测，石油油膜可以使大气与水面隔绝，减少进入海水的氧气的数量，从而降低海洋的自净能力。

2. 海洋石油污染对海洋生物的危害

石油类物质对海洋生物的"屠杀"，可谓是"一扫而光"的政策，不论是低等的浮游生物，还是鱼、虾、鸟类、哺乳类动物都难逃石油的"魔掌"。

将我国国家海洋局北海监测中心在该海域监测的海洋生物数据作为背景值，与溢油后（事故后1周）海洋生物监测值进行比较，溢油后浮游植物的种类数目减少，平均细胞数量减少，优势种也明显减少。

许多研究表明，分散在海水中的细小乳化的油滴易黏附在浮游动物附肢上，影响其正常行为和生理功能，导致受污个体沉降并最终死亡。如"塔斯曼海"号油轮溢油事故造成了渤海湾中浮游动物优势种的变化，溢油后真刺唇角水蚤不再作为优势种，而且其他优势种如中华哲水蚤和强壮箭虫的密度也发生了较大变化，对发生事故海域的浮游动物的种群结构造成了一定影响。

石油通常通过鱼鳃呼吸、代谢、体表渗透和食物链传输逐渐富集于生物体内，从而对鱼类产生毒害作用。石油污染对幼鱼和鱼卵的危害很大，油膜和油块能黏住大量鱼卵和幼鱼，使鱼卵死亡、幼鱼畸形。"托雷·卡尼翁"号油轮溢油事件中，鲱鱼鱼卵有 50%～90% 死亡，幼鱼也濒临绝迹，而成鱼的捕获量却和平常一样。另外，大海虾对海洋石油污染也很敏感。

海鸟特别容易受到石油污染。海鸟的羽毛有防水性能，但它是亲油性的。在海鸟中，石油污染对海鸭、海老鸦、潜水鸟等飞翔能力弱的鸟类和无飞翔能力的企鹅危害最大。

石油对海兽的危害与对海鸟的危害相类似，海兽除鲸、海豚等以外体表均有毛。通常，油膜能沾污海兽的皮毛，溶解其中的油脂物质而使其丧失防水性与保温能力，如海獭、麝香鼠等就是如此。而对于诸如鲸、海豚等体表无毛的海兽，石油虽然不能直接将其致死，但是油块却能堵塞它们的呼吸器官，妨碍其呼吸，严重者会窒息而死。此外，石油污染会干扰海兽的摄食、繁殖、生长等。

3. 海洋石油污染对渔业的影响

石油污染破坏海洋环境，给渔业带来的损害是多方面的。首先，石油污染能引起该海区的鱼、虾回避，使渔场遭到破坏或引起鱼、虾死亡；其次，表现为产值损失，即由于商业水产品的品质下降及市场供求关系的改变，导致了市场价格波动；最后，如果石油污染发生在产卵期或污染区正处于产卵中心，因鱼类早期生命发育阶段的胚胎和仔鱼是整个生命周期中对各种污染物最为敏感的阶段，石油污染会使产卵成活率降低、孵化仔鱼的畸形率和死亡率升高，所以能影响种群资源延续，造成资源补充量明显下降。

4.海洋石油污染影响人体健康

石油的化学组成极其复杂，目前已分析出 200 多种成分，限于技术上的难度，某些成分还很难分离，其中许多有害物质进入海洋后不易被分解，不仅危害水生生物，而且经生物富集，通过食物链进入人体，危害人的肝、肠、肾、胃等，使人体组织细胞突变致癌，对人体及生态系统产生长期的影响。

石油一般可以通过呼吸、皮肤接触、食用含污染物的食物等途径进入人体，能影响人体多种器官的正常功能，引发多种疾病。经常受到石油类污染物污染的孩子患急性白血病的风险要高出平均水平 4 倍，患急性非淋巴细胞白血病的概率是普通孩子的 7 倍。在石油类污染物污染的附近区域，儿童皮肤碱抗力明显减弱、白细胞数下降、贫血率上升、肺功能受到影响。石油的浓度是考察其毒性的关键因子，对于不同组分的石油，其毒性效果也不一样，随着石油浓度的升高和暴露时间的延长，其毒性增强。

美国墨西哥湾原油泄漏事件发生 2 个月后，海岸线的居民已经感觉到非常不适，并有头晕、呕吐、恶心、心疼、胸闷等一系列症状，不管是危机的直接参与者还是当地居民都是如此。同样，对于当地居民来说，首先，情感方面会遭遇很大的压力，这种灾难会带来情感和心理上的创伤；其次，石油对于参与救灾的渔民和附近居民都有直接的危害，由于在清理油污的人员中，非专业人员占了大多数，其清理很不规范，存在石油成分危及健康的可能。

5.海洋石油污染会造成巨大的能源浪费和经济损失

石油污染导致的能源浪费不言而喻，而经济损失则主要表现在高昂的治污费用和对旅游业、渔业等产业及环境资源可持续利用的消极影响上。例如 1989 年 3 月，美国阿拉斯加州威廉王子湾"瓦尔德兹"号油轮发生触礁事故，泄漏原油 38 000m³，覆盖超过 32 600km 的海岸和海域，清油除污费用高达 22 亿美元，专家评估海洋生态环境恢复大约需要 20~70 年。同样，西班牙为清理"威望"号油轮漏油污染耗资 10 亿美元，溢油污染超过 1 000km² 的海域，使得当地的旅游业和渔业受到灾难性的影响，生态环境恢复将需要长达几十年的时间。在国内，"塔斯曼海"号油轮漏油事故给渤海及周边地区造成的环境损失达 1 亿多元。

(二) 钻井液与钻屑排海

海上钻井过程必然产生大量的废弃钻井液及钻屑，其成分复杂。钻井附近的海水含有钻井液中的各种组分，如黏土、有机聚合物、油类、无机盐、钻井液添加剂等。

废弃钻井液对环境的污染主要体现在：

(1) 废弃钻井液中存在的悬浮物质量浓度常在200mg/L以上，这些悬浮物呈胶体状，加上钻井液的护胶作用，使其成为特殊的稳定剂，在水体中长时间不能下沉，导致水体生态系统的自净能力下降，且影响海水的循环利用。

(2) 废弃钻井液的COD超标几十到几百倍，排入水体可加剧海水的富营养化，导致赤潮的发生，进而导致鱼类的死亡。

(3) 废弃钻井液含有的油类物质排放至海洋环境中，会在海面形成油膜，隔离海洋生物吸收太阳光线，抑制海洋植物的光合作用，使海洋植物大面积死亡，从而破坏整个生态平衡。

(4) 各种钻井液添加剂、钻屑和地层矿物的加入，使得废弃钻井液中含有数量不等的污染物，如盐及一些重金属元素 (如 Pb, Cu, Cd, Hg, Ni, Ba 和 Cr 等)，对生物有一定的毒害作用。尤其是近年来随着钻井工艺的改进及新的低固相、无固相钻井液的应用，使 COD 增加，从而给废弃钻井液的处理带来了很大的难度。

据国家海洋局监测数据，2022 年，我国海上钻井泥浆和钻屑排海量分别约为 14.1 万 m^3 和 12.7 万 m^3。近年来海上钻井产生的钻井液和钻屑排海量有小幅下降，但不明显。即使排海量有所下降，也不能掉以轻心，因为对环境的污染是累积效应。油气开发过程中的钻井液和钻屑应在平台上进行有效处理，尽量做到零排放。实在做不到零排放的，也应经过处理，满足达标排放，并通过技术发展努力实现排海量逐年减小，向零排放靠拢。

(三) 海洋平台污水排海

海洋平台产生的污水是指：

(1) 从油、气、水三相分离器分离出来的污水，大部分属于原油中的游离水。

（2）通过电化学方法从脱水器分离出来的含油污水。

（3）通过工艺设备排放系统中排放的含油污水。

（4）清洗设备、甲板等产生的含油污水以及降到甲板上的雨水。

因此，平台上产生的污水大都含油。不管含油率高低如何，由于油难溶于水，排海后势必会在海面形成油污和油膜。尽管平台污水排海产生的油膜没有溢漏油事故产生的油膜显著，但只要有油膜产生，就会对海洋环境和生态系统造成一定程度的破坏。2022 年，我国海上石油平台生产水排海量约为 20979m³，与上年基本持平，形势依旧不容乐观。

另外，平台污水还包括平台作业人员的生活污水。生活污水中含有大量有机物，如纤维素、淀粉、糖类、脂肪和蛋白质等，也常含有病原菌、病毒和寄生虫卵，以及无机盐类的氯化物、硫酸盐、磷酸盐、碳酸氢盐和钠、钾、钙、镁等。生活污水的特点是氮、硫和磷含量高，在厌氧细菌作用下，易产生恶臭物质。

单一平台产生的生活污水有限，若在海面宽敞的海域，可以较快地实现转移和净化。若某一海域有相对密集的海洋平台群，每个平台都不经处理排放生活污水的话，也会对该海域的水体造成污染，使得海水形成富营养化，引发赤潮等。

（四）地震勘探

长期以来，海洋石油勘探大多采用炸药爆破作为震源激发地震波，爆炸瞬间产生的高温、高压气体以及强大的声压波，会使大量海洋生物受到影响甚至死亡。中国科学院北海研究站与中国科学院黄海水产研究所合作曾先后在黄海胶州湾和渤海莱州湾进行了炸药震源对水产资源影响的实验研究，实验得出一些海洋生物的致死声强级，如声强级为 120～124dB 的，在 32m 的距离上可使虾致死，声强级大于 120dB 时则可使梭鱼致死。可见，炸药震源在爆炸时所产生的声压波对海洋生物有一定的影响。有实验研究结果表明，水下爆破对浮游生物的影响相当严重。

水下爆破还会引起海洋水体浑浊度、悬浮物含量的上升，可影响海洋生物的生长。如果海洋生物长期生活在高浑浊水中，其鳃部会被悬浮物充满而影响呼吸和发育，甚至引起窒息死亡。此外，水中悬浮物长期过量，会妨碍海洋生物的卵和幼体的正常发育，破坏其栖息环境，并会抑制海洋植物的光合作用，减少海洋动物的饵料。可见，水下爆破不仅对海洋生物有严重的杀伤力，而且会造成一定程度的环境污染。

三、海洋石油污染物的存在形式

溢油污染发生后，石油经在海面迅速扩散成为一层油膜。在海浪和风力的作用下，油膜越来越薄，面积越来越大，这将有利于石油烃形态的转化。石油中一般有30%~40%的可挥发物质，不同种类的石油经组分不同，蒸发过程也有差异。一般认为沸点低于37℃的石油经类几天之内就可以全部蒸发掉，并在大气中发生一系列的光氧化分解。而石油中不易蒸发的高沸点组分则残留于海面上，并且相互凝集，最后形成焦油。残留于海面的油膜，在阳光的照射下，也能发生氧化分解。在强光的照射下有少于10%的经类被氧化为可溶性物质溶于水中。另外，海洋生物对石油的转化作用也是巨大的。这主要包括两方面的作用：一是海洋生物摄取石油烂的代谢作用。有些海洋动物、植物体内含有转化经类的酶，能主动或被动吸收或富集石油经类。二是海洋微生物对石油的降解作用。微生物对石油烃的降解方式与石油颗粒的形态、运动和分布有关。溢油污染发生后，土著石油降解菌倾向于降解易降解组分（如饱和烃及小分子的芳香烃）。如果仅仅依赖土著石油降解菌的消耗，溢油的消除可能需要很长的时间。

经过上述转化过程，石油烃类污染物在海水中的存在形式有三种：漂浮在海面的油膜（浮油）、溶解分散态的石油烃类（包括溶解和乳化状态）、凝聚态残余物（包括漂浮在海面的焦油球和沉积物中残留物）。石油污染物不同于其他的可溶性溶质，它具有很强的疏水性，在海水中的溶解度非常小。因此，石油在海水中的存在形态主要是浮油和乳化态的油。其中，浮油占总溢油量的60%~80%，其在海水中的分散颗粒较大，是海洋石油污染物的主要组成部分，并且易于和水分离；乳化态的油在水中的分散颗粒较小，存在形态比较稳定，不易于和海水分离，乳化油的溶解度为5~15mg/L。

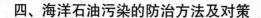

四、海洋石油污染的防治方法及对策

石油烃类作为众多海洋污染物中毒性最大的物质之一，其危害已波及全球。目前，石油烃类已被联合国环境规划署列为重点监控对象之一。就我国而言，石油烃类污染的蔓延应对我国近年海洋生物资源大幅萎缩的情况担负不可推卸的责任，这也直接导致了国民对海洋石油烃类污染的逐步重视。但当前经济发展将不可避免地造成或轻或重的石油污染，因此预防和治理成为减少石油污染根本方法。预防，即通过采取综合措施控制污染源；治理，即对突发性污染事故及时处理。通过有效控制污染产生，并逐步降低受污海域中石油烃类的含量，可逐渐使海洋受污染程度低于海洋自净化能力，达到有步骤消除污染的目的。

(一) 预防

针对当前的海洋污染治理，是一种治标不治本的途径，为了从根源治理污染最主要的方法是防患于未然，从预防着手。现在多从几方面采取措施：首先，加强国家及地区立法，及时制定合乎国情的各类标准，强化本国法律的国际认可和实施，以约束石油的生产、运输、排放等行为；其次，协调并加强国家有关各部门的内部管理，采取教育培训和法律处罚并重原则，定期检查、整顿海洋石油生产、运输行业，消除油污事故隐患，杜绝超标排放；再次，开发和引进先进的控制和消除海洋石油污染的设备和技术，并在全国范围内推广使用，从源头上控制非故意排放，进而逐步控制石油污染物的排放量，提高含油污水无害处理率；最后，环境保护的宣传和安全生产知识的传播。

(二) 治理

预防可以根治污染，当前已有的或突发的污染问题还是需要采用一系列的治理方法。比如，突发石油污染事故（钻井井喷、油轮泄漏等）中溢油的量是相当可观的，其危害也远大于慢性输入，其污染面积可达数百到数千平方公里（通常 1 吨石油形成的油膜可覆盖 12 平方公里的海面）。目前，国际上通行的治理及回收石油的技术、方法主要可分为三大类，即物理处理方法、化学处理方法和生物处理法。

1. 物理处理法

目前利用物理方法和机械装置消除海面及海岸带油污的效率最高，但对于厚度小 0.3cm 的薄油层和乳化油效果较差。常用的物理方法有清污船及附属回收装置、围油栏、吸油材料、磁性分离等。

清污船及附属回收装置种类很多、主要用来回收水面的浮油，其工作原理是利用油和水的密度差，用泵汲取油水界面上的油。除采用抽汲原理工作的浮油回收器外，还有吸附式和旋涡式浮油回收装置。其适用范围不完全相同，常根据溢油状况、海况、清污船功能选用设备。但随海况和气象条件的变化，其回收能力变化较大，而且条件越恶劣，工作效率越低，甚至一无所获，因而本法常用于良好海况。

围油栏的作用主要是阻止油的扩散，防止污染海域面积扩大，并使海面的浮油层加厚，以利于油的回收。采用浮体漂浮于水面的围油栏，由浮体、水上部分、水下部分和压载等部分组成。水上部分起围油的作用，水下部分是防止浮油从下部漏出；压载的目的是确保围油栏直立在水中；浮体提供浮力，使围油栏漂浮在水中。围油栏在风大浪急的情况下使用起来比较困难，效率也不够高。因此一般在港湾内使用。围油栏除了可在发生溢油事故后使用外，还可在港口码头、污水排放口及海滨浴场附近使用，作为预防事故发生的一项措施。除了上述固体围油栏，还有用气体或化学药剂来阻止油扩散的气体围油栏和液体围油栏。在海底敷设气泡发生管，通入高压空气，气泡上升形成气体围油栏。该类围油栏的气孔易被堵塞，应定期进行检查。从飞机或船上向受污海域喷洒化学药剂，药剂入水后能迅速扩散，并抑制油的扩散，形成液体围油栏(也称化学围油栏)。因该类药剂成本过高，难以在大规模溢油事故中使用。

吸油材料处理海上溢油是最早采用的手段之一。吸油材料应该具有几种特征：①表面具有亲油疏水性；②比容大，集油能力强；③在集油状态时能浮在水面。制作吸油材料的原料有：高分子材料(如聚乙烯、聚丙烯、聚氨酯等)、无机材料(如硅藻土、珍珠岩、浮石等)以及纤维(如稻草、麦秆、木屑、草灰、芦苇)等。

磁性分离法是利用亲油憎水的磁性微粒，当将它撒播在被污染海域，

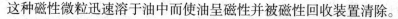

这种磁性微粒迅速溶于油中而使油呈磁性并被磁性回收装置清除。

2. 化学处理法

在油膜较薄，难以用机械方法回收油，或可能发生火灾等危急情况下，可以通过向水中喷洒化学药剂的方法来进行化学消油。化学处理法有传统化学处理法和现代化学处理法。传统化学处理法为燃烧法，即通过燃烧将大量浮油在短时间内彻底烧净，费用低廉，效果好。但该法也存在不利的一面：不完全燃烧会放出浓烟，其中包括大量芳烃，它们也会污染海洋、大气，且在近岸使用危险甚大。该法多用于外海。

现代化学处理法指用化学处理剂改变海中油的存在形式，使其凝为油块为机械装置回收或乳化分散到海水中让其自然消除。该法多用于恶劣气象、海况条件下的大面积除油。

化学处理剂包括四类：

（1）分散剂（又称消油剂）。目前应用最广泛的处理剂，适于0.05cm厚度以下油膜。其工作原理是将油粒分散成几微米大的小油滴，使其易于和海水充分混合并利于海水中的化学降解和生物降解的发生，从而达到除油的目的。分散剂包括两部分：界面活性剂（促进油乳化形成O/W型乳化液，并分布在油滴界面，防止小油滴重新结合或吸附到其他物质上）和溶剂（溶解活性剂并降低石油黏度，加速活性剂与石油的融合）。活性剂主要为非离子型（常用脂肪酸、聚氟乙烯酯、失水山梨酶醇）等，溶剂则用正构烷烃等，这些物质毒性低，不易形成二次污染。消油剂的优势在于使用方便，不受气象、海况影响，是恶劣条件下处理中低浓度油常用分散剂，且使用时有必要考虑它本身的毒性。

分散剂的主要优点是：①可用于恶劣的天气条件下。此时，机械处理受到限制，而强风、急流等却能有效提高分散剂的效力。②可用大型飞机进行大面积的快速处理。对于发生在遥远地区、难以接近的溢油来说，喷洒分散剂是最合适的选择。鉴于以上优点，分散剂得到了广泛应用。

分散剂使用方法主要有两种：在海面上或在海岸线上使用。在海上使用时，可通过安装于船和飞机上的喷洒设备进行喷洒。船舶喷洒分散剂处理速度低，确定油膜准确位置难，且有可能使分散剂喷洒在清洁海面。用飞机在空中喷洒作业可以克服这些不足，并且能够有效监视喷洒效果，因此适应人量的溢油。海岸线上使用分散剂最好是在涨满潮之前进行喷洒，在非潮汐海岸线可以考虑用盐水轻轻冲洗。由于对海岸线上的溢油量进行预测比较困难，在进行大规模清洗作业之前，最好进行一个小规模清洗作业试验。

（2）凝油剂。凝油剂又叫固化剂，是在分散剂之后发展起来的，其优点是毒性低，溢油可回收，不受风浪影响，能有效防止油扩散，提高围油栏和回收装置的使用效率，可使油凝成黏稠物直至油块或本身可吸油形成一种易于回收的凝聚物的物质，适于厚度 0.05～0.3cm 的油膜。其工作原理依品种不同各不相同，如山梨甾醇衍生物类凝油剂对油有先富集再成胶的作用，对轻质油、薄油层均有效，毒性也低；而天然酯类凝油剂撒在油膜上后形成的油包水乳状液黏度高，可用机械方法除去。

（3）集油剂。集油剂是一种防止油扩散的界面活性剂，相当于化学围油栏。它是利用其所含的表面活性成分，大大降低水的表面能，改变水油空气三相界面张力平衡，驱使油膜变厚，达到控制油膜扩散的作用。但随油膜厚度增加其效果下降。它对薄油层先汇聚后抑扩散，对 1～1.5cm 厚度的油层仅能控制扩散，而对厚油层只能降低扩散速度，且每隔一定时间就需追加投料一次，在使用后要及时用物理方法回收。集油剂的活性成分为不挥发的失水山梨酸醇酯、十八碳烯醇等，而溶剂则用低分子醇、酮类。这些成分毒性低，在良好气象条件下特别适用于内海薄油层的清除。

（4）沉降剂。它可使石油吸附沉降到海底，但这样会将油污染带到水域底部，危害底栖生物，一般仅在深海区使用。

3. 生物处理法

用物理方法清除石油，很难去除表面的油膜和海水中的溶解油；采用化学法实际上是向海洋投加人工合成的化学物质，很有可能会造成二次污染。海洋微生物具有数量大、种类多、特异性和适应性强、分布广、世代时间短、比表面积大的特点，用细菌来清除海水中的可溶性油，具有物理、化学方法不可比拟的优点。利用生物尤其是微生物来催化降解环境污染物，减少或最终消除环境污染的过程称为生物修复在天然环境中存在一些具有降解石油烃类的噬油微生物，它们也是石油烃类的自然归宿之一。

所谓生物处理法，即是人工选择、培育，甚至改良这些噬油微生物，然后将其投放到受污海域，进行人工石油烃类生物降解。在自然环境中细菌、真菌、酵母菌、霉菌都能参与烃类降解。在海洋中细菌和酵母菌为主要降解者。目前发现，有超过 700 种菌类可参与降解。微生物的降解速度与油的运动、分布、形态和体系中的溶解氧含量有关。使用生物降解法的优点在于迅速、无残毒、低成本；但生物在配合使用化学药品除油时，生长、繁殖会受化学品的抑制，同时也要选择适当菌种以减小对当地生态系统的影响。

鉴于我国海洋保护实际需要，石油烃类污染研究已有基础，以及国际上关于消除石油烃类污染研究方向的发展动向。当务之急是我们应更多关注利用已有手段系统防治我国海域石油烃类的污染问题，保证我国可持续发展战略的顺利实施。

第三节　海洋开发与环境保护

一、海洋开发

海洋开发是指人类为了生存和发展，利用各种技术手段对海洋资源进行调查、勘探、开采、利用的全部活动，人类对海洋的利用已有几千年的历史，由于受到生产条件和技术水平的限制，早期的开发活动主要是用简单的工具在海岸和近海中捕鱼虾、晒海盐，以及海上运输，逐渐形成了海洋渔业、海洋盐业及海洋运输业等传统的海洋开发产业。随着科学技术的进步，人类对海洋资源及其环境的认识有了进一步的提高，海洋开发进入了新的发展阶段，海底石油、天然气和其他固体矿藏的开发，潮汐发电站、风能发电场、海水淡化厂的建立，海洋生物养殖业的发展，以及海洋空间 (海上工厂、军事基地) 的利用等新兴的海洋开发产业。总体来讲海洋的开发是丰富多彩的，目前主要有以下几方面：

(一) 海洋生物资源的开发

海洋生物资源又称为海洋渔业资源或海洋水产资源，是指海洋中蕴藏的经济动物和植物的群体数量，是有生命、能自行增殖和不断更新的海洋资源。其特点是通过生物个体种和种下群的繁殖、发育、生长以及新陈替代，使资源不断更新和补充，并通过一定的自我调节能力达到数量相对稳定。因

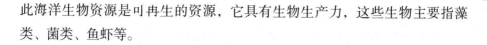

此海洋生物资源是叮再生的资源，它具有生物生产力，这些生物主要指藻类、菌类、鱼虾等。

(二)海洋矿业资源的开发

海洋矿业资源是指近岸带的滨海砂矿 (如砂、贝壳等建筑材料) 和金属矿产、海水中的盐类资源 (我国海盐产量居世界首位)，以及未来可利用的潜力最大的金属矿产资源 (海盆中深海锰结核，这类资源是不可再生资源)。

(三)海洋油气资源的开发

海洋油气资源是指海底石油、天然气资源。由于海洋环境的因素，其开发是一项高投资、高技术难度、高风险工程，通常采用国际合作和工程招标方式进行。在勘探时主要利用地震波方法寻找，通过海上钻井估计矿藏类型和分布，分析是否具有开发价值，该资源也是不可再生资源。

(四)海洋能源的开发

海洋能源是指海水所具有的潮汐能、波浪能、海 (潮) 流能、温差能和盐差能等可再生自然能源的总称。是一种巨大、可再生、清洁的能源，但能量密度小，须采用特殊的转换装置。其中潮汐发电和波浪发电具有商业开发价值，但也投资较大，效益不高。潮汐能就是潮汐运动时产生的能量，是人类利用最早的海洋动力资源。中国在唐朝沿海地区就出现了利用潮汐来推磨的小作坊。11~12世纪，法、英等国也出现了潮汐磨坊。到了20世纪，潮汐能的魅力达到了高峰，人们开始懂得利用海水上涨下落的潮汐能来发电。据估计，全世界的海洋潮汐能约有二十亿多千瓦，每年可发电12400万亿千瓦时。目前，世界上第一个也是最大的潮汐发电厂就处于法国的英吉利海峡的朗斯河河口，年供电量达5.44亿千瓦时。一些专家断言，未来无污染的廉价能源是永恒的潮汐。而另一些专家则着眼于普遍存在的，浮泛在全球潮汐之上的波浪。波浪能主要是由风的作用引起的海水沿水平方向周期性运动而产生的能量。波浪能是巨大的，一个巨浪就可以把13吨重的岩石抛出20m高，一个波高5m，波长100m的海浪，在1m长的波峰片上就具有3 120千瓦的能量，由此可以想象整个海洋的波浪所具有的能量该是多么惊人。据

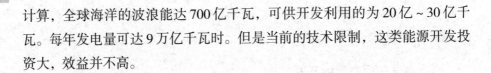

计算，全球海洋的波浪能达 700 亿千瓦，可供开发利用的为 20 亿～30 亿千瓦。每年发电量可达 9 万亿千瓦时。但是当前的技术限制，这类能源开发投资大，效益并不高。

(五) 海洋空间利用开发

海洋空间是指可供海洋开发利用的海岸、海上、海中和海底空间。

随着世界人口的不断增长，陆地可开发利用空间越来越狭小，并且日见拥挤。而海洋不仅拥有骄人的辽阔海面，更拥有无比深厚的海底和潜力巨大的海中。由海上、海中、海底组成的海洋空间资源将带给人类生存发展的新希望。一是交通运输：海洋交通运输的优点是连续性强、成本低廉，适宜对各种笨重的大宗货物作远距离运输；缺点是速度慢，运输易腐食品需要辅助设备，航行受天气影响大。二是海上生产空间：海上生产项目建设的优点是可大大节约土地，空间利用代价低，交通运输便利，运费低，能免除道路等基础设施建设费用；冷却水充足，取排方便，价格低廉，可免除污染危害。缺点是基础投资较大，技术难度高，风险大。三是海底电缆空间（通信、电力输送）：通信电缆包括横越大洋的洲际海底通信电缆、陆地和海上设施间的通信电缆，电力输送主要用于海上建筑物、石油平台等和陆地间的输电。四是提供储藏空间：利用海洋建设仓储设施，具有安全性高、隐蔽性好、交通便利、节约土地等优点。五是海上文化、生活、娱乐空间：随着现代旅游业的兴起，各沿海国家和地区纷纷重视开发海洋空间的旅游和娱乐功能，利用海底、海中、海面进行娱乐和知识相结合的旅游中心综合开发建设，如日本东京附近的海底封闭公园，游人可直接观赏海下的奇妙世界。美国利用海岸、海岛开发了集游览和自然保护为一体的保护区公园。

二、海洋环境保护

(一) 海洋环境保护的含义

海洋环境保护是指人类采用必要的手段对海洋水质、各种物质的入海处置、200n mile 区域内的渔业活动、某些水域中船舶运输方式、外大陆架油气生产以及其他涉及海洋的事务进行有效控制，使得这些人类活动不会对海洋环境造成超负荷污染和破坏海洋生态系统。

因此，邻海国家在开发利用海洋时，必须在全面调查和研究海洋环境的基础上，根据海洋生态平衡的要求制定有针对性的法律规章，要求从事海洋活动的人们自觉地利用科学的手段来调整海洋开发与环境保护之间的关系，以此来保护沿岸经济发展的有利条件，防止产生不利条件，达到合理地充分利用海洋的目的，同时还要不断地改善环境条件，提高环境质量，创造新的、更加舒适美好的海洋环境。

对我国而言，海洋环境保护是全国环境保护工作的一部分，是针对我国内水、领海、毗连区、专属经济区、大陆架以及我国管辖的其他海域的环境保护工作。凡造成我国管辖海域环境污染的，都是海洋环境保护的工作对象。

(二) 海洋环境保护的分类

海洋环境保护内容繁多，根据不同的研究重点、原则依据、立足点，有不同的划分。按海洋环境保护的空间范围划分，可分为：海岸带环境保护、浅海环境保护、河口环境保护、海湾环境保护、海岛环境保护、大洋环境保护等。

按海洋环境保护的对象划分，可分为：海水环境保护、海洋沉积环境保护、海洋生态环境保护、海洋旅游环境保护、海水浴场环境保护、海水盐场环境保护等。

按海洋环境的损害因素划分，可分为：防治陆源污染物对海洋环境污染损害的环境保护，防治海岸工程建设项目对海洋环境污染损害的环境保护、防治海洋工程建设项目对海洋环境污染损害的环境保护，防治倾倒废弃物对海洋环境污染损害的环境保护，防治海洋石油勘探开发对海洋环境污染损害的环境保护，防治船舶及有关作业活动对海洋环境污染损害的环境保护。

按海洋环境保护科学划分，可分为：海洋环境保护理论 (概念、分类、原则)，海洋环境保护法规 (法律、规定、标准)，海洋环境保护技术 (环境容量评价技术、环境影响评价技术、环境保护技术、环境恢复技术等)。

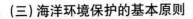

(三) 海洋环境保护的基本原则

1. 持续发展原则

持续发展 (Sustainable Development) 是在 20 世纪 80 年代提出的一个新概念。1987 年联合国世界环境与发展委员会在《我们共同的未来》报告中第一次阐述了可持续发展的概念，得到了国际社会的广泛共识。

可持续发展是指既满足现代人的需求又不损害后代人满足其需求的能力的发展。换句话说，可持续发展就是指经济、社会、资源和环境保护的协调发展，它们是一个密不可分的系统，既要达到发展经济的目的，又要保护好人类赖以生存的大气、淡水、海洋、土地和森林等自然资源和环境，使子孙后代能够永续发展和安居乐业。这也就是江泽民主席指出的："决不能吃祖宗饭，断子孙路"。可持续发展与环境保护既有联系，又不等同。环境保护是可持续发展的重要方面。可持续发展的核心是发展，但要求在严格控制人口数量、提高人口素质和保护环境、资源永续利用的前提下进行经济和社会的发展。

持续发展的观点是人类环境思想的一大跃升，它使人们从狭隘的环境思维中解放出来，把环境同资源和社会经济发展放在一个大系统中加以讨论；把人类现阶段的发展同未来的持续发展联系起来考虑；把一个国家、一个地区同全球、同国际社会的发展持续性结合起来研究。

2. 预防为主、防治结合、综合治理原则

预防为主、防治结合、综合治理原则是指通过一切措施、办法预防海洋污染和其他损害事件的发生，防止环境质量的下降和生态与自然平衡的破坏，或者基于能力 (包括经济的、技术的) 限制，也要将不可避免的环境冲击控制在维持海洋环境基本正常的范围内，特别是维持人体健康容许的限度内。

3. 谁开发谁保护、谁污染谁负担原则

海洋开发与保护是一对矛盾统一体。不论是海洋资源的开发，还是环境的利用，都会构成对海洋环境的干扰与破坏，甚至打破自然系统的平衡。因此，在开发利用海洋的同时必须对海洋环境保护做出安排。谁开发谁保护原则是指开发海洋的一切单位与个人，既拥有开发利用海洋环境与资源的权利，也有保护海洋环境与资源的义务和责任。

4. 环境有偿使用原则

环境是一类资源，对其开发利用不应该是无偿的，特别是有损害的环境利用，更应该是有代价的。在我国环境保护法律法规中，也包括这方面的规定。

海洋环境的利用变无偿为有偿，其积极的意义在于：

（1）有偿使用海洋空间、环境是强化海洋环境保护的重要途径，也是海洋环境保护在国际上的通例措施。

（2）有利于海洋环境无害或最大程度减少损害的使用，维护海洋生态健康和自然景观。如果海洋环境继续无代价利用，没有反映在经济利益上的约束机制，客观上便失去了保护海洋环境的物质动力，海洋开发利用者很难能够做到持续不懈地、自觉地保护海洋环境。如果能转为有偿、危害罚款并治理恢复，这样一切开发利用的企事业单位或个人，其即便完全为了自己的利益，也要努力减少危害海洋环境的支出，从而在客观上达到海洋环境保护的目的。

（3）积累海洋环境保护的资金。保护海洋环境是为了更好地利用和发挥海洋对人类的价值，并不是完全限制有益的利用。利用海洋环境是必须的，也是完全应当的。因此，海洋环境的损害甚至破坏，从大范围来看是不可避免的，由此产生的结果是海洋环境治理工作是该利用进程中一项历史性的任务。由于治理资金需要较多，广泛筹备是必要的，而海洋环境保护内部积累一部分也是重要的来源。

执行环境有偿使用，将所收经费用在国家管辖海域环境损害的治理上，不仅有利于环境维护，而且有利于活化海洋环境保护。

5. 全过程控制原则

海洋环境是一个复杂的系统，因此海洋环境保护也是一个复杂的系统过程。它既包括生活劳动过程和生产活动过程的控制，又包括海洋污染过程和陆地污染过程的控制；既包括工程前、工程中和工程后的控制，又包括工艺、技术、方法、计量等方面的控制。

在海洋环境保护工作中需要贯彻的原则除以上几点外，还有生态原则、海洋经济建设与海洋环境协调原则、动态原则、海洋自然过程平衡原则等，这些也是应予贯彻执行的重要原则。

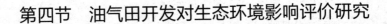

第四节　油气田开发对生态环境影响评价研究

虽然油气田的开发和利用能够保护环境，但是在其开采的过程中，却因为粗放式、掠夺式的开发方式，导致对其周围生态环境造成了严重的破坏。这一点不仅仅对周边的生态可持续发展性质造成了阻碍，也在很大程度上制约了油气田自身的发展和可利用情况，所以做好油气田开发环境的影响评价，找到解决的对策，对于这一事业的进步有着非常重要的现实意义。

一、油气田开发生态环评指标

石油和天然气的产业目前来看是我国国民经济的发展过程中的基础保障，也是支柱型产业之一。企业中如果加强对天然气和石油的开发与勘探，就能够为国民的经济增长提供非常大的能源支持。同时也能够在很大程度上促进社会经济的整体发展，甚至取代原有的煤炭等对环境污染较大的能源，为环境的保护提供最大的效益。

在气油田开发和建设的过程中，按照其整体的特点，针对环境评价指标可以按照海洋资源利用的基本原则来加以建立，并且可以采用在环境质量评价过程中比较常见的一种评价模式。也就是在生产过程中产生的压力，以及受到压力后环境的状态和人们在生活过程中给予的响应，这样的评价指标能够分层次、有准则，按要素对环境指标进行评价，同时也能够反映出在油气田的实际开发和建设过程中，对周边环境所产生的伤害和影响，以及造成之影响主要的原因，这样才能够分析到问题，以此找到合理的解决对策。

二、油气田开发生态环境影响

(一) 废气对环境的影响

在油气田开发的过程中，一般会产生废气的主要原因就是开采中火炬的燃放，这些燃烧会产生废气，再加上加热各种燃烧炉所排放的废气，这些都会导致空气中含有大量的烟尘。在这样的烟尘中所包含的有害物质就是：一氧化碳和氢类物质，如果没有对这些废弃合理地进行过滤和处理，直接排放到空气中，那么会对周围的环境带来非常大的影响。除此之外，因为油气田的开发一般属于社会中比较大的工程，所以在前期工程开展阶段设备的安放、厂房的建设和工人的入场都会给周围的环境形成一定的尘土。这些尘土也会加剧周围空气中的粉尘量，对环境产生较大的影响。

（二）废水对环境的影响

在油气田开发的过程中，能够产生废水等的主要原因就是，在油气田开采阶段，需要在地下作业。而挖掘的过程中一旦出现井下操作，就会产生废水。同时在油气田开发成功之后，原油也需要对其进行脱水处理。还有工人在工作过程中产生的生活废水，这些废水中还有大量的化学物质，如果流入人们饮用的水中，没有经过处理，就会导致饮用水受到污染，同时如果没有排到饮用水，或者是河流之中，那么直接地渗透，也会给土壤带来严重的污染。甚至影响土壤后期的耕种和人们正常的生活，特别是在钻井排出的废液中，含油的污水非常容易破坏生态环境，甚至导致整片土地变得荒芜。

三、油气田开发生态环境保护措施

想要改善油气田开发过程中对生态环境产生的破坏，就需要在浩大工程开展的前期，保证人们能够了解到保护环境的思想内涵，以及保护环境的重要性。同时在整个开发的工作中，不断地向工作业人员引入环保的理念，对于废气排放要经过合理处理。避免未经处理带有化学物质的空气过多地流放到空气中，造成人们身体健康的影响。

同时要求工作人员能够严格遵守环境保护法，并且整个工程的管理人员首先遵守各个规章制度，在生产过程中对功能有着严格的要求，一旦出现肆意排放废水和废气现象的工作人员，需要予以处罚。也需要认真落实环境影响评价制度，利用科学合理的制度，对周边的生态环境进行评价和分析，一旦发现环境受到污染，及时找到解决的对策并且切实加以实施。工作人员要反思之前的工作情况，对其进行改革和纠正，避免再次对环境造成污染。这些都是生态环境保护的主要对策。

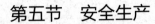

第五节　安全生产

为了保证海洋开发人员的生命安全和财产安全，海洋开发要有相应的安全生产设施，安全生产设施必须符合严格的标准，且检验合格后才能装备到海上设施。从业人员对这些安全环保设施的性能和使用方法应该认真加以掌握。海上石油安全生产设施按功能主要划分为安全仪表系统、消防系统、救逃生系统、安全附件系统、环保系统等设施。这些系统是安全生产的重要因素和保障。

一、安全仪表系统

安全仪表系统（Safety Instrumentation System, SIS）又称为安全连锁系统，主要为控制系统中的报警和连锁部分，对控制系统中的检测结果实施报警动作或调节或停机控制，是自动控制中的重要组成部分。安全仪表系统包括传感器、逻辑运算器和最终执行元件，即检测单元、控制单元和执行单元。安全仪表系统可以监测生产过程中出现的或者潜伏的危险，发出报警信息或直接执行预定程序，立即进入操作，防止事故的发生或降低事故带来的危害及其影响。

在海洋石油开发项目中，常用的安全仪表系统有火气系统，井口控制系统和紧急关断系统（ESD 系统）。

（一）火气系统

火气系统（Fire and Gas Safety System, FGS）能及时、准确地探测早期火灾、可燃气体、有毒气体，通过火灾盘的逻辑分析，处理，实现报警、关断、消防，以消除事故，保护人员、设施的安全。火气系统是全自动系统，能自动完成从探测到消防的全过程，在现场及中控室等处所同时设有手动按钮，操作人员在自动系统未动作的情况下，可手动实现系统功能。

火气系统由现场设施、安全逻辑控制器及与其他系统相关的接口组成。

为保障火气系统的可靠运行，火气系统要采取双电源供电，其中一路应为应急电源。

1.可燃气体探测系统

可燃气体探测系统用于探测设施某一区域的可燃气体浓度，发出存在可燃气体泄漏的警报信号，能够启动自动装置消除危险。可燃气体探测系统主要由可燃气体探测器（Combustible Gasdetector）、逻辑控制器及相关执行单元组成；由探测器测出天然气的存在，并向控制盘发出信号，控制盘再启动报警和采取其他措施。

可燃气体的探测由可燃气体探测器来完成。可燃气体探测器可以监测周围空气中可燃气体从0%~100%LEL（Lower Explosion Limited）范围内的变化，通常可燃气体低报设定值小于或等于25%LEL，高报设定值小于或等于50%LEL。目前使用较为广泛的可燃气体探测器有催化燃烧型和红外光学型。催化燃烧型可燃气体探测器是利用难熔金属铂丝加热后的电阻变化来测定可燃气体浓度，当可燃气体进入探测器时，在铂丝表面引起氧化反应（无焰燃烧），其产生的热量使铂丝的温度升高，而铂丝的电阻率便发生变化。红外光学型是利用红外传感器通过红外线光源的吸收原理来检测现场环境的碳氢类可燃气体。

逻辑控制器是可燃气体探测系统的核心设备。在设计时应选用达到符合认证标准，以及符合 FGS 专业标准的高可靠性安全系统。目前，先进的安全逻辑控制器配置都有专门的"回路监视"（Line Monitoring）电路用来监测回路是否出现断线故障。为了应对电网电压波动，火灾报警系统应该适应较宽的电源电压波动范围，并具有电池后备能力。在应用程序组态编程时，应能够对探头等输入信号进行处理，判断出是探头的正常信号还是各种故障信号。

根据现场的不同情况，可燃气体探测系统的输出响应有很多种形式。常见的有：

（1）报警显示，包括操作站的火区画面和报警点显示、报警列表、事件顺序记录（Sequence of Vent，SOE）视频显示以及传统的报警盘、报警灯等。

（2）广播通告，包括喇叭、报警铃、闪光报警灯、广播和通用报警系统，甚至还包括灯箱指示牌。

（3）紧急停车。当检测到危险性气体浓度过高时，可能需要紧急停车系统紧急关断部分工艺单元或者全部生产设备。

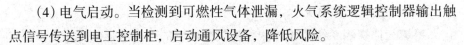

（4）电气启动。当检测到可燃性气体泄漏，火气系统逻辑控制器输出触点信号传送到电工控制柜，启动通风设备，降低风险。

2. 火警探测系统

与可燃探测系统相同，火警探测系统也主要由探测器（Detector），逻辑控制器及相关执行单元组成。火警探测系统一般由四种不同类型的探测器进行探测，即紫、红外线探测器（UV/IR detector）、烟雾探测器（Smoke Detector）、感温探测器（Hermal Detector）和易熔塞（Fusible Plug）。

（1）紫、红外线探测器。紫外线探测器探测火灾是十分灵敏有效的，其敏感元件是紫外光敏电子管，对阳光的辐射和闪烁热源的辐射不起作用，只对波长为 1850 ~ 2450 埃（1 埃 =0.1nm）的紫外光起感应。因此，它能有效地探测出火焰而又不受可见光和红外线辐射的影响，特别适用于火灾初期不产生烟雾的场所。

典型的紫外线探测器工作原理为：一个紫外线探测器有一个独立的紫外光敏电子管，紫外光敏电子管受到火焰放出紫外线的作用，在电极上射出电子，并在两极间的电场作用下被加速，由于管内充入一定量的惰性气体，当这些被加速而具有较大能量的电子同气体分子碰撞时，便将气体分子电离，而电离产生的正负离子又被加速，它们又会使更多的气体分子电离，在极短时间内造成雪崩式的放电过程，产生的瞬时电子流从阴极流向阳极，使电子管由截止状态变成导通状态，给电路系统一个触发脉冲信号，经转换成电压信号传送到报警器，发出报警信号。

红外线探测器的敏感元件是光电导材料（如硫化铅、硒化铅等），对红外射线起作用，而对可见光和紫外射线不起作用。典型的红外线探测器工作原理为：红外线探测器由燃烧的火焰产生的红外射线脉冲或闪烁触动探测器探头的光敏元件并传送到放大电路，探测器采用反射式光管聚焦系统，红外射线聚焦于光敏元件上的光敏电阻的 PN 结附近，激发出光生电子空穴对，它们在外加反向偏压和内电场作用下，导通电路，发出报警信号。

检查维护：

①探测器的探测窗前不应有遮挡物。

②定期清洁探测窗；用清洁的布或纸巾擦拭镜头；每月对线路进行目测检查；每年对机柜等进行清扫除尘。

（2）烟雾探测器。烟雾探测器能在事故地点刚发生阴燃冒烟还没有出现火焰时，即发出警报，具有报警早的优点。根据敏感元件的不同，海洋石油中常用离子式和光电式烟雾探测器。

典型的离子式烟雾探测器它是由两片锯241发射源片与信号电气回路构成内电离室和外电离室。内电离室是密闭的，与安装场所内的空气不相通，场所内的空气可以在外电离室的放射源与电极间自由流通。当发生火警时，可燃物阴燃产生的烟雾进入报警器的外电离室，室内的部分离子被烟雾微粒所吸附，使到达电极上的离子减少，即相当于外电离室的等效电阻值变大，而内电离室的等效电阻值不变，从而改变了内电离室和外电离室的电压分配。利用这种电信号将烟雾信号转换为直流电压信号，输入报警器而发出声光警报。

典型的光电式烟雾探测器设有一个光电暗室（暗盒），将光电敏感元件安装在暗盒内。没有烟尘进入暗盒时，发光二极管发出的光因有光屏障阻隔而不能投射到光敏二极管上，检测器没有电信号输出；如有烟尘进入暗室时，发光二极管发出的光因散射作用而照射到光敏二极管上，光敏二极管工作状态发生变化，检测器发出电信号。

检查维护：保持烟雾探测器周围环境清洁，避免有害灰尘，油气等进入离子室；定期清洁探测器内的检测装置；定期进行功能测试；定期抽查检验，检查探测器的灵敏度，平时要注意探测器外壳孔隙的通畅，确保探头有良好的透气性。

（3）感温探测器。感温探测器是对警戒范围中某一点或某一线路周围温度变化时响应的火灾探测器，它将温度的变化转换为电信号以达到报警目的。

感温探测器按照是否可重复使用分为两种：一种只能一次性使用，另一种可重复使用。前者属热熔式，如易熔塞火灾探测器，当出现异常情况时，易熔金属熔断，钢丝动作带动控制箱中的控制器，控制干粉等灭火剂释放；后者是利用双金属触点原理，当温度升高，达到动作温度时，由于双金属片的热膨胀系数不一样，双金属片弯曲使触点断开，于是现场有火灾（高温）及无火灾（低温）转变为开、关变化，传到火灾控制盘上。

感温探测器按照测量参数，常见的有差动式和定温式。

差动式感温探测器是利用检测火灾地点的温度在较短时间内急骤升高的特点来实现检测的，差动式感温探测器采用双金属片等感温元件，使得在一定时间内的温升差超过某一限值时，即发出警报。差动式感温探测器采用热敏半导体作感温元件，此元件对温度的变化比较敏感，在检测地点的温度发生变化时，它的电阻值将发生较大变化。

定温式感温探测器是在安装检测器的场所温度上升至预定的温度时，在感温元件的作用下发出警报。自动报警动作温度一般采用 65~100℃。当采用铂金属丝感温元件时，感温报警器遇到温度变化时会改变其电阻值，从而改变信号电气回路中的电流，当温度到达预定温度时，信号电气回路中的电流也变化到某一对应值，当电流值超过报警值时，感温报警器即会报警。当采用双金属片，双金属筒作为感温元件时，感温元件会随着温度变化产生不同程度的变形；当温度超过报警值时，元件变形也会达到某一限度，断开（或接通）电气回路中的触点，从而断开（或接通）对应的电气回路，发出警报。定温式感温探测器也有采用低熔点合金作为感温元件的，其作用原理是低熔点的金属在达到预定温度时，感温元件熔断，从而断开（或接通）对应的电气回路，发出警报。

（4）易熔塞。易熔塞就是一种常见的采用低熔点合金作为感温元件的定温式感温探测器，它通常安装在井口区域的压力控制管线上，正常情况下，回路里充满压缩空气或液体，当环境温度上升达到某一设定值时，低熔点的金属塞熔化，回路里由于气体或液体排出导致压力降低，这时低压信号传送到井口控制盘，转变为电信号再送到报警器，程序控制器发出火警关停指令。只要有一回路易熔塞回路压力低于其设定压力，对应生产系统即发生关停，消防系统则启动。

检查维护：定期检查探测器的外观并对探测器进行清洁。定期对感温探测器进行功能试验。由于感温探测器在遇到高温时都会发生变形或熔断，因此功能测试一般采用抽查的方式，或者采用通断电气回路的方式与系统联动发生报警，从而完成其功能测试。

逻辑控制器与输出单元：火警系统逻辑控制器的要求与可燃气体探测系统类似。

根据现场的不同情况，火警探测系统的输出响应除了包含可燃气体探测系统具有的四种输出单元以外，还有一种特别的输出单元——抑制系统。抑制系统包括启动消防泵、打开喷淋阀或者水雾阀、打开二氧化碳系统，以及关闭 HVAC 系统的风闸等设备。考虑到二氧化碳会导致人员的窒息，在二氧化碳释放前，一定要预警；通常延时 30s 后再释放，确保人员的撤离逃生。

3. 有毒气体探测系统

有毒气体探测系统（Toxic Gas Detector）用于检测周围大气中毒气的浓度，大气中的毒气常指一氧化碳、硫化氢等气体。有毒气体探测系统是通过有毒气体探测器对毒气的浓度进行检测，监测到毒气浓度超过设定值，系统报警警示现场人员注意安全，同时对报警区域进行排查。海洋石油设施中最常见的有毒气体是硫化氢，因此，使用最广的有毒气体探测器就是硫化氢检测仪。

硫化氢检测仪是来监测环境空气中硫化氢气体浓度的检测仪器。常用的硫化氢检测仪是通过气敏元件将硫化氢的浓度转换为电信号而达到测量目的。海洋石油中经常采用固体金属氧化物半导体传感技术的硫化氢检测仪。该仪器的传感器由两片薄片组成；一片是加热片，另一片是对硫化氢气体敏感的气敏片。两个薄片都以真空镀膜的方式安装在一个硅芯片上。加热片将气敏片的工作温度提升到能对硫化氢气体反应的水平。气敏片上有金属氧化物，可动态地显示硫化氢气体浓度的变化。传感器的敏感性可从十亿分之一到百分之一。

硫化氢有剧毒，硫化氢检测仪的量程从标准型的 0~100ppm（可在工作现场调节）到高测量范围型的 10 000ppm。

检查维护：有毒气体探测系统工作原理和可燃气体探测系统相似，检查维护参考可燃气体探测系统的相关内容。

4. 便携式气体探测仪

油气生产设施上除了固定式的各类探测系统外，还有各类多功能或单功能的携带方便的探测仪。

便携式气体探测仪（Portable Gas Detector）具有超量程保护功能，可广泛应用于石油、化工、冶金焦化等行业对燃气或有毒气体生产、使用现场的检测。便携式气体探测仪为手持式，工作人员可随身携带，检测不同地点的可燃气体浓度，集控制器、探测器于一体。与固定式气体报警器相比，主要

区别是便携式气体检测仪不能外联其他设备。

海洋石油工程中常用的便携式气体探测仪体积小、重量轻，通过自身电池供电。相对于固定式气体探测仪，它的最突出优点是便携性。

不同的便携式气体探测仪的工作原理各有不同，部分便携式气体探测仪还具有测量多种气体的能力；但其工作原理大多与功能相同的固定式气体探测仪相同或类似。海上石油通常用便携式气体探测仪来监测硫化氢、一氧化碳、氧气、氢气、甲烷等多种气体，常用的便携式气体探测仪有单一气体检测、四合一以及五合一便携式气体探测仪等。根据现场需求不同，用户可以定制不同种类便携式气体探测仪。

人员出入危险场所时，常随身携带便携式气体探测仪来保障人员自身安全。因此，对便携式气体探测仪，海洋石油中有一些特别规定：

（1）便携式气体探测仪是由平台或人工岛人员随身携带的专门使用的仪器，未经安全监督允许其他人员不得使用。

（2）便携式气体探测仪使用时，应按使用说明和规定按时保养和充电。

（3）便携式气体探测仪使用完后，要用第二块探测仪表进行校对一次。

（4）每年到法定单位校对一次，要有校验证书，无校验证书的使用无效。

（5）在工业动火作业时，至少要用两台以上的便携式气体探测仪进行现场监测确认。

（6）在硫化氢环境下进行钻修井作业时，除在指定处所安装固定式硫化氢监测仪外，至少配备五台携带式硫化氢探测仪。

（二）井口控制系统

井口控制系统是油田生产中的重要设施，主要用来控制生产井的地面安全阀、井下安全阀和套管放气阀。

井口控制系统主要由传感单元，控制单元和执行单元三部分组成。传感单元包括高低压开关，易熔塞、手动应急关断开关；控制单元主要是指井口控制盘；执行单元是指地面安全阀、井下安全阀和套管放气阀。

1.井口控制盘

井口控制盘设在井口区的敞开环境中，具有监测、控制井口所有安全阀的功能。井口控制盘一般分为公用模块和单井模块，通过公用模块能对所有井进行控制，单井模块具体控制每一口井。井口控制盘通过电气接口，既可以现场手动操作，也能够实现远程控制。根据生产工艺的要求，井口控制盘应具有特定的气动和液动逻辑控制回路和延时回路，以保证井口安全阀能按预定的顺序开启和关断。井口控制盘应能向中央控制盘传送如下报警和紧急关断信号：

(1) 液压控制回路低压报警。

(2) 易熔塞回路动作报警。

(3) 手动控制回路动作报警。

(4) 井口出油管线高低压开关报警。

(5) 单井井口关断报警。

(6) 井口总关断报警。

(7) 其他与井口安全和控制系统有关的重要状态参数的报警。

易熔塞设置在采油树上方或指定区域，当井口区发生火灾导致环境温度高于易熔塞的设定温度时，易熔塞熔化，易熔塞回路泄压，压力开关动作，井口控制系统关闭所有井的地面安全阀、井下安全阀和套管放气阀，并将信号传给火灾盘，火灾盘报警并启动井口区喷淋阀，同时，火灾盘向中控系统发送信号，中控系统执行现场二级关停。

高低压开关是安装于单井管线的压力开关，当单井管线压力高于高压设定值或低于低压开关设定值时，发出报警信号传至中控室。

地面(井下)安全阀是一种装在油气井内，在发生火警、管线破裂、地震海啸等紧急情况时，能紧急关闭，防止井喷，保证油气井设施、生产安全的阀门；根据安全阀门所安装的物理空间位置，处于井上的称为地面安全阀，处于井下的称为井下安全阀。地面安全阀和井下安全阀都不应具有自动开启的功能，在出现任何一种关断后，应保持关断状态。只有在确认故障排除后，才能由人工在中央控制盘或井口控制盘进行关断复位，然后逐一打开地面安全阀和井下安全阀。

2. 检查维护

(1) 定期检查各单元模块和公共部分的压力情况。

(2) 定期检查井口控制系统内部有无泄漏点，若有泄漏点应及时紧固或更换备件。

（3）日常巡检过程中要观察液压油液位，若低于 60% 液位应及时对油箱加油，对液压油油品进行检查。

（4）定期对接线箱内的接线端子进行紧固。

（5）定期对安全释放阀进行打压测试，夏天要密切关注各单元的压力变化，若因为天气原因造成压力偏高，要及时对安全释放阀设定值进行标定。

（6）每年对井口控制系统的连锁关断功能进行测试，确保紧急情况能及时关断。

（7）定期对手动液压泵进行打压测试。

（8）对井口控制系统内蓄能器充氮装置进行压力检测（参考蓄能器铭牌标准值）。

（9）对井口控制系统备用单元模块进行空载测试。

（10）对井口控制系统单井模块进行 SCSSV 延时关断测试。

（三）紧急关断（ESD 系统）

紧急关断系统（ESD 系统），（Emergency Shutdown System）是对海上石油生产装置可能发生的危险或不采取措施将继续恶化的状态进行自动响应和干预的装置，从而保障生产安全。

传统的 ESD 系统一般是指手动控制站安全策略，在生产现场的关键部件安装手动紧急关断按钮（手动报警站），用于生产现场的紧急关断。

现在的 ESD 系统通常是由安全逻辑控制器来实现。除了设置能够紧急关停整个生产现场的手动控制站信号外，还将各个工艺单元的关停逻辑整合到安全逻辑控制器中，通过检测开关或者变送器，采集过程工艺参数模拟信号或数字信号，当工况达到设定值时，驱动现场执行机构，执行紧急关断。

1.海上 ESD 系统

海上 ESD 系统主要包括以下部分：

（1）中央控制单元，用于接收、评估手动输入关断信号和自动输入关断检测信号以及其他接口系统输入的信号，并产生关断信号。

（2）应急关断逻辑。

（3）安装在重要设备和设施上，在异常情况下能发出关断检测信号的自动检测开关。

（4）手动应急关断按钮。

（5）接受关断信号执行关断功能的各种执行元件。

（6）与其他系统的接口，如火灾探测系统、可燃气体探测系统、报警和通信系统、生产控制系统、灭火系统、通风系统等。

（7）中央控制单元与所有输入设备、接口系统和输出执行元件之间的信号传输线。

（8）电源。

2. ESD 系统的关断等级

不同海上油田 ESD 系统的设计和组态会有所不同，其关断等级也略有不同，但总体可归纳为以下四级：

（1）最终关断。最终关断是海上油气田最高等级的关断，实施此级关断，必须是在生产现场上工艺区发生火灾或大量可燃气体泄漏，以及发生不可抗自然灾害等最恶劣危险的情况下，人员撤离前由现场负责人决定，此级关断采用手动执行。当执行本级关断时，应急放空阀将打开，进行相应的泄压排空；火炬系统将保持操作状态，应急发电机延时关断，其他生产现场所有的公用系统，油气处理系统、动力系统等全部关断，同时生产现场状态灯中的设施弃置（蓝）灯亮、启动广播系统。

（2）火灾关断。由火灾或可燃气体探测系统探测到的异常情况自动或经人工确认后手动启动火灾关断。当执行本级关断时，设备全部关停，生产现场状态灯火灾报警（红）灯亮、应急发电系统启动，同时广播系统发出火警警报。但消防设施、通信设备、直升机甲板边界灯、障碍灯、雾灯、雾笛、应急照明及发电和供电设备应保持工作状态。

（3）生产关断。触发生产关断时，可关断生产过程中的部分或所有设备，关断原油输入管线、原油外输管线。生产关断可由生产系统的重要监控信号，仪表气压过低信号、生产管线压力过高或过低信号、供电系统故障信号、热介质系统故障信号等引发完成。

（4）单元关断。可关断单台设备或单系列设备。单元关断可采用自动关断或手动关断实现。这类关断不关停主流程，不会导致生产中断；通常由单个设备上的异常信号，如压力低低、高高，液位低低、高高等引起的单个设备的关断。

3. 检查维护

（1）定期检查高、低压控制系统的技术状态，并做报警和关断动作试验。

（2）定期对温度、压力、液位等控制点进行检查，并做报警和关断动作试验。

（3）定期检查紧急关断阀的技术状态，并对阀门做好保养。

（4）定期对紧急关断站进行外观检查，并做关断动作试验。

（5）定期对系统中仪表进行检定。

（6）定期对操作站进行检验，并做好程序备份。

（7）定期检查 ESD 控制机柜各模块指示灯状态。

（8）定期对控制机柜进行除尘，检查控制机柜和现场终端接线情况。

（9）定期对压力或液位开关标定值与实际运行值进行对比，根据生产需求及时对标定值进行标定。

（10）定期根据 ESD 因果图完成关断测试，对测试过程中发现的问题及时处理，并形成测试报告。

二、消防系统

消防系统的主要作用是预防和扑灭火灾。海上设施可根据消防保护处所的火灾性质和危险程度，按现行规范、标准有选择地装设固定灭火系统以及移动式消防器材。

消防系统的设计首先需要确定消防灭火区域（简称火区），火区的大小，以及介质、危险性直接影响消防系统的规模。

（一）消防水系统

消防水系统是最为有效、使用最为广泛的消防系统，主要用于对油气井口区、工艺设备区、储罐区等区域的保护。

消防水系统由消防水源、消防泵、消防管网、控制阀、水幕系统、消防水枪和消防水炮、水消防栓等组成。在寒冷地区，湿式消防水管网应采取防冻措施。

（1）消防水源。其用来为消防泵供给消防水，一般取自海水或出水装置。

（2）消防泵。其为消防系统的核心设备，主要功能是为整个消防系统管

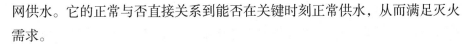

网供水。它的正常与否直接关系到能否在关键时刻正常供水，从而满足灭火需求。

在设计时，根据海洋石油设施的类别、用途和保护区域的大小进行综合考虑，按照灭火所需的用水量，计算单台消防泵的排量，并设计有备用的消防泵。一般配备两台以上的消防泵，并有主电源和应急电源两种供电方式，有现场、遥控两种启动方式。对消防泵定期进行检查和维护，定期运行，出现故障须及时排除。

（3）消防管网。专门输送消防用水的管网，不可与和消防无关的其他管网相连，一般应采取双回路供水。在长距离的钢制管道上应安装膨胀节或软管，防止热胀冷缩。冬季放空管网中的残液和水，采取防冻措施，防止管网冻堵。

（4）控制阀。安装在消防管网上的控制阀对消防管网的开启和关闭进行控制，一般应具有远传遥控功能，便于实现集中控制操作。

（5）水幕系统。由水幕喷头、管道、控制阀等组成的阻火喷水系统。喷头要定期检查清洗，防止被海水中的泥沙或杂物堵塞。对需要水幕保护和防火隔断的处所，宜设置水幕系统。

（6）消防水枪和消防水炮。

①消防水枪的标准口径有 13mm、16mm、19mm 三种规格。使用水枪喷水时，有直流喷射和喷雾喷射两种方式。消防水枪、水龙带应共同存放在靠近消防栓附近的消防箱里。

②消防水炮具有压力大、射程远和易操作的特点，需根据整个消防系统能力设计配备消防水炮的位置和数量。

（7）水消防栓：用来与消防水龙带连接灭火，同时通过阀门控制出水压力和水量。

(二) 泡沫灭火系统

泡沫灭火系统主要用来扑救采油工艺流程区域，原油储罐区域、直升机平台和储存燃料油区域等的火灾。海洋石油的泡沫灭火系统主要由炮式喷射器、泡沫喷枪、泡沫比例混合器、控制阀、泡沫液储罐及管道组成。

泡沫灭火系统用于有大量碳氢化合物积聚的火灾区。它能在碳氢化合物的表面迅速扩散，并生成一层极薄的膜，覆盖在碳氢化合物的表面，以减少碳氢化合物的蒸发，断绝其与空气的接触，从而达到灭火的目的。保护区域内泡沫混合液量按一次灭火最大量确定，执行相应的规范。

当压力水通过装置的混合器时，可使水与泡沫液按比例自动混合，并输出混合液，供给空气泡沫发生器或空气泡沫枪，用来扑灭火灾。被输送的压力水经管道流入泡沫液储罐，将罐内的泡沫液压出，泡沫液通过泡沫液管道进入压力比例混合器，在混合器中与水按规定比例形成混合液，混合液流出混合器，再通过混合液管道送入泡沫炮，喷射泡沫进行灭火。

(三) 气体灭火系统

气体灭火系统是指平时灭火剂以液体、液化气体或气体状态贮存于压力容器内，灭火时以气体状态喷射作为灭火介质的灭火系统。能在防护区空间内形成各方向均一的气体浓度，而且至少能保持该灭火浓度达到规范规定的浸渍时间，实现扑灭该防护区的空间、立体火灾。气体灭火系统用在不适于设置水灭火系统等其他灭火系统的环境中，主要用于扑灭电气火灾，如电气间火灾。

海上石油设施常用的气体灭火系统主要有二氧化碳灭火系统和七氟丙烷 (FM200) 灭火系统。

1. 二氧化碳灭火系统

二氧化碳灭火系统主要由自动报警系统、灭火剂储瓶、瓶头阀、启动阀、电磁阀、选择阀、单向阀、压力信号器、框架、喷嘴管道系统等设备组成。

二氧化碳灭火系统可以通过感温、感烟探测器由控制系统来启动，也可以由控制盘及被保护房间外的手动按钮和瓶上的手动按柄启动。当被保护的区域发生火灾，感烟或感温探测器最先捕捉到火警信息，传输给报警控制设备，发出火灾报警信号并发送灭火指令。灭火指令和火灾报警亦可由人目测后人为发出。火灾指令下达至灭火系统启动有一个延迟过程，一般设计为30s，这段时间供工作人员安全撤离。

二氧化碳灭火系统的空气调节系统供电与二氧化碳灭火系统连锁，当二氧化碳释放时，通风系统将关闭。有三种控制方式：自动控制、电气手动

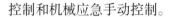

控制和机械应急手动控制。

当发出火灾警报，在延时时间内发现有异常情况时，不须启动灭火系统进行灭火时，可按下手动控制盒或控制盘上的紧急停止按钮，即可阻止控制盘灭火指令的发出。

2. 七氟丙烷灭火系统

七氟丙烷（HFC-227ea，又称 FM200）是无色、无味、不导电、无二次污染的气体，特别是它对臭氧层无破坏，在大气中的残留时间比较短，其环保性能明显优于卤代烷，是一种洁净气体灭火剂，被认为是替代卤代烷 1301 和 1211 的最理想的产品之一。七氟丙烷灭火系统由于具有长期贮存不泄漏、安装调试简单、操作维修方便等优点，在海洋油气田得到了广泛的应用。

七氟丙烷灭火系统主要由自动报警控制器、贮存装置，阀驱动装置选择阀、单向阀、压力记号器、框架、喷头、管网等部件组成。

七氟丙烷主要是以物理方式灭火，即降低火场空气中的氧气含量，使空气不能支持燃烧，从而达到灭火的目的；同时，伴随着少量的化学方式灭火，即在灭火过程中伴有化学反应，灭火剂分解有破坏燃烧链反应的自由基，实现断链灭火。

检查维护：

（1）日常查看灭火剂储瓶间和控制室。

（2）每月查看灭火剂储瓶压力，腐蚀、变形，如有问题及时更换并释放瓶内气体。

（3）每年进行全面检查，包括灭火剂储瓶架稳定性、启动模拟试验、压力信号反馈装置、输送管网、喷嘴等。

（四）干粉灭火系统

干粉灭火系统能在 30s 内将干粉灭火剂释放到保护处所，其释放装置有自动和手动两种方式，用于扑灭天然气，石油液化气等可燃气体或一般带电设备的火灾。

干粉灭火剂是一种干燥的、易于流动的微细固体粉末，装在容器中，要借助于灭火设备中的气体（一般为二氧化碳或氮气）压力将其以粉雾的方式喷洒出来，从而达到灭火的目的。干粉灭火剂可分为普通干粉灭火剂和多用干粉灭火剂，后者还可扑灭固体火灾。

干粉灭火剂的灭火原理：燃烧反应是一种连锁反应，燃烧在火焰高温下吸收活化能而被活化，产生大量的活性基团，导致燃烧加剧。干粉灭火剂的颗粒对活性基团发生作用，使其成为不活性的物质（水），中断燃烧的连锁反应，对燃烧起负催化作用和抑制作用，使火焰熄灭。

（五）移动式灭火器

移动式灭火器是用来扑救初期火灾的器具。其结构简单、轻便灵活、操作方便，因此使用十分普遍。移动式灭火器分为手提式灭火器和推车式灭火器两种。两者的主要区别是容量不同，都是用于扑救初期的小型火灾。目前，海上石油设施常用的移动式灭火器主要有空气泡沫灭火器、二氧化碳灭火器和干粉灭火器等。

三、救逃生系统

为了保障操作人员的人身安全，海上设施应设计救生逃生系统，以合理的布局、有效的逃生通道及充足的救生设施为海洋石油设施操作人员提供逃避危险、安全撤离的手段。

救生设施的规格、种类、数量以海洋石油设施入住人数为依据进行选择和布置。海上设施主要有以下几种救逃生方式：借助直升机，借助救生艇、救生筏，借助救援船只（守护船），借助应急避难所，借助滩海陆岸值班车，借助两栖救生设备，借助救生圈、救生衣、抛绳设备等辅助救生设备。

（一）救生艇

救生艇是配备动力的乘坐人数较多的海上主要逃生救生设备。救生艇按结构不同可划分为封闭式救生艇和敞开式救生艇。海洋石油设施一般配备封闭式救生艇。按乘坐人数不同可划分为人数不等的救生艇。

救生艇是海上设施最主要的逃生设施，包括救生艇、吊艇架和起艇机三部分。救生艇一般布置在生活楼外走道边沿，海上油气生产设施都配置全密闭式救生艇，其可在溢油着火的海面行驶，保护艇内人员逃离危险海域，按SOLAS（International Convention for Safety of Life at Sea，简称SOLAS）公约配置的全部器具可使艇内人员实现生存、呼救等目的。吊艇架固定在海洋石油设施上；起艇机安装在吊艇架上，可通过吊艇架对救生艇进行重力放艇、电动或手动起艇等操作，实现固定救生艇、放艇和起艇。操作时严格按照操作规程进行操作。选型时应按照能容纳设施上的全部定员为原则来进行。

救生艇外部需要粘贴有一定数量的反光带；救生艇一侧醒目位置应标明救生艇所在的海洋石油设施名称、救生艇额定乘员数。

检查维护：

（1）检查气瓶压力。压力不得低于19MPa，若低于19MPa，将其充气到20MPa；检查是否有泄漏；检查驾驶处的通气阀。

（2）检查进水阀。必要时给以润滑（不用时必须关闭）；检查喷水泵，必要时给以润滑；检查三角带是否损坏；检查皮带张紧力，必要时加以调整；用淡水冲洗喷水系统；查看水膜分布情况；检查软管连接情况。

（3）试验脱钩系统（必须使用转移负荷吊臂）；检查所有油嘴，并加油；更换损坏的玻璃罩和标志板。

（4）检查电池充电情况；向电池中加入蒸馏水；清洗电池电极，紧固后加油封；检查发电机是否向电池充电，主机运转时指示灯应熄灭；检查发电机三角皮带张紧力；接通外充电电路；按需要更换损坏的指示灯和熔断丝；检查闪光灯。

（5）检查所有密封条；拆下舱盖板，除去所有异物。

（6）检查自动排水塞；排干艇内存水；检查三通阀，必要时给以润滑。

（7）检查液压舵软管，看是否泄漏；检查属具是否完好正常，按规定进行更换；检查舵轴上的填料函；更换失效的反光带。

（8）定期检验内容：外观；至少对一艘救生艇或救助艇进行降艇、脱钩、航行及回收试验，同时检验限位装置的可靠性；蓄电池组的充放电情况及救生艇的油料储备；属具；至少对一艘全封闭救生艇的水喷淋系统进行喷淋试验；全封闭救生艇的紧急供气系统的气瓶压力，各开口的密封性及透气系统。

（9）吊艇架及登乘设施检验内容：外观；登艇须知及起落艇操作说明；登乘甲板防滑措施及登乘梯扶手；手动与电动连锁装置；最近一次救生艇防旋转与耐腐蚀钢丝索的调头日期。

(二) 气胀式救生筏

气胀式救生筏是海上操作人员在遇险时维持生存、等待救援的设备。气胀式救生筏及其属具存放在玻璃钢壳体内，用固筏索具将其系牢并固定在甲板边缘的救生筏架上，可手动或自动将其释放到水面，供落水人员逃生时使用，使用时拉出平扣销，推上链钩上的小环，固定救生筏的索具即可自动松开，使救生筏靠自重沿筏架滚动，抛出舷外。

气胀式救生筏的部件包括软梯、首缆、登筏拉手索、安全刀，内扶手索、筏底充气阀、示位灯、照明灯、蓬柱排气阀、安全补气阀，蓬柱、上浮胎、下浮胎、筏底排气阀、补漏用具袋、外拉手索、二氧化碳钢瓶、缆绳、备品筒、桨、拯救环及索、筏底等。

气胀式救生筏的投放方法有抛投法、吊架降落法和静水压力释放器自动释放法。

(1) 抛投法。用人工把静水压力释放器释放后，救生筏投入 (自动滚入或人工抬起抛入) 水中，充气拉索受力启动二氧化碳钢瓶充气，救生筏在水中充胀。

(2) 吊架降落法。在甲板上就将救生筏充胀，人员登乘后再用吊架起吊降落水中。

(3) 静水压力释放器自动释放法。在紧急情况下，无法使用抛投法和吊架降落法时，船 (平台) 已沉没到水面下 $3 \sim 4m$ 时，静水压力释放器自动释放脱钩，救生筏自动浮出水面充胀。

(三) 避难所

避难所可以暂避恶劣天气，是滩浅海开发中有效的一种逃生方式。

避难所设置满足的要求有：能够容纳人工岛总人数；结构强度应比人工岛高一个安全等级；地面应高出挡浪墙 $1.0m$；应采用基础稳定、结构可靠的固定式钢筋混凝土结构或用移动式钢结构；配备可以供避难人员五日所需的救生食品和饮用水；配备急救箱，装有救生衣、防水手电及配套电池、简单的医疗包扎用品和常用药品；配备应急通信装置。

（四）救生圈

救生圈是适合于在海洋中落水时使用的简易救生器材。

救生圈的要求：

（1）外观。救生圈的外表颜色应为橙红色，无色差；救生圈表面应无凹凸、无开裂；沿救生圈周长的四个相等间距位置，应环绕贴有50mm宽的逆向反光带。

（2）尺寸。救生圈外径应不大于800mm，内径应不小于400mm；救生圈外围应装有直径不小于9.5mm、长度不小于救生圈外径四倍的可浮把手索，把手索应紧固在圈体周边四个等距位置上，并形成4个等长的索环。

（3）质量。救生圈质量应大于2.5kg；配有自发烟雾信号和自亮浮灯所附速抛装置的救生圈，其质量应大于4kg。

（4）材料。整体式救生圈的材料和外壳内充式救生圈的内充材料应采用闭孔型发泡材料。

（5）性能。救生圈应耐高温、耐油，无皱缩、破裂、膨胀、分解；救生圈应耐火，不应燃烧或过火后继续熔化；救生圈从规定高度投落后，应无开裂或破碎；救生圈应能支承14.5kg的铁块在淡水中持续漂浮24h；救生圈在自由悬挂的情况下，应能承受90kg重量持续30min而无破裂和永久变形；对于配有自发烟雾信号和自亮浮灯所附速抛装置的救生圈，释放时应能触发速抛装置。

（6）属具。救生圈可配有属具，包括可浮救生索、自亮浮灯或自发烟雾信号。

带自亮浮灯和发光烟雾信号的救生圈配备有一根可浮救生索，可浮救生索的长度为救生圈的存放位置至最低天文潮位水面高度的1.5倍，并且长度至少为30m、直径不小于6mm。

如果有人落水，在抛投时应一手捏住救生索，另一手将圈抛在落水人员的下流方向；无流而有风时应抛于落水人员的上风口，以便落水者攀拿。在水中使用救生圈的方法是用手压救生圈的一边使它竖起，另一手把住救生圈的另一边，并把它套进脖子，然后再置于腋下；或者先用双手压住救生圈的一边使救生圈竖立起来，手和头部乘势套入圈内，使救生圈夹在两腋

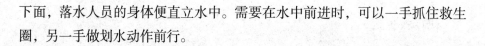

下面，落水人员的身体便直立水中。需要在水中前进时，可以一手抓住救生圈，另一手做划水动作前行。

(五) 救生衣

救生衣是适于工作人员穿着的一种简便的救生器材。按照适合的温度环境有普通救生衣和防寒救生衣之分。

救生衣应当放置在易于取用的地方。逃生集合点都应配备一定数量的救生衣；甲板工作区和直升机甲板附近存放的救生衣应放在专门的储存柜内，并要设置明显的标志。

救生衣都必须有哨笛、反光带、海水灯和海洋石油设施标志，气胀式救生衣还必须有为救生衣充气的二氧化碳气瓶。

检查维护：

(1) 日常检查救生衣存放位置，应存放在储存柜内。

(2) 每月检查一次外观、属具、哨子、放光带、绳索、浮灯等。

(六) 其他辅助救生设备

1. 抛绳设备

平台和平台群中的生活平台上，配备一套抛绳设备。抛绳设备符合的规定包括：能相当准确地将绳索抛射出去；包括不少于四个抛绳器，每个能在无风天气中将绳抛射至少230m远；包括不少于四根抛射绳，每根抛射绳具有破断张力不少于2kN；备有简要说明书或抛绳设备用法图解；手枪发射的火箭，或火箭与抛射绳组成整体的组件，应装在防水的外壳内；抛绳设备应存放在易于到达的地方，并随时可用。

检查维护：

(1) 抛绳设备的有效期一般为三年，到期必须更换。

(2) 抛绳检验内容包括数量、种类、存放位置等。

2. 烟雾求生信号

烟雾求生信号是在紧急情况下，通过施放火焰烟雾来发出求救信号，告知施救位置的救生用具。烟雾求生信号主要有火箭降落伞火焰信号，橙色烟雾信号、手持火焰信号等。

火箭降落伞火焰信号的性能要求在垂直投射时发射高度达300m以上，能发射出降落伞火焰，发出明亮红光，平均强度不少于30 000cd，燃烧时间不少于40s，降落速度不大于5m/s。

橙色烟雾信号的性能要求其发烟时间不少于3min，可见距离大于2n mile，保管和使用温度在−30～＋65℃之间，有效期在三年以上。

手持火焰信号要求能发出强度不小于15 000cd（坎德拉——光强度单位）明亮而均匀的光，燃烧时间不少于1min，浸入100mm深水中历时10s后仍能继续燃烧。使用时先撕掉塑料袋，揭开盖子，注意外壳上的箭头号朝上，放下底部触发器铰链或压杆，一手握住火箭，垂直高举过头，一手手掌托在压杆上，做引发准备。再将压杆上推，并迅速双手握紧火箭，有风时可略偏上风，火箭很快就能发射。

检查维护：

（1）橙色烟雾信号一般的有效期为三年，到期必须更换。

（2）定期确认烟雾求生信号的数量，种类及存放位置等。

三、通信系统

海上设施通信设备按通信范围分为外部通信设备和内部通信设备。

海上通信系统的建立是为了保证海上石油、天然气开发生产过程中的安全、生产和生活信息的采集和传输，是不可缺少的重要设施。

海上设施通信系统应具备的能力包括：设施内部通信，设施之间的语音，数据联系，海上设施与陆地的电话、传真通信，与周围船舶、直升机等的通信导航，报警信号传输，气象情报采集，应急状态下的无线电通信等。

海上油气田通信系统与陆上油气田通信系统相比有如下特点：海上石油设施由于受到环境条件的限制，其规模不可能太大，种类较多；在通信系统（设备）的设计和配置上要具有高可靠性；由于海洋石油设施生产和安全的需要，海洋石油设施上的通信系统和设备在设计上需要考虑较多的相互连接和控制，控制关系较为复杂。

海上油气田通信设备选型应在充分了解各种设备技术性能和特点的基础上，因地制宜，根据实际的通信需求，选择系统可靠、便于操作的设备。另外，海洋石油设施受海上潮湿空气盐雾和霉菌的直接影响，同时还受到可能出现爆炸性、可燃性气体与空气形成的混合物引起爆炸的危险的影响。因此，在设备选型，材料选择和施工过程中，海上油气田通信设备必须适应所属海洋环境条件。

设备选型可考虑通信设备是否能满足通信业务的需求、通信网络的构成、通信系统的经济性、系统的使用操作和维护管理、生产厂家的技术力量、工艺制造水平以及售后服务、信誉等。

四、安全附件系统

海上一般配备的压力容器、锅炉、起重机、储油罐等特殊设备，一旦发生事故，将造成严重的后果，影响大，损失严重。为了预防事故的发生，保障特种设备和危险设施的正常运行，都配有一些安全保护作用的安全附件。

(一) 压力容器和锅炉安全附件

压力容器和锅炉的安全附件主要有安全阀、压力表、液位计、水位计、防爆门、排污阀等。这些附件是压力容器、锅炉正常运行不可缺少的组成部分，特别是安全阀、压力表、液位计（水位计）是压力容器和锅炉安全运行的基本附件，对压力容器和锅炉的安全运行极为重要。

安全阀广泛应用在各种压力容器、锅炉和管道等压力系统上，当受压系统压力超过规定值时自动开启，通过向系统外排放介质来防止压力系统内介质压力超过规定数值，对人身安全和设备运行起重要保护作用。安全阀结构主要有两大类：弹簧式和杠杆式。用得比较普遍的是弹簧式安全阀。弹簧式是指阀瓣与阀座的密封靠弹簧的作用力。杠杆式是靠杠杆和重锤的作用力。安全阀垂直安装于安全压力容器和锅炉的顶部，需要定期检验，选用时应根据工艺条件和工作介质的特性选择什么型式的安全阀，选择合适工作压力范围、排气量的安全阀，以保证设备和安全阀的安全运行。

压力表是监控容器内部压力大小的安全附件，一般合适的压力表表盘刻度极限值应为工作压力的 $1.5 \sim 3$ 倍，一般选用 2 倍左右量程的压力表。压力表安装、检验和维护应符合国家有关标准要求，易于观察和清洁，防止受高温、冷冻和振动影响，同时定期检查。

液位计是监控压力容器和锅炉液位的安全附件。通过液位计，工作人员

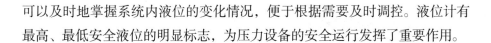

可以及时地掌握系统内液位的变化情况，便于根据需要及时调控。液位计有最高、最低安全液位的明显标志，为压力设备的安全运行发挥了重要作用。

(二) 起重机安全附件

起重机是海上石油设施的重要特种设备之一。为确保安全运转，海上石油设施应当配有限位器、报警器等重要的安全附件。限位器分为重量限位器、行程限位器、高度限位器、风速仪等。起重机一般应安装重量限位器和力矩限制器，当负载达到额定起重量的 90% 时，能发出提示性报警信号。对于回转部分的起重机应安装回转限制器，以保证自由旋转。另外，起重机必须设置紧急断电开关，在紧急情况下，应能切断起重机总控制电源，确保操作安全。

(三) 储罐安全附件

储罐是海上石油设施中储存原油的设施，为了保障储罐的安全，海上石油设施应当安装阻火器、呼吸阀、液压式安全阀等安全附件。阻火器安装在原油、柴油、甲苯、轻质油等固定式储罐上，通常与呼吸阀配套或单独使用，功能是允许易燃易爆气体通过，对火焰有窒息作用。呼吸阀是安装在原油、轻柴油、芳烃等固定式储罐上的通风装置，通常与阻火器配套使用，用来保证罐内压力的正常状态，防止罐内超压或超真空而受损坏。

五、环保系统设施

海洋石油设施中的环保设施是进行油污水处理，减少和消除海洋环境污染，保护海洋环境的设施，主要有油污水分离装置、生活污水处理装置、溢油回收设施等。

(一) 油污水分离装置

油污水分离装置用于处理海上石油平台或船舶舱底水、油舱压载水或其他油污水，使排放水达到规定的防止水域污染的排放要求的装置。这类装置分离原理分为两类：一类是根据油、水存在的密度差，利用机械重力原理分离；另一类是利用过滤原理分离，即采用膜系统和吸附系统分离。

(二)生活污水处理装置

生活污水处理装置是海洋石油设施上对产生的生活废水处理后达标排放的专用环保设施。一般有三种不同类型的生活污水处理系统,即生活污水处理装置、粉碎与消毒系统和储存柜。生活污水处理装置处理方法有生化法、物理化学法、电化学法等多种处理方法。这些设施的运行为减少海洋污染做出了贡献。

(三)溢油回收设施

海洋出现溢油和漏油事故时,要进行消油或回收,以防止或减少油污染给海洋环境造成的破坏。溢油处理的方法按性质可分为:物理法、机械法、化学法和生物法四大类。溢油回收设施和用具主要有围油栏、收油机、收油网、吸油毡、储油囊等。物理法回收主要有围油栏、吸油毡等,其中围油栏使用较为广泛;机械法回收主要装置是撇油器,是水面捕油的机械装置;化学法主要有燃烧法、消油剂分解等;生物法是利用生物降解、氧化、消耗溢油,而不是回收利用。

第六章　地应力测井

第一节　测井评价地应力理论基础

一、地应力的产生

根据近几十年来实测与理论分析证明，原岩应力场大多是三向不等压的、空间的、非稳定应力场。3 个主应力的大小、方向随时间和空间变化而变化，但除少数构造活动带外，时间上的变化可以不予考虑。

原岩应力主要由岩体的自重和地质构造作用引起，它与岩体的特性、裂隙的方向和分布密度、岩体的流变性以及断层、褶皱等构造形迹有关。此外，影响原岩应力状态的因素还有地形、水压力等，但这些因素所产生的应力大多是次要的。对钻井工程而言，主要考虑构造应力和重力应力。因此，原岩应力可以认为是重力应力和构造应力叠加而成。重力应力由岩体自重引起，岩体自重不仅产生垂向应力，而且由于泊松效应和流变效应也会产生水平应力。

二、地应力研究方法概述

在以岩心为载体研究地应力的方法中，岩心的声发射测量技术最常使用。所谓岩心的声发射测量技术就是采用岩石对应力的记忆特性来测量原地应力。岩心的声发射测量技术分析地应力有一定的精度，但用其确定地应力方向时，取决于岩心定向的质量。单井资料主要包括单井小型水力压裂资料和测井资料。目前公认小型水力压裂资料求得的最小主应力较准，不足的是得不到最大主应力值及地应力的方向，而且数据不连续。为了获取连续的地应力大小及方向，一些研究者很早就将测井资料引入了地应力预测中。如将测井资料与水力压裂资料、岩心分析资料结合起来，就能建立起一系列用于预测地应力大小的预测模型，其中具有代表性的模型有 Heim 模型、Eaton

模型、Anderson 模型、Newberry 模型等。尽管这些模型都存在一定的局限性、但它们在生产中都取得了一定的应用效果，因此，从 20 世纪 80 年代开始，随着测井仪器所能提供的信息量的剧增，国内外已越来越倾向于利用测井资料获取连续的地应力的方法。而且这种方法在利用测井资料估算原地最大、最小水平主应力方向方面也取得了较大进展。

与水力压裂和岩心分析地应力相比，测井分析地应力数据连续、测量深度大、成本低，因此，随着测井技术的发展，测井在地应力研究中的作用将不容忽视。尤其在估计原地最大、最小水平主应力方向方面更有着其他方法不能替代的作用。

三、利用测井资料分析地应力的理论基础

钻井过程中，井壁的坍塌、破裂受多种因素的影响和控制。但当钻井作业在固结程度高且各向同性的地层中进行时，井壁的坍塌和破裂则主要受井壁上应力集中的控制。在同样应力条件下，地层孔隙压力大的地区也容易发生崩落掉块；在相同孔隙压力条件下，原地水平主应力差异越大的地区，井壁越容易发生崩落掉块。当钻井作业在非均质地层中进行，井壁地层存在软弱裂隙时，井壁崩落方向可能受到软弱裂隙的影响，且偏离最小水平主应力的作用方向。

当该最小有效切向应力超过岩石的抗张强度时，在较大水平主应力作用方向上的井壁地层将被压裂。在非均匀的应力场中钻直井，当钻井液柱压力过低时，井壁将总是沿着最小水平主应力方向坍塌，形成椭圆井眼；当钻井液柱压力过大时，井壁将总是沿着最大水平主应力方向被压裂，因此，直井中椭圆井眼长轴方向和重钻井液压裂缝与地应力之间存在较好的对应关系，可以指示原地水平主应力的方向。

布兰特·阿迪皮和杰西巴斯蒂安·贝尔系统地研究了各种井眼轨迹下，钻井诱发裂缝与地应力的相互关系。由布兰特·阿迪皮和杰西巴斯蒂安·贝尔等的研究结果可见，不论井眼轨迹如何变化，钻井以后由载荷不平衡造成的井壁不稳定都与地应力的大小和方向密切相关，而且在致密的硬地层这种依赖关系尤其明显。然而，并非所有椭圆井眼都是由应力诱发的坍塌形成的，也并非所有的裂缝都产生于钻井过程中的水力压力。因此，鉴别坍塌和

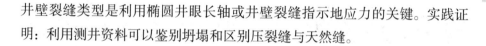

井壁裂缝类型是利用椭圆井眼长轴或井壁裂缝指示地应力的关键。实践证明：利用测井资料可以鉴别坍塌和区别压裂缝与天然缝。

四、地应力及其测试技术概述

(一) 对地应力、天然裂缝的一般结论

(1) 地层深部地应力是由一个垂向应力 (它取于上覆岩石自重) 和两个水平主应力 (它取决于岩石自重引起的应力分量及各种地质构造作用的总结果) 组成，这三个应力既互相垂直又不相等。

(2) 水力压裂裂缝垂直附近断层走向。

(3) 破裂压力主要受原来的区域应力及井周围的微裂缝分布的流体渗入情况的影响。

(4) 在地壳松弛区，裂缝是垂直的，其破裂压力一般来说比上覆岩石压力要小且方位也大致垂直附近断裂走向。在地壳压缩区，如果变形较大，裂缝应该是水平的，其破裂压力等于或大于上覆岩石压力。

(5) 天然裂缝的形成与古构造运动有关，天然裂缝的走向与区域构造的主断裂走向近似平行；逆断层有一部分是垂直。

(二) 测试主要技术途径及应用

(1) 现场直接测量人工裂缝、天然裂缝及最小主应力。

测量的具体做法是通注水井或压裂井，在该井附近任意方向选三点信号采集点，在监测点上布上接收器，接收地层中裂缝信号，自动计算通过若干点得出裂缝的长度和方向和水流方向；同时在注水过程中用瞬时停泵法，确定地层中最小主应力值和最大主应力。

(2) 用不定向岩心进行三向应力和天然裂缝分布的测量。

采用主要手段，在室内用波速各异性、差应变、凯塞效应及古地磁等，对不定向岩心综合性地测量与分析。在做岩心分析之前对新近–古近系沙河街组岩石的古地磁进行测量，再打取露头岩样若干块，在室内进行以现在磁北为零的古地磁偏角测量，尔后进行岩心定向工作。

(3) 井孔崩落掉块与地应力关系研究与测量。首先是在室内在三向应力

不等的条件下进行井孔崩落掉块研究；其次采用地层倾角测井资料，进行应力方向处理。这种方法由于地层中古地磁偏角与地面磁场有一定偏差应用时要修正。

（4）柱状应力剖面和天然裂缝分布的预测。采用声波、密度、自然电位、电阻率等曲线，用弹性理论，进行综合性处理分析，得出岩石力学参数：弹性模量、泊松比、剪切模量、地层出砂系数、地层孔隙压力、孔隙度、地层破裂压力、地层三向应力分布、天然裂缝分布、砂体分布等曲线。

（5）用电阻率、声波等多种测井资料和成像技术识别地层中的天然裂缝分布及方向。

（6）室内模拟地层条件下岩石裂缝实验。实验岩石有粉砂岩、页岩、石灰岩、砂岩、白云岩及在不同围压下砂岩的破坏曲线等。

（7）现代应力场的数值模拟研究。根据桩断块实测应力值，用有限元方法来描述断块油田现代应力场特征、油气分布特征。

（8）根据天然裂缝测量来研究天然裂缝的成因类型、分布规律及在油田开发过程中天然裂缝闭开变化的过程。

（9）根据人工裂缝测量来确定现代应力场与古应力场的关系；现代应力场与断层走向的分布规律。

（10）根据人工裂缝、天然裂缝及地应力分布，来确定油气分布、井网布局、水平井方向位置及其他应用研究。

（11）列举其他油田的应用，如裂缝油田的开发，深、浅地层断套管主要原因及套管强度设计，深部地层固体碱岩的开发等方面的应用。

（三）地应力裂缝测试技术

1. 地应力裂缝测试简介

现代医学要解救疑难病人，要靠仪器检测。如超声波扫描找出腹内病灶、用 X 线解决肺骨科病灶问题、用核磁共振解决心脑血管病灶问题。

我国研发的 AE-4 声发射监测仪，其专门解决地下油层疑难问题。依靠这种仪器，工作人员，用三元二次方程计算每一事件，上万个事件则标在直角坐标内，若干事件用统计方法，事件密集呈线性发展的就是裂缝。事件分裂缝方向精度误差小于1°，裂缝全长误差小于20m。工作人员采用低频监测井深，可测 5000m 和浅层信号弱，必须采取低频。采用自动门槛和手动门槛把干扰信号压在门槛以下，录取峰值信号为真实信号。用智能采集，只有"0"通道先收到后，然后 1 通道、2 通道参与计算，其他方向来的信号不采集。

检验标准须严格，不管任何测试公司都可用上述方法进行检验。外国公司监测的成果不准确，因为他们的检测结果是一条弧形裂缝，与地应力不符，是错误的。

（1）裂缝检验标准。成熟压裂监测必须有检验标准，没有标准的成果是对是错，就像没有一把尺子来衡量对与否的标准。

现在裂缝监测市场有点乱，都说自家好，比如 GPS 定位、四维空间定位、数字化动态回放等。但它们的特点为：在现场不出成果，回去再用软件作秀，把外围无关紧要的东西，说了很多内容，就是不讲地质力学，因为产品不真实、可靠，怕用力学分析结果。地应力裂缝监测技术通过千余井的监测成果与井的实际动态进行分析对比，得出一套较完整的检验标准。

①首开第一条裂缝时，必须与水力压裂基本理论一致；水力裂缝延伸方向必须与附近断层走向垂直。

②如果是水井，其裂缝直对或接近油井时，这口采油井必然是高含水井。

③注水井裂缝远离采油井，这口井供液不足。

④采油井在注水井两条裂缝中间，且该井驱动最好，采收率最高。

⑤注水方向偏流必有死油区。

上述 5 条标准可检验任何监测裂缝是否正确。

（2）裂缝分布与水平地应力差有关。排量为 4m³/min 以上，水平地应差小于 1.5MPa，地层绝大多数开四条裂缝（不包括转向缝），裂缝之间夹角平均 45° 左右；水平应力差越大，压开的裂缝越少，如水平应力在 5MPa 左右，地层只压开一条裂缝。

2.声发射裂缝监测方法简介

声发射定位监测裂缝技术，是科技含量较高的监测技术，不受环境限制，地面不管在山地、江中、滩海、沙漠均可监测，尤其是在高山较多特殊地形（其他方法很难完成），而声发射定位监测裂缝技术，都能准确监测裂缝

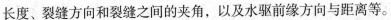

长度、裂缝方向和裂缝之间的夹角，以及水驱前缘方向与距离等。

（1）声发射定位监测裂缝方法。这种方法利用压裂施工使岩石产生开裂或闭合及水流动，产生的低频声音、声发射信号，来测定裂缝方位、长度及几何形态。这一技术通过大量的室内物理模拟试验，了解水力压裂产生的声发射（裂缝张开与闭合产生都低频信号）信号的特征、频率、能量等参数，在完成室内模拟研究和试验的基础上，又在现场进行了几千口井水力压裂缝形态的监测，都得到满意成果（裂缝方向、裂缝夹角、裂缝长度及水驱形态等）。

（2）注入地层的水使地层裂缝张开及使闭合水流动，不断地出现低频声音、声发射信号，并以弹性波形式向外匀速传播，当弹性波遇到接受微低频信号的检波器时，就被仪器接收、放大，然后发送到中央信号处理系统。仪器采用低频、门槛技术，录取峰值信号。智能化采集，可去掉绝大多数干扰信号，定位信号真实、准确、可靠。该方法不受环境限制，只要是压裂施工井和注水井都可以测，更不受深度限制（因接收的均为低频信号）。

信号接收布置：捡波、放大载频发射中央处理机上，仪器共3台，布在压裂井或水井任意方向。中心接收处理系统：接收、滤波、门槛处理干扰、采集、时差处理、定位程序计算，把地层每一PC点（地层破裂点）标在计算机桌面直角坐标图上，采集若干点，就形成裂缝形态、水驱入径图，现场可出成果图。

（3）自检理论及标准。依靠该理论和标准，对监测成果提出以下4项检验标准：

①第一条裂缝延伸方向必须与水力压裂基本理论一致。

②注水井裂缝直对并接近采油井，这口井必然出现高含水（裂缝导流能很高）。

③注水井裂缝远离采油井，这口井会出现供液不足（因低渗透驱动距离有限）。

⑤采油井在注水井两条裂缝中间，这口井驱动最好，采收率最高（受地应力影响例外）。

上述4项检验标准可验任何监测方法结果是否正确。

通过注水井监测，可了解注入储层的水在储层驱动方向趋势，在现场

1h 内，可基本弄清注采井组动态关系（基本定量），并可代替注示踪剂来了解油水动态关系。

（4）裂缝监测精度。该测试系统，测试裂缝方向误差小于 1，裂缝长度误差 ±20m。

（5）中国地质构造的油层，绝大多数是分布在纵横断层之中，大规模的地质构造运动之后，接着是地层滑移、松弛等活动。一般油层的应力分布，首先垂直应力为最大，其次为水平最大主应力、水平最小主应力，水平最小主应力与垂向应力之比，一般是垂向应力的 0.6 ~ 0.7 之间，地层中的三向应力场，水平最小主应力为最小。低渗透油田需要压裂改造，把地层压开裂缝使油层增加导流能力。如需求水平最小主应力时，根据水力压裂的理论，用水平的压张力压裂地层，压开第一条缝时，进行瞬时停泵，裂缝要闭合，在闭合的瞬间正是地层最小主应力的反弹力。测地应力一般用压裂瞬时停泵得出，声发射定位裂缝监测安全说明：

①该仪器监测可远离井场，在 1500m 以内场地任意方向进行监测。

②监测裂缝或水驱前缘时，不作业、不关井，在正常注水条件进行（特殊要求例外）。

③不用现场电，自带电源。

④仪器体积小，均是无线接收信号。

⑤现场监测水驱前缘，不用任何化学药品，安全环保。

第二节 井壁坍塌的测井显示及鉴别

一、利用四臂地层倾角测井的双井径资料研究坍塌

（一）井壁垮塌的双井径曲线特征

井眼变形有 6 种类型，它们的形成原因和在地层倾角双井径曲线上的特征为：

（1）溶蚀型椭圆井眼。常发生于膏盐地层，它是因岩盐、石膏等岩层被钻井液溶蚀而形成，其形状基本为圆形且双井径曲线均大于钻头直径。

（2）冲蚀型椭圆井眼。常发生于泥岩等软岩层，这类地层受到钻井液浸泡，体积将发生膨胀，导致坍塌。又由于岩石本身结构的各向异性，这种垮塌常形成椭圆形井眼，在双井径曲线上表现为井径不等，且都大于钻头直径，这种椭圆井眼的长轴方位一般变化大。

（3）键槽变形井眼。由钻具偏心磨损井壁形成，多发生于井斜较大且岩石强度较低的地层段。其特征为非对称的椭圆井眼，在双井径曲线上表现为一条井径大于钻头直径，一条井径小于钻头直径。

（4）岩石弹塑性变形井眼。有些柔性岩石具有弹塑流变特性，它们在水平压应力作用下，发生缩径现象，形成对称的椭圆井眼，两条井径曲线均小于钻头直径。

（5）高角度裂缝地层垮塌。一些与井壁相切割的高角度裂缝在经过钻井液的浸泡、冲刷及钻具来回碰撞后，可能造成沿裂缝走向的岩石掉块而形成椭圆形井眼。椭圆井眼长轴大于钻头直径，短轴接近钻头直径。但在一般情况下，由于裂缝已为应力释放提供了条件，因而在这种地层中很少观察到裂缝性岩石掉块。

（6）应力型椭圆井眼。由于水平主应力的不平衡性造成井壁在最小主应力方向上剪切掉块或井壁崩落，形成对称的椭圆井眼，其长轴方向指示最小主应力方向。双井径曲线一条大于钻头直径，一条近似等于钻头直径。

可见，不同成因的变形井眼，在双井径曲线上的显示特征不同，同时利用双井径曲线可以较为直观地鉴别各种成因的椭圆形井眼，进而估计原地应力的方向。

（二）四臂地层倾角测井仪的测量原理

双井径曲线来自地层倾角测井仪。地层倾角测井的目的在于获得地层的倾角和倾斜方位角。现在还没有一种仪器能直接测量地层的倾角和倾斜方位角，但是直接测量地层的某些参数，并利用这些参数计算出地层的倾角和倾斜方位角却是可以实现的，地层倾角测井仪就是根据这一思想设计的。常用的地层倾角测井仪为四臂式地层倾角测井仪。四臂式地层倾角测井仪通过贴靠井壁的 4 个极板可以获得岩层层面的 4 个点的信息，进而利用空间 3 点或 4 点确定一个平面的原理确定地层的层面方程，从而获得地层的倾角和倾斜方位角。四臂式地层倾角测井仪的4个极板处于同一平面，构成了2套井径测量装置。仪器沿井筒提升过程中，可以测得2条井径曲线。四臂式地层倾角测井仪正常的测井速度大约每分钟7~9m，测得的各种数据同时记录在野外磁带和胶片上，一次下井同时记录4条微聚焦电阻率（或电导率）测井曲线、2条井径曲线、3条角度曲线。

（三）利用四臂地层倾角测井资料确定应力型椭圆井眼长轴方位及地应力方位

四臂地层倾角测井仪的四臂彼此正交，极板在一个平面上。测量过程中四臂由液压推动，使之与井壁紧密接触，当测井电缆由井底以一定的速度在圆形井眼中向上提升时，井下装置总是以一定的速率旋转，当井下测量装置上升到井眼扩张段时，一对测臂将嵌入长轴方向，且自动伸长，使测井仪不能再旋转，随着测井电缆的不断提升，测井仪可以连续地测量井径的变化。

在双井径曲线显示的应力型椭圆井段，每隔一定的采样间距计算一次椭圆井眼长轴方位，并将其绘制在双井径方位频率图上，可以确定该井段的长轴方位。直井中，应力型椭圆井眼长轴方位即为原地水平最小主应力方位，水平面上与水平最小主应力轨迹线相垂直的轨迹线就是水平最大主应力的轨迹线，该方位就是原地水平最大主应力的方位。由此得到的地应力方位须经其他地应力资料充实、完善。除了双井径曲线外，井下声波电视（BHTV）以及微电阻率成像（FMI）仪器提供的井壁成像测井图也已被用于检查井眼坍塌，而且在成像测井图上还能够较好地辨别天然裂缝和钻井诱发裂缝，以及指示裂缝的走向。

二、利用井下声波成像测井技术分析井壁坍塌

井架声波成像测井技术是一项比较先进的、可用于直接观测井壁情况的测井方法。它利用反射波能量的强弱与反射界面物理性质有关的原理，用所测反射波幅度来评价井壁岩石及套管状况。

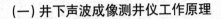

(一) 井下声波成像测井仪工作原理

井下声波成像系统使用以脉冲–回波方式工作的换能器来实现对井壁的扫描，其超声换能器既作为发射器又作为接收器，每秒钟发射 1 500 ~ 3 000 次、频率为 1 ~ 2MHz 的超声窄脉冲。驱动电机以 3 ~ 6r/s 的速度匀速转动，带动换能器和磁力仪旋转。磁力仪在裸眼井内每转到磁北方向，就以电脉冲形式将换能器方位信息发送到地面。由于是匀速转动，所以，任意时刻换能器在井下的指向都可以知道。在套管井或含有铁磁性矿物的井中，不能使用磁力仪指示方位。换能器在井下的深度信息，可以通过测井电缆的深度记号确定。

测量时，先将井下仪器下放到测量目的层段的底部，然后以一定的速度自井下向地面提升。在提升过程中，换能器以固定的速率相对井壁作螺旋状声波扫描，在发射声波脉冲的时间间隙里，接收被井壁反射回来的反射波。地层岩性及其岩石物理特征的变化以及井壁表面特征的变化，都将导致反射回来的反射波幅度和传播时间变化。光滑表面比粗糙表面反射好。硬表面比软表面反射好，与声束垂直的表面比倾斜表面反射好，因此，当超声换能器在井下扫描上述不同状况的井壁时，就会得到不同强度的回波信号。

回波脉冲相对于发射脉冲的延迟时间，是声信号从换能器到井壁再由井壁回到换能器的双程传播时间。它既与换能器到井壁的距离有关，又与井眼流体的声速有关。如果下井仪具有独立测量井眼流体声速的手段，那么声脉冲的传播时间就只与换能器到井壁的距离有关，因此，当超声换能器在井下扫描不规则井眼时，就会得到传播时间不同的回波信号。将声波幅度和传播时间的变化汇总，即可以得到井壁的影像或者图像。从裸眼井声波成像图上可以比较直观地鉴别出井壁坍塌和裂缝的状况。从套管井声波成像图上则可以比较直观地检测出套管的腐蚀情况和射孔质量等。

(二) 井壁应力坍塌在井下声波成像测井图上的特征

井壁垮塌在井下声波幅度成像图和传播时间成像图上均显示为黑暗区域。这是由于井壁垮塌导致井壁凹凸不平，反射波能量减弱；井壁垮塌导致井眼扩大，声脉冲信号在钻井液中的传播路径加长、衰减增大。直井中井壁应力垮塌方位与原地水平最小主应力方位一致。因此，直井中井壁应力坍塌形成的黑暗区域在井下声波幅度成像图和传播时间成像图上，将成对地出现在井眼径向相对的两侧，形成边缘不规则的黑色垂直条带。

第一代井下超声电视测井仪（BHTV）由 Mobil 公司初创于 20 世纪 60 年代，由于当时支持它的技术尚未成熟，致使早期的井下声波成像仪（BHTV）虽然可以提供全井周的图像，并可以在淡水钻井液、油基钻井液中使用，但其换能器的分辨率差，测井速度慢，成像质量差，受钻井液比重影响大。因此，从 Mobil 公司研制成第一代井下超声电视测井仪（BHTV）至今，Amo-co、Shell 等几家公司对改进此仪器做了大量工作，改进了仪器的机械结构、电子线路、换能器的设计和图像显示等技术，大大改善了 BHTV 的图像分辨能力和可用数据的范围。最新研制成功的改进的井下声波成像系统，如哈里伯顿的环形声波扫描仪（CAST）、阿特拉斯的声波井周成像测井仪（CBIL），与早期的井下声波成像仪相比，其换能器的采样速率更高，并能在较大的井径及钻井液密度范围内获得高垂直分辨率及水平分辨率的优质图像。

三、利用井壁地层电阻率成像测井资料分析井壁坍塌

（一）地层电阻率成像测井仪工作原理

在地层倾角测井仪的基础上，斯伦贝谢测井公司于 20 世纪 80 年代中期，成功地研制出了地层微电阻率扫描测井仪（Formation Microscanner Service），简称 FMS。FMS 利用密集组合的电性传感器，阵列地测量井壁附近地层的电导率，并进行高密度采样和高分辨率的成像处理，提供一个"岩心似的"井壁图像。可用于分析井壁状况，识别裂缝，进行储层评价以及沉积相等方面的研究。经过 10 多年来的发展，微电阻率扫描测井有了长足的进步，由原来的 2 个极板增加到现在的 8 个极板、192 个电极，对井壁的覆盖面积也由原来的 20% 提高到现在的 80%。

在现有的地层微电阻率扫描测井仪中，FMI（Formation Microimaging tools）是其中最先进的一种。FMI 有 4 个臂，8 个极板。每个臂上有 1 个主极板和 1 个折页极板，这种结构使极板个数增加，可以获得更大的井壁覆盖范

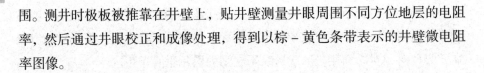

围。测井时极板被推靠在井壁上，贴井壁测量井眼周围不同方位地层的电阻率，然后通过井眼校正和成像处理，得到以棕－黄色条带表示的井壁微电阻率图像。

(二) 井壁应力坍塌在微电阻率成像测井图上的特征

在井壁微电阻率成像图上，以颜色的明暗变化来表示井壁地层电导率的不同。电导率越高，颜色越暗。开裂缝中由于钻井液的侵入，将显示出高的电导率，因此，在微电阻率成像图上以深棕色显示；闭和缝导电能力差，因此，在微电阻率成像图上以亮黄色显示。如果井壁凹凸不平 (如井壁垮塌井段)，极板与井壁接触不好，在对应极板方位的测井图上就得不到聚焦的图像。

在成像测井处理成果图上直观地显示出了井壁应力崩落掉块的井段和方位，直井中井壁应力垮塌方位与原地水平最小主应力方位一致。因此，井壁应力掉块对称地出现在 FMI 的成像测井图上，且在井眼径向对称方位上具有一定的延续性。

第三节　裂缝的测井显示和鉴别

测井资料和岩心资料都可以用于认识裂缝和分析裂缝。但由于岩心是无定向的，因此，裂缝方向则主要由测井资料确定。可用于检测裂缝的测井方法有：地层倾角测井、双侧向测井、微电阻率成像测井仪 (FMI)、声波成像测井以及井温测井、方位伽马测井仪等。在裸眼井中，这些测井资料不仅可以用于检测裂缝，而且可以区分天然缝和钻井诱发裂缝。下面将就裂缝在这些测井图上的显示特征做简要介绍，并阐明钻井诱发裂缝的显示特征。

一、钻井诱发裂缝的空间展布特征

井壁压裂缝特征决定于三轴向应力间的关系。由岩石力学分析已知，当一块岩石在三轴向应力作用下，只要应力达到一定的数值，它将产生一组张性缝，两组共轭剪切缝。其最大主应力方向与张性缝平行，也与两组共轭剪切缝的锐夹角平分线平行；最小主应力方向与两组共轭剪切缝的钝夹角平分线平行，中间主应力方向与三组裂缝的交线平行。张性缝的性质还取决于三轴向应力的性质，如均为压应力，则张性缝为扩张缝；如其中至少有一组应力为张应力，则张性缝为拉张缝。由于岩石的拉张强度比扩张强度低10～50倍，因此，当三轴向应力中有张应力时，张性缝将特别发育。

二、地层倾角测井

以四臂地层倾角测井仪为例。四臂地层倾角测井仪有4个极板贴井壁测量，可以得到4条微电阻率曲线。在利用地层倾角测井资料识别裂缝的过程中，通常将相邻两极板的电阻率曲线进行重叠，根据曲线重叠的幅度差大小来判断裂缝存在的可能性，并将曲线重叠有幅度差的地方涂上黑色，这种技术称为裂缝识别测井，简称FIL。因倾斜较大的薄层、条带或砾石层等沉积特征的影响，有时由FIL得到的黑色区域并不是由裂缝引起的。为了尽可能地提高裂缝识别的精度，在FIL之后提出了电导率异常检测技术（DCA）。电导率异常检测技术（DCA）假定，钻井液侵入高阻地层的裂缝后，将使接触到裂缝的微电阻率测井产生低电阻异常。因此，当将4个极板所测电阻率曲线两两依次对比，那些对比不上且又不是由层理面引起的电导增大层段，则可视为是由于钻井液侵入高阻地层的裂缝后引起的"电导异常"。计算出每一极板的电导率异常，并将它绘在对应极板方位的曲线上。

高角度缝往往在对称的极板上出现连续较长的电导率异常；低角度裂缝异常则常不规则地出现在极板上，且多为薄的尖峰状。根据两点确定直线的原理，在方位频率图上对称的电导率异常方向才可能指示裂缝发育的方向。

三、双侧向测井响应

双侧向测井是一种聚焦的电阻率测井。其中，深侧向有足够的探测深度，浅侧向能够较好地反映侵入带地层的特征。

深、浅侧向的探测深度有较大差别。在渗透性地层，由于钻井液的侵入，深、浅侧向所得电阻率曲线将出现"差异"。差异分为正差异（深侧向电阻率大于浅侧向）和负差异（深侧向电阻率小于浅侧向）。影响双侧向差异性质及其大小的因素较多，在致密地层，主要受裂缝发育程度、裂缝角度、流体性质等因素的影响。有关双侧向曲线对裂缝的响应特征首先在四川测井公司的水槽模型实验中得到；而后斯伦贝谢测井公司 A.M.Sibbit 等人在此成果基础上通过计算机模拟也得到了同样的结果，并建立了一系列定量关系曲线，这些成果都得到了现场大量实际测井资料的证实。

高角度缝、垂直缝的双侧向为正差异，斜交缝的双侧向差异不明显，低角度缝、水平缝的双侧向为低阻尖峰。重钻井液在致密地层形成的压裂缝基本上都是同一走向的高角度裂缝，因此，在重钻井液压裂井段，深浅双侧向曲线具有明显的正差异。

重钻井液压裂缝的双侧向测井典型显示，具有三个显著特征：

（1）明显的正差异。即深侧向电阻率明显大于浅侧向电阻率。这是由于压裂缝的径向延伸一般不大，故主要造成浅侧向电阻率的降低，而深侧向电阻率降低不多，因此，差异幅度一般较大。

（2）深浅双侧向曲线较平直且近于平行。这是由于压裂缝基本都是同一走向的高角度裂缝，因此其电阻率值的起伏不可能大。

（3）正差异的纵向延伸较大。

四、井下声波成像测井资料

裂缝探测一直是许多测井方法期望的目的。成像技术把简单的裂缝探测提高到对裂缝带的描述，它包括判断裂缝的产状和区分张开缝与闭合缝。裂缝在声波电视图上呈黑色条带显示：与井轴垂直的水平裂缝，相应的条带也是水平的；与井轴平行的裂缝，条带呈铅直状；与井轴斜交的裂缝，其条带呈正弦波状。

五、FMI 响应

FMI 以图像颜色的明暗变化来反映井壁地层电阻率的变化，随着地层电阻率降低，其图像颜色逐渐变深。井壁地层被重钻井液压裂形成重钻井液压裂缝后，钻井液侵入裂缝将使裂缝处电阻率明显低于邻近致密岩块的电阻率。因而，重钻井液压裂缝将以深色条纹反映在 FMI 图像上。张开缝在 FMI 成像图上呈暗色条带显示：与井轴垂直的水平裂缝，相应的条带也是水平的；与井轴平行的裂缝，条带呈铅直状；与井轴斜交的裂缝，其条带呈正弦波状，随着裂缝倾角增大，正弦波极大值和极小值之间的距离将随之增加。

如果压裂发生在储集层段，则压裂缝特征不如致密层段明显，这是由于天然裂缝的影响所致，使得相当一部分压裂缝变成了原有天然裂缝的扩张和延伸。

六、井温测井

如果钻井液温度低于地层温度，钻井液侵入裂缝必将引起该处地层温度的下降，出现低温异常。

但在进行测井解释时须注意区分井漏与出气层的低温异常，为此必须看整个温度梯度的趋势，如果温度梯度背景值发生变化，则是井漏的响应；如果全井段温度梯度基本一致，低温异常仅在局部发生，则为出气的反映。

七、用不定向岩心对地应力及天然裂缝的测定

用不定向岩心，测地层中三向应力分布和天然裂缝方向的分布，很关键的问题是在岩心库筛选做三向应力的岩心。采用的岩心为：小砾岩、花岗岩、白云岩、石灰岩、大理石等，这些岩石较均质，为没有层理界面，没有裂隙（用肉眼观察不到）的全径岩心。天然裂缝岩心的筛选，主要是区分开天然裂缝和钻井过程中诱发的裂缝。

天然裂缝在岩心上的角度，大多数为60°~90°之间，开裂的位置在岩心上不一致，而且在裂缝中间或表面，有填塞物或污染物贴在裂缝面上。还有一种近似水平或层理面一致的裂缝，这种裂缝大多数由钻井过程应力释放所致。这种裂缝可忽略，因在垂向应力作用下为闭合状态。

诱发的裂缝是钻井过程中产生的，由于地层中水平两向主应力差比较小（小于5MPa），最小主应力梯度均小于0.015MPa/m。当钻井钻头对地层刮磨产生一定温度，使井孔壁产生膨胀力，（每增加4℃在井壁上增加1MPa的膨胀力）再加上钻井液密度和上返摩阻力，使钻井液的外推力超过地层最小主应力值，地层会产生破裂，破裂面垂直地层最小主应力与水平最大主应力方向平行。这种裂缝是在岩心中间开裂，裂缝角度均为90°（与岩心轴向平行）在裂缝面上，有较新的叶状拉纹，也没有污染，裂缝开裂长度几米至几

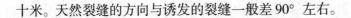

十米。天然裂缝的方向与诱发的裂缝一般差 90° 左右。

(一) 凯塞效应方法测地层中三向应力值的大小

1. 原理

大部分物质声发射 (即由物质本身微观变形而产生的声音) 的重要特征之一为不可逆性 (即凯塞效应)。对于岩石，也同样具有这种特性。从微观破裂及力学角度来讲，声发射的不可逆性是岩石材料微观破裂不可逆性的反映。因此，可以应用这一特性，对取自地层中任意深度的岩样做声发射特征与应力关系的试验研究。由于地层中的岩石各向应力状态不同，当把岩石重新加载来研究其声发射与应力关系时发现，如果所加载荷小于以前的应力值时，很少观察到声发射信号，只有等于或超过以前的应力值时，才有声发射信号产生，此时声发射信号对应的载荷值就是所要测的地应力值 (单向)。利用岩石的凯塞效应，可以测出岩石在地层中的三向应力值。

2. 岩石采集加工及试验方法

将钻井取出的岩心，按照地层的位置，取垂直于地表一组，平行于地表取二组 (按最大主应力方向、最小主应力方向)。磨平试样的两个端面，其不平行度不大于 0.05mm，并将两端粘上特殊的胶。这样处理的目的是防止试样的两端面产生摩擦，影响凯塞效应的测定结果。

将试样放在试验机上，换能器用耦合剂粘在试样上，由电动计量泵供给的高压液体，经防波形传导的特殊管线进入液压缸，推动活塞，把垂向应力传给试样和拉压传感器，加载后应力变化由拉压传感器输入到计算机采集系统，试样受载后产生的声发射信号，由换能器接收并送入前置放大器，再通过四通道声发射综合参数分析仪进行鉴别处理，输入计算机自动采集系统，计算机打出处理结果。

(二) 波速各向异性方法测地层中应力分布

岩石波速各向异性测量，是不定向岩心测定之首，因波速测量是利用较方便的换能器。它能在岩心的垂直方向和水平方向任意角度进行测量，能较准确地找出岩心的波速差异，因为最慢波速、中间波速以及最快波速分别对应最大主应力、中间主应力和最小主应力。如凯塞效应、差应变、古地磁等试验都是在波速差异方向的基础上进行的。

地层中的岩石是处在三向应力作用状态下，当从地层取出时，要进行空间的应力释放，在应力最大的方向，在应力释放过程中要出现微小的裂隙，这些小裂隙被空气所占据，而空气和岩石波阻不同。在声波传播的路程中，空气体积越大波速越慢，应力也就越大；反之，波速越快应力也就越小（不包括泥岩和页岩），从而可通过声波传播的速度确定应力方向。

（三）差应变方法测地层三向应力分布

差应变分析（DSA）测试就是通过对试样进行室内三维试验来确定就地主应变的方向，并由此推论就地主应力的方向。由于要完全了解岩样在地层中的方向是不太可能的，因此用古地磁来确定岩样的方向。对岩样进行差应变分析的测量以确定主应变方向，并由此推论就地主应力的方向。这一实验的基本原理即：岩样从地下应力状态下取出，由于去掉了地下情况下的应力而引起岩样的形变（膨胀）。同时使得岩石中的微裂缝张开，它们张开的方向和密度，正比于从地下取出岩心的就地应力场的空间变化。因此，由于取心过程中而造成的微裂缝群体就是地应力的反映。

试验过程是对岩样加三维围压后测得三个方向上的应变，就理论上而言，在加围压期间，各个方向上的形变量，正比于被消除掉的就地应力条件下形变的数值。最简单的情况是：由于原来就地应力的消除，岩样将会在原最大膨胀的方向上表现出最大的压缩性应变。当对岩样加围压过程中，岩样中由于应力的消除而造成的微裂缝会首先闭合，而后是微裂隙的闭合。连续加压测试形成的形变是岩石内压力学特性的函数，在高压情况下为内压形变，在低压情况下为由微裂缝控制的形变。因此可区分形变的控制因素，从而可以直接确定微破裂的作用，最大主应变方向垂直于最大裂纹密度的方向，因此，就会表示出最大主应变的方向。如果假定岩样的性质是各向同性的（或者至少在横向上各向同性）弹性体材料，那么主应力与主应变的方向之间就存在着一一对应的关系。将钻井取心加工成长 4in，平行于岩心轴向的侧面加工成相互垂直的侧面宽为 1.5in。将一组成 90° 角的应变片贴在三个相互垂直的平面上，并将其放入加压室内。

对制备好的岩样进行重复加载，加三向等同的围压超过地下情况。对其三个方向上的三维应变进行重复测量，测得各方向的应变量。在每一次压力调节时，要有足够的时间以避免滞后带来的误差。已测出的六组应变量中选用三组较好数据（垂直方向、水平最大方向、水平最小方向）的应变量计算地层中的三向应力值。

(四) 利用岩石的古地磁偏角来确定地层中的应力方向和天然裂缝走向

测试仪器英国 Moldpin Limieed 磁性测定仪共分三部分：

(1) 磁性测定仪包括计算机、软件、电源。

(2) 交变退磁仪。

(3) 无磁切割机。测试岩样规格为圆柱形 25mm × 25mm。

原理：岩石的磁性是由其所含有的铁磁性物质所决定的，不同的岩石有不同成岩过程，因而获得磁化的机制也不同。例如火成岩，不论是喷发岩或侵入岩，它们都是从熔融状态的岩浆，在地磁中冷却而获得磁化的。在其冷却过程中当温度下降至其所含铁磁性矿物的居里点温度时，这些铁磁性矿物就被当时的磁场所磁化，获得热剩磁，从而使整个岩石获得了总体磁化。这个总体磁化是与当时的地磁场密切相关，其磁化方向完全一致，因而可靠的记录了成岩年代地磁场各种信息。

沉积岩在成岩过程中，没有经过高温磁化这个过程，但由于构成沉积岩的各种小颗粒中，必有从火成岩上风化剥蚀下来的、已被磁化的微小颗粒，就像一个小磁针，在沉积脱水固结过程中，在当时地磁场作用下定向排列，从而使整个沉积岩体获得一个与当时地磁场相关的总体生磁，这个总体剩磁在一个地区沉积岩体磁化方向是一致的，这样获得的剩磁叫作沉积剩磁或碎屑剩磁。从钻井井下取出的岩心基本上都是碎屑剩磁。

(五) 用不定向岩心测地应力的综合评价

用岩心测地层中的三向应力大小和方向，是一项综合性的测试，因任何一种单一的方法都不能完成上述任务，如超声波各向异性测量，利用超声波的灵活换能器测出岩心上的空间波速变化，因地应力作用的岩心在释放过程中，使岩心松弛，在应力作用大的方向出现微裂隙（用肉眼很难观察到），当岩心取出地面，这些微裂隙造成岩心的波速各向异性，在波速慢的方向正是岩心在地层中受力最大的方向。该方法只能测出岩心上的应力方向（因我国大多数取心都不是定向取心，在岩心上没有方向），但不能对应到几千米深的应力方向上，这还得借用岩心上的古地磁来完成，因岩心上的古地磁是记录各地质时期，各种岩石成岩时当地的磁子午线（磁偏角），各个地质年代的岩心都有它的磁偏角方向。用超声波各向异性测出岩心上应力方向的磁偏角与现在磁子午线方向进行比较，岩心上的磁角数据大于或小于这个年代的磁偏角数据，都是与现在磁北的夹角，这个夹角正是岩心上的应力方向（水平最大主应力方向与几千米深取心位置的应力方向对应）。

用超声波各向异性和古地磁方法还得不出岩心对应地层中的三向应力的大小，还得借用凯瑟效应和差应变方法。这两种方法是在波速各向异性在岩心所测方向的基础上，在岩心的垂直方向和水平波速最快和最慢的两个方向钻取小岩样或贴上应变片来测出地层中三向应力的大小。

凯瑟效应方法，在浅层测出的结果岩心孔隙较小可以直接使用，在深部地层有孔隙的岩石所测出的应力值，只是比值关系，这还得借用密度测井资料，用积分方法得出垂向应力值，然后用实测的应力比值关系来计算水平两向应力值，或者借用这口井或邻井的瞬时停泵的最小主应力值，来计算水平最大应力和垂直应力值。凯瑟效应方法对噪声的屏蔽是一项技术很强的工作，如岩样端部摩擦声，机械转动的振动波都影响测试的准确性，否则得出的值是试样的破裂前兆值或其他噪声信号。差应变试验，主要影响曲线的正常因素如岩样的颗粒差异太大、层理、裂纹、应变片贴不实、有悬空现象等。

第四节　利用测井资料连续计算地应力

一、测井资料与小型水力压裂资料结合连续计算最小水平地应力

测井资料与水力压裂资料结合连续计算最小水平地应力的方法很多，其中具有代表性的有以下几种：

(一) Matthews &. Kelly 模型

1967 年 Matthews 8.Kelly 在 Hubber 和 Wilis 研究基础上，结合钻井过程中水力压裂提出了该模型：

$$\sigma_{H2} = k_i\left(\sigma_v - p_p\right) + p_p \tag{6-1}$$

式中：σ_{H2}——最小水平地应力；

k_i——骨架应力系数；

p_p——地层孔隙压力；

σ_v——垂向应力，由上覆地层重量引起。

(二) Anderson 模型

Anderson 等通过 Biot 多孔介质弹性变形理论导出：

$$\sigma_{H2} = \frac{\mu}{1-\mu}\left(\sigma_v - \alpha p_p\right) + \alpha p_p \tag{6-2}$$

式中：α——Biot 弹性系数。

Anderson 模型将地应力的计算提高到了一个新水平，弹性系数的引入使地层孔隙压力的作用得到了进一步认识。

(三) Newberry 模型

Newberry 针对低渗透性且有微裂缝的地层，修正了 Anderson 模型：

$$\sigma_{H2} = \frac{\mu}{1-\mu}\left(\sigma_v - \alpha p_p\right) + p_p \tag{6-3}$$

二、根据双井径测量值推导原地最大水平主应力

许多方法（包括水力压裂的方法）都只能提供原地最小水平主应力值，为了获得最大水平地应力估计值，对井眼的实际垮塌形状进行研究是有意义的。理论研究和实验室研究推断出，在各向同性的岩石中，坍塌几何形状（深度、宽度）与水平应力大小有关。由此出发，一些研究者根据井眼坍塌的实际形状提出了一些值得借鉴的测算应力幅度大小的方法。如采用应力不平

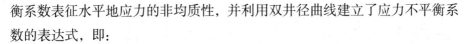

衡系数表征水平地应力的非均质性，并利用双井径曲线建立了应力不平衡系数的表达式，即：

$$\lambda = \frac{\sigma_{H1}}{\sigma_{H2}} = 1 + k\left[1 - \left(\frac{b}{a}\right)^2\right]\frac{E}{E_{ma}} \qquad (6-4)$$

式中：λ——应力不平衡系数；

a——椭圆井眼长半轴；

b——椭圆井眼短半轴；

σ_{H2}——水平最小主应力；

σ_{H1}——水平最大主应力；

E——地层杨氏模量；

E_{ma}——骨架的扬氏模量；

k——系数。

由于地应力研究的复杂性，利用测井资料来确定原地最大、最小水平地应力还有很多的工作需要进行。综上可以看到，测井资料不仅可以直观地显示出钻井后井壁的稳定性，而且可以用于估计原地应力状态。总之，由于地应力的复杂性，在地应力研究中应立足于多种资料综合分析。

三、钻孔崩落掉块与地层中的应力分布

(一) 孔壁崩落的原理

井壁崩落是由于地壳内存在水平差应力，从而在钻孔壁形成应力集中。当井孔周围水平最大主应力与最小主应力之差大于地层中岩石抗压强度时，井眼就会产生崩落掉块，形成井壁崩落椭圆，其长轴方向与最小主应力方向平行。

从井孔崩落椭圆理论和室内近似三维模拟井孔崩落试验来看，孔壁崩落有如下规律：

(1) 钻孔横截面具有明显的长轴，在四臂地层倾角井径测井记录图上，一条井径曲线比较平直，接近或等于钻头直径，而另一条井径曲线则比钻头直径大得多。

（2）椭圆孔段在深度上具有一定的长度，在同一个钻孔的不同深度上，这种崩落孔有时较短，为几米或几十米，有时相当长，达几十米，甚至上百米，但其长轴方向基本不变。

（3）在钻孔横截面的两个正交方向上均有扩径现象，一条井径曲线扩径幅度不大。而另外一条则大得多，而且扩径幅度截然不同，但仍保持有相当明显的长轴方向，四条电导率曲线均较稳定或同步变化。

（4）在钻孔横截面，出现高角度拉张的天然裂缝有一定的宽度，由于双井径曲线变化较小，难以辨别两种形态，这需要借助地层倾角的四条电导率曲线的分析，将该井段划分出来，予以剔除。

（三）用测井资料处理地层柱状三向应力分布

地层中岩石从剖面上分析是十分复杂的，含有多种岩性的岩石，其力学性质也是根据不同的岩性千变万化，岩石力学性质的连续性、层与层之间的力学关系是我们十分关心的，也是需要我们了解的内容。利用测井资料，如声波、密度、自然伽马测井曲线，通过计算，可以计算出连续的随井深变化的岩石力学参数曲线，并通过岩石力学参数曲线、地应力参数、地层孔隙压力，还可以计算出随地层深度变化的地层延伸压力曲线及柱状应力分布情况。

四、用常规测井资料识别裂缝

随着国内外测井技术的进展，对碳酸盐岩、砂岩地层的裂缝识别和裂缝性储层的评价技术有很大程度提高。用以探测裂缝的主要测井资料简述如下：

（一）电阻率测井识别裂缝

裂缝对岩石孔隙度的贡献很小，但很大程度上提高了岩石渗透率。同理，地层中的裂缝对孔隙度测井也有一定贡献，但裂缝使地层导电性变好，明显地影响电阻率曲线，有高角度裂缝的井段，且深、浅微电阻率之间出现"正差异"；地层倾角测井贴井壁四极板，在高角度裂缝层段的电导率异常，还可根据极板的方向估计裂缝走向；井壁成像技术 – 微电阻率扫描（FMS）

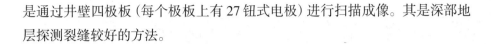

是通过井壁四极板（每个极板上有27钮式电极）进行扫描成像。其是深部地层探测裂缝较好的方法。

(二) 声波、密度测井识别裂缝

裂缝及其所含流体在岩石中形成声阻抗界面而影响声波传播，这是用声波测井探裂缝的基础。长源距纵波测井声波时差和声波测井时差由于测距不同，当出现裂缝井段，二者曲线出现差异；由于纵横波和全波测遇到高角度裂缝井段声波能量的衰减，曲线幅度变低和"人"字形的条纹，这时声波后的斯通利波出现干扰。

密度测井和变密度测井均有识别裂缝的能力，因任何岩石的双侧、地层倾角、纵横波全波、相互对比识别裂缝的密度均大于水，有裂缝的井段密度降低。为了说明电阻率测井、声波测井、岩石密度测井识别裂缝的相关性，这里将克拉玛依一区油田和部善油田测井资料的成果图汇编在一起，并加以对比，如微球聚集识别裂缝、变密度识别裂缝、长源距声波识别裂缝、岩石密度识别裂缝、电磁波识别裂缝，均在一口井，并同一个井段内。又如，双测向识别裂缝、倾角识别裂缝、纵横波识别裂缝、全波识别裂缝也是在一口、一个井段内，用不同测井方法识别裂缝且其结果相关性较好。

应用超声波井下电视，对裸眼井段进行超声波扫描录像，可直接观测天然裂缝方向、人工裂缝方向和地应力方向。超声波测井系统分为井下探测和地面控制显示两部分，中间通过铠装连接。

仪器的发射探头垂直地向井壁发射超声波，当声波遇到井壁后，产生反射波并被探头接收下来，转化为电信号，并进入阴极射线示波管内，最后将强弱不等的信号变成荧光屏上的亮点。探头以恒定的转速在井中旋转，并发射与接收信号。在探头内装有门控磁通量定向仪，从时间点可判知超声波发射的方位。仪器以较低的速度提升，则在荧光屏上就展现出井壁的图像，并且照相机和录像机自动记录下来。此方法受岩层古地磁的影响，裂缝方位要校正。

第七章　感应测井

第一节　感应测井原理

一、感应测井原理的基本过程

感应测井是一种常见的地球物理测井方法，用于获取井内地层的电阻率信息。其原理基于法拉第电磁感应定律和电磁感应现象。

感应测井原理的基本过程如下：

(1) 发射电流。在进行感应测井之前，测井仪器中的发射线圈通电激励，产生一个稳定的交流电流。这个稳定的交流电流通过发射线圈传输到地层中，达到激发地层下电磁信号的作用。这种发射电流的强度和频率是根据测井仪器的要求来设定的，以确保地层中产生的电磁信号能够被有效地接收和记录。

发射电流的激励作用是为了获取地层的电磁响应，从而获得地下储层的相关信息。通过测井仪器产生的稳定交流电流，可以刺激地层中的电荷分布变化，进而产生电磁信号。这些信号可以被接收和记录，然后进行进一步的分析和解读。

发射电流的强度和频率对于感应测井的结果具有重要影响。合适的电流强度可以确保地层中产生的电磁信号具有足够的能量，以被测井仪器准确接收和记录。而适当的频率选择可以选择性地激发特定深度的地层，从而实现对特定地层属性的测量。因此，根据地下储层的特性，选择合适的发射电流参数是非常重要的。在发射电流激励的过程中，测井仪器中的发射线圈需要合理设计和优化。线圈的平面尺寸和匝数要与地层的深度和性质相匹配，以确保电流能够充分穿透地层并激发电磁信号。此外，线圈的材料和结构也是影响发射电流效果的重要因素，优化设计可以提高感应测井的精度和可靠性。

（2）电磁感应。电磁感应是一种应用电磁学原理的测井技术，主要通过发射线圈中的电流形成一个交变磁场来实现。当这个磁场穿过地层时，会产生磁场强度的变化，进而引发地层中的电流感应现象。这个电流感应的过程遵循了法拉第电磁感应定律，即磁场强度的变化会诱导出电流的产生。

在感应测井中，发射线圈中的电流不断变化，产生的交变磁场会穿过地层。这个磁场的变化会激发地层中的导电体内部产生电流，这种电流感应作用被广泛应用于地质勘探和油气开发中。通过电磁感应可以获取地层的电阻率和导电性等信息。当交变磁场穿过地层时，不同类型的地层对电磁波有不同的响应。具有较高电阻率的地层会阻碍电流的流动，从而减弱电磁波的传播，产生较小的感应电流信号；而具有较低电阻率的地层则能够更好地传导电流，从而产生更强的感应电流信号。通过对感应电流信号的测量和分析，可以推断出地层的电阻率及其含油含水属性，进而指导油田的开发和管理。

电磁感应方法在实际应用中具有许多优点。首先，它不需要直接接触地层，无须取样，节省了时间和成本。其次，电磁波的传播速度快，可以在较短时间内获得大范围的地层信息。此外，电磁测井具有高分辨率和非侵入性特点，能对地层进行有效的非破坏性探测，尤其适用于复杂地质环境的勘探。

然而，电磁感应测井也存在着一些限制。首先，地层中可能存在各种复杂的干扰源，如盐体、矿体等，对电磁波的传播和感应电流的产生都会产生干扰。其次，地层中不同方向的层状结构、薄互层、多重反射等因素也会导致感应测井数据的复杂性和解释的困难性。

（3）接收信号。接收信号是指感应测井仪器中的接收线圈接收地层中产生的感应电流的过程。这种电流是由感应测井仪器中的发射线圈产生的变化磁场在地层中诱发的。接收线圈一般距离发射线圈有一定距离，这样可以更好地测量地层中电流的强度和方向。

感应测井仪器中的接收线圈通常由一根细长的线圈组成，其设计以最大化地接收地层中的感应电流为目的。当感应电流通过地层时，会在接收线圈上产生对应的感应电压信号。这个信号可以通过合适的电路进行处理和分析，得到地层中的电阻率、导磁率等物理参数。接收线圈的距离和位置的选择对于测量的结果有着重要影响。一般来说，接收线圈距离发射线圈越远，感应电流经过的地层厚度就越大，从而测量到的地层信息也更为丰富。同时，对于不同地质情况和需要的测量深度，可以选择不同的线圈配置，以获得更准确的测量结果。

在实际应用中，为了提高测量精度和抑制干扰，接收线圈通常采用相互平衡的方式进行布置。这样可以减小干扰源对测量结果的影响，提高测量的可靠性。感应测井中的接收信号不仅能够提供地层的电阻率和导磁率等物理参数信息，还可以用于确定地层中的含水饱和度、孔隙度等重要地质参数。通过对接收信号进行分析和处理，可以为油田勘探和生产提供宝贵的数据支持，帮助工程师和地质学家更好地理解地下的地质情况。

（4）分析数据。接收到的电流信号首先需要经过放大和滤波等处理，以确保信号的准确性和稳定性。这样处理后的信号将转化为数字信号进行记录和分析。其次，通过分析这些感应测井的数据，获得关于地层中感应电流强度和相位信息的重要参数。感应电流的信息强度反映地层的电阻率和岩石的导电性，这对于地下介质的判别和识别具有重要意义。同时，感应电流的相位信息可以揭示地层构造和层序等方面的信息，为地质结构的解释和储层的评价提供有力支持。

再次，有了感应测井中分析数据的准确记录，可以更加精确地了解地下地质构造和储层情况。以此制订更加优化的勘探方案，提高勘探成功率和资源开发效益。此外，感应测井数据还可以用于评估地下水资源和监测水文地质条件，对于水资源管理和地下水环境的保护具有重要意义。最后，在油田开发中，通过对感应电流强度和相位信息的分析，可以确定油藏的含油饱和度、渗透率和储层厚度等关键参数，为油田的开发和生产提供科学依据。同时，感应测井数据还可以用于识别油藏中的水和油的分布情况，提高油井的效能和生产效率。

（5）解释和分析。通过对地下不同深度的感应信号进行分析，可以得出地层的电阻率分布情况。地层的电阻率是指地下介质对电流的阻挡程度，不同类型的地质介质具有不同的电阻率值。在地层中，油气含量高的地层通常具有相对较低的电阻率值，而水的电阻率较高，岩石的电阻率则介于两者之间。因此，通过对地层电阻率的解释和分析，可以推断地层中油气含量、水含量以及岩石类型等重要的地质属性结论。

对于石油勘探来说，感应测井解释和分析是非常重要的工具。通过感应测井仪器获取的电阻率数据可以帮助石油工程师们决定是否存在可开采的油气储层。如果地层中的电阻率呈现出明显的低值，那么很有可能存在着富含油气的地层，这对于石油资源的开发具有重要的指导意义。此外，感应测井解释和分析还可以提供关于地层性质的更多信息。通过对电阻率数据的分析，可以判断不同岩石类型的存在及其分布情况。不同岩石类型的电阻率值有所差异，因此可以根据电阻率数据推断地层中的岩石类型。这对于地质模型的建立和研究具有重要意义，也为油气勘探提供了重要的参考依据。由于水的电阻率相对较高，因此在电阻率数据中显示为高值。总之，通过对电阻率数据的分析，可以推断地层中的水含量情况，对于水资源的开发以及石油勘探等领域也具有重要意义。

（6）数据处理和解释。首先，在解释和处理感应测井数据时，最常用的方法是与密度测井数据和声波测井数据进行对比和综合分析。密度测井数据可以提供地层的密度信息，而声波测井数据则可以反映地层的弹性特性。通过将这些不同类型的测井数据进行交叉验证和综合分析，可以相互补充彼此的不足，从而得到更准确的地层描述和地质模型。

其次，在处理感应测井数据时，常用的方法包括数据校正、噪声去除、数据插值和数据解释等。数据校正是指对感应测井数据进行校准和修正，以消除仪器和环境等因素对测井数据的影响。噪声去除则是通过滤波和信号处理等方法，将干扰信号从感应测井数据中滤除，提高数据的信噪比。数据插值是指在不连续或缺失的数据部分进行插值处理，填补数据空白，使得数据的空间分布更加均匀。数据解释则是将经过处理的感应测井数据与地质模型相结合，进行地层解释和岩性识别等工作。

再次，通过感应测井数据处理和解释，可以为油气勘探和开发提供重要的地质信息和模型。准确的地层描述和地质模型对于确定油气储层的分布、评估储量和预测产能等都具有重要意义。此外，感应测井数据的处理和解释还可以为油气井的钻井设计、完井方案的确定和生产优化等提供参考依据。因此，感应测井数据处理和解释在石油勘探和生产中具有广泛的应用前景和重要的价值。

最后，感应测井的原理是利用地层中的电阻率差异来推断地层的性质。电阻率是指物质对电流流动的阻力程度，不同的地层具有不同的电阻率。通过感应测井可以测量不同深度处地层的电阻率，并根据电阻率值的变化推断地层的类型及含油、含水等情况。总之，感应测井具有非侵入性、高分辨率和快速测量等优点，在石油勘探、地质研究和井筒工程中得到了广泛应用。

二、感应测井的应用

(一) 油气勘探与开发

所谓油气勘探与开发，就是通过分析感应测井数据，可以准确地确定地层中的油气含量情况。首先，感应测井技术能够通过测量电磁感应的响应来推断地层中的电阻率变化，进而判断地层中可能存在的油气资源。这对油气勘探者来说是非常宝贵的信息，可以帮助他们在选择勘探目标和确定钻井方案时做出更加明智的决策。

其次，感应测井技术还可以预测储层的类型和性质。不同类型的地层具有不同的电阻率特征，通过感应测井数据的分析，我们可以判断储层是由砂岩、页岩还是泥岩等组成。同时，感应测井还可以提供有关储层孔隙度、渗透性、饱和度等参数信息，从而帮助评估储层的质量和潜在产能。感应测井的另一个重要应用是评估油气储量和产能。感应测井数据中的电阻率信息可以用来计算地层中的油气储量。通过测量储层的电阻率，并结合地层体积和孔隙度等参数，可以对储层中的油气资源进行定量估计。这对于决策者来说至关重要，可以帮助他们评估项目的经济可行性和潜在收益，从而指导投资和开发决策。

最后，感应测井还可以指导油气开发策略。通过对感应测井数据的分析，决策者可以了解到目标地层的地质特征和油气含量情况，从而制定出相应的开发策略。比如，在评估了储层的渗透性和含油饱和度等参数后，可以选择合适的开采方法和生产方案，提高开发效率和生产效益。

(二) 岩性识别与解释

岩性识别与解释：感应测井可以提供地层的电阻率数据，这有助于确定岩石类型和性质。通过对比不同地层的电阻率值，可以识别岩性转换和界面，判断地层的组成和特征，包括岩石的成分、孔隙度、饱和度等，为地质解释和岩性描述提供重要依据。

岩性转换和界面是指不同岩层之间的过渡区域和接触面。这些转换和界面往往具有不同的电阻率数值，因为不同岩层的成分和孔隙度不同。通过感应测井，测量人员可以准确地识别和定位这些转换和界面，进一步了解地层的组成和特征。感应测井不仅可以提供岩石的成分和孔隙度信息，还可以提供饱和度等相关数据。饱和度是指地层中有效孔隙（非岩石颗粒充填的孔隙）中储存的流体（如水或油等）的比例。在感应测井中，通过测量地层的电阻率来推断饱和度的变化，并进一步了解地层中流体的分布情况。

岩性识别与解释对于地质解释和岩性描述非常重要。通过感应测井提供的电阻率数据，地质学家可以确定地层的岩石类型、组成和特征等。这不仅有助于准确地划分地层，还可以帮助地质学家理解沉积过程和构造演化，进而为石油勘探和开发提供重要依据。

（三）水文地质研究

水文地质研究是为了解地下水的特征而进行的一门研究。在这个领域中，感应测井是一种常用的技术手段，通过分析感应测井数据可以获得地层中的电阻率信息。感应测井能够有效地帮助测量人员确定地下水的饱和度、含水层的厚度和延伸范围等重要参数，对于评估地下水资源的潜力具有重要意义。通过感应测井技术，测量人员可以更准确地了解地下水资源的分布情况。通过对感应测井数据的分析，测量人员可以确定地下水的饱和度，即地层中水分占总体积的比例。这对于水资源的评估非常重要，能够帮助了解地下水资源的利用率和潜在储量，为地下水资源的开发和管理提供科学依据。

同时，感应测井也可以提供含水层的厚度和延伸范围的信息。这对于水文地质工作者来说，是非常重要的数据。通过感应测井数据的分析，测量人员可以确定含水层的厚度，从而进一步了解地下水资源的容量，并进行相应的水文地质建模和水文预测。此外，通过感应测井数据还可以确定含水层的延伸范围，这对于未来的水资源规划和管理具有重要的指导意义。在水文地质研究中，感应测井技术也为地下水的开发和管理提供了指导。通过分析

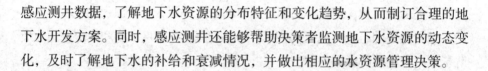

感应测井数据，了解地下水资源的分布特征和变化趋势，从而制订合理的地下水开发方案。同时，感应测井还能够帮助决策者监测地下水资源的动态变化，及时了解地下水的补给和衰减情况，并做出相应的水资源管理决策。

(四) 井筒工程和井壁稳定

井筒工程和井壁稳定：在井筒工程中，井壁稳定是一个至关重要的因素。如果井壁稳定性不好，钻井过程中就会面临一些严重的问题，比如井壁塌陷、井壁垮塌等，这不仅会导致钻井进度延误，还会造成财产损失甚至是人员伤亡。因此，施工人员需要借助感应测井技术来及时获取井壁稳定性的信息，以便及时采取相应的措施，确保井壁的稳定性。

感应测井技术可以通过电磁感应原理来获取井壁岩石的电导率、磁导率等物理参数，从而间接推测出岩石的类型和稳定性。电导率是一个反映岩石含水量和矿物组成的重要参数，而磁导率则可以帮助人们判断岩石的磁性性质。通过分析这些参数的变化，测量人员可以了解井壁的组成情况，并对其稳定性进行评估。此外，感应测井技术还可以提供关于井壁附近的地应力和应变状态的信息。地应力是指地层中由于地球自身重力而产生的应力情况，而应变则是地层中岩石的变形情况。通过感应测井仪器获取到的地应力和应变数据，可以帮助施工人员了解井壁附近地层的力学特性，并据此指导井筒设计和井壁加固工作。这样，施工人员就可以针对不同类型的地层，采取适当的加固措施，确保井筒的安全性和井壁的稳定性。

(五) 地震学与地质构造研究

地震学与地质构造研究：感应测井可以提供关于地下地层结构的电阻率信息，有助于地震学和地质构造研究。通过分析感应测井数据，可以确定地下构造和断层的位置、性质和延伸范围，评估地下地层的连通性和地形特征，为地质构造解释和地震勘探提供信息支持。

三、感应测井关联的学科

感应测井涉及的相关知识主要包括地球物理学、电磁学、岩石物理学、石油地质学、工程地质学等多个学科领域。具体来说，涉及的主要方面包括：

（1）地球物理学。地球物理学是研究地球物理现象和地球内部结构的学科，感应测井作为地球物理勘探的重要方法，涉及地球物理参数的测量、分析和解释，例如电阻率、电导率、磁化率等地球物理参数。

（2）电磁学。感应测井利用电磁感应原理来获取地层信息，因此涉及电磁场的产生、传播、感应等基本原理，以及电磁场与地质介质的相互作用。

（3）岩石物理学。岩石物理学是研究岩石物理性质及其与地质构造、地质勘探等方面关系的学科，感应测井需要对不同类型岩石的电阻率特征有深入的了解，包括岩石的孔隙度、孔隙流体类型、孔隙结构等，这些知识都属于岩石物理学范畴。

（4）石油地质学。感应测井在石油地质勘探和开发中有广泛应用，因此需要涉及常规地质学知识，包括地层描述、岩性识别、油气藏类型、储层特征等方面的知识。

（5）工程地质学。在井筒工程和井壁稳定方面，感应测井也涉及工程地质学知识，例如地下应力、岩屑分析、井壁稳定性评价等方面的知识。

第二节　感应测井曲线的应用

感应测井是利用感应原理和电磁感应技术来测量地层的电阻率信息，其记录的数据以深度为坐标，形成了各种曲线，这些曲线常被称为感应测井曲线。

一、方法

感应测井方法一般通过向地层发送高频交变电流，产生电磁场，然后利用测量接收线圈接收感应电磁场产生的信号。根据不同的测井原理和仪器设计，感应测井方法包括不同的类型，如：

（1）传导测井（Induction Logging）。利用一对或多对发射－接收线圈，在井孔中产生交变电磁场，通过测量感应电磁场的信号来推断地层的电阻率。

（2）侧向感应测井（Laterologging）。采用多探头排列的电极来产生电场，通过测量电阻率和电导率变化推断地层性质。

（3）微波感应测井（Microlaterologging）。其利用微波技术进行测量，对地层的电阻率产生响应。

这些方法均是通过在井中产生电磁场，并通过测量感应电磁场的响应来推断地层电阻率信息。

二、感应测井曲线的概念

感应测井曲线是测井仪器测量得到的电阻率或导电率数据在井深上的变化曲线。常见的感应测井曲线包括自然伽马曲线、中子孔隙度曲线、电阻率曲线等。这些曲线提供了反映地层物性、岩性、孔隙度等信息，是勘探地质学和岩石物理学分析的重要数据基础。

三、感应测井曲线的应用方向

钻井工程：根据感应测井曲线中的电阻率变化，可以评估井眼的尺寸和形态。通过分析电阻率测量结果，可以确定井内的岩石类型、井眼的形态和尺寸，为钻井设计和操作提供指导。

（1）特殊地质环境评估。感应测井曲线可以在特殊地质环境下提供有价值的信息。例如，在含有盐水或高盐度地层的区域，感应测井曲线可以用于区分盐水和非盐水，识别地下水和岩石电性的变化。

（2）环境调查与监测。感应测井曲线可以用于环境调查和监测，例如监测土壤和地下水的质量和污染程度等。通过感应测井曲线中的电阻率信息，可以推断不同地下层的含水饱和度、盐度和污染程度，提供环境管理和修复方面的参考。

（3）地质模型建立。感应测井曲线可以用于建立地质模型，包括地层的层序分析、油气藏的模拟和预测。通过分析测井曲线中的电阻率变化，可以确定地层的储量分布、孔隙结构、流体饱和度等，进而建立更准确的地质模型。

（4）水资源管理。感应测井曲线可以用于评估地下水资源和管理水资源。通过分析电阻率测井曲线，可以确定地下水饱和度、含水层的厚度和延伸范围等，为水资源调查、管理和保护提供决策支持。

第八章　成像测井

第一节　电成像测井

一、微电阻率扫描成像测井

（一）地层微电阻率扫描成像测井

地层微电阻率扫描成像测井（FMS）是一种以极板为基础的聚焦型微电阻率测井装置，其外形与高分辨率地层倾角测井仪相似。它包括电极系统、液压系统、二维加速计，磁力计，多路转换器、前置放大器及遥测装置等。

FMS的电极系统由四个液压推靠极板组成。1号和2号极板上都有两个测量电极和一个供电电极，3号和4号极板由27个互相绝缘、直径为0.2in的小电极（称纽扣电极）组成。纽扣电极在纵向上分成4排，第一排为6个电极，其余三排均为7个电极，每排两个相邻电极中心之间的间隔为0.4in，上下两排电极中心之间的间隔为0.1in，以保证电极的探测范围之间有50%的重叠。27个纽扣电极安装在宽约8cm、长约9cm、厚约1cm的铜板上，铜板被固定在仪器的极板上，地层微电阻率扫描测井仪的极板是按8.5in井眼设计的。在8.5in井眼中，两个微电阻率扫描极板对井壁的覆盖范围约为20%。

加速度计和磁力计能给出极板的精确方位，并可对资料进行速度校正。在测井过程中，借助液压系统，极板紧贴井壁，极板和小电极向地层发射极性相同的电流，仪器上部的金属外壳作为回路电极。极板的电位恒定，极板上发射的电流对小电极的电流起着聚焦作用，从小电极流出的电流通过扫描测量方式被记录下来。由于极板的电位恒定，回路电极离供电电极较近，小电极的电流大小主要反映井壁附近地层的电导率。当地层中出现层理、裂缝或粒度和渗透率的变化时，小电极的电流也随之变化。扫描测量27个小电极电流的变化，然后进行特殊的图像处理，就可以把井壁附近各点之间的电

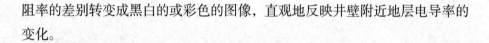

阻率的差别转变成黑白的或彩色的图像，直观地反映井壁附近地层电导率的变化。

（二）全井眼地层微电阻率扫描成像测井

全井眼地层微电阻率扫描成像测井（FMI）是在 FMS 基础上发展起来的，FMI 仪器主要由四臂八极板电极系、液压装置、采集短接，测斜仪，绝缘体 5 个部分组成。该仪器除具有 4 个极板外，在每个极板的左下侧又装有翼板，翼板可围绕极板轴转动，以便更好地与井壁相接触。8 个极板上共有 192 个电极，每个电极都是由直径为 0.16in 的金属纽扣以及外加的 0.24in 绝缘环组成的。纽扣电极的分辨率达 0.2in。对于 8.5in 井眼，FMI 的井壁覆盖率可达 80%，能更全面、精确地显示井壁地层的变化，极板下部两个大的圆电极用于测量地层倾角。

FMI 测量时，8 个极板全部紧贴井壁，由地面成像测井装置控制向地层发射电流，记录每个电极的电流及所施加的电压，它们反映井壁四周地层微电阻率的变化。

微电阻率成像测井数据需要进行自动增益和电流校正，对失效电极的测量值进行填补、速度校正、电极方位定位等预处理及数据的"静态"归一化和"动态"归一化处理与图形显示处理。

"静态"归一化使得在较长的井段内通过灰度和颜色的比较来对比电阻率。"动态"归一化能显示局部范围内微电阻率的相对变化。

当一平面与井身圆柱体垂直相切时，井壁在 0°～360° 的展开图上呈一直线。当平面与井身圆柱体斜交时，井壁与斜交平面切出一椭圆，在 0°～360° 的展开图上呈正弦曲线状。平面与井轴相交的角度越大，则正弦曲线的幅度越大，并能从展开图上确定平面的倾角与走向。根据这种图像显示，就可以确定地层的层理或裂缝的产状等，从而能利用井壁图像研究井壁地层的有关地质特征。

（三）资料解释与应用

通常在一个地区，选有代表性的参数井进行取心，并作全井眼微电阻率扫描成像测井。通过与岩心柱的详细对比，研究有关地质特征在图像中的显示，就能充分地利用这些特征解决地质问题。由于地层微电阻率扫描成像测井的分辨率高，在识别薄层、孔隙变化、裂缝以及沉积特征方面具有广阔的应用前景，因此在一个地区一定要选几口有代表性的参数井或关键井进行地层微电阻率扫描成像测井，并与岩心进行对比，找出地质特征的变化规律。这样可以大量减少取心井数，同时又能为油田勘探与开发提供重要而丰富的地质信息。

二、阵列感应成像测井

阵列感应成像测井测量具有不同径向探测深度和不同纵向分辨率的电阻率曲线。与双感 – 浅聚焦测井不同，阵列感应成像测井除了得到原状地层和侵入带的电阻率外，还可研究侵入带的变化，确定过渡带的范围。根据获得的基本数据，可以进行二维电阻率径向成像和侵入剖面的径向成像。

(一) 阵列感应成像测井原理

斯伦贝谢（Schlumberger）公司的阵列感应成像测井仪（AIT）采用一个发射线圈和多个接收线圈对，构成一系列多线圈距的三线圈系。该仪器具有一个多发射线圈和8组接收线圈对，实际上相当于具有8种线圈距的三线圈系。

阵列感应成像测井能测出28个原始信号。对原始信号进行井眼校正后，再经软件聚焦处理，可得出三种纵向分辨率（1ft、2ft、4ft），而每一种纵向分辨率又有5种探测深度（10in、20in、30in、60in、90in）的电阻率曲线。

(二) 阵列感应成像测井软件聚焦

"软件聚焦"即用数学方法对原始测量数据进行数据处理，得出3种纵向分辨率和5种探测深度的阵列感应合成曲线。根据阵列感应成像测井合成的5种探测深度曲线，就可研究井周围介质的径向变化。用1ft纵向分辨率的曲线研究薄地层，2f纵向分辨率的曲线可与双相量感应测井曲线进行对比，4t纵向分辨率的曲线可与双感应测井曲线进行对比，这对研究老井资料十分有用。

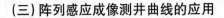

(三) 阵列感应成像测井曲线的应用

阵列感应成像测井提供 3 种纵向分辨率和 5 种探测深度的曲线，可以划分薄地层，求取原状地层电阻率和侵入带电阻率，并可研究侵入带的变化，得出过渡带的内外半径。

三、方位电阻率成像测井

方位电阻率成像测井是在双侧向测井的基础上发展起来的。方位电阻率成像测井仪共有 12 个电极，装在双侧向测井的屏蔽电极的中部，12 个电极覆盖了井周方位范围的地层，能测量井周围 12 个方位上地层深部电阻率及井周围地层电阻率的平均值（LLHR），同时保留了深浅侧向的测量。

通过每个电极的监督电极、屏蔽电极及其他相同极性电极和相邻方位电极的屏蔽作用，电流沿电极张开角的方向流入地层。测量每个方位电极的电流和电极相对于铠装电缆外皮的电位，用下式即可计算出 12 个方位的电阻率：

$$R_{AZ} = K \frac{U_M}{I_{AZ}} \tag{8-1}$$

式中：I_{Az}——每个方位电极的供电电流；

U_M——环状监督电极 M_3（M_4）相对于铠装电缆外皮的电位；

K——电极系数，对在现场应用的电极系，其值为 0.0142。

利用式 (8-1)，对每个深度处可计算出 12 个电阻率值，该电阻率相当于每个电极供电电流所穿过路径上介质的电阻率，穿过的路径包括在电极 30° 张开角所控制的范围。因此，当井周介质不均匀或裂隙存在时，得出的 12 个电阻率就会有变化，据此可以找出井周地层的非均质变化，这对地质和采油工程具有重要的指导意义，这种测井方法是一种近似的三维测井方法。

四、井壁电成像测井

电阻率测井是最早使用的测井方法。通过不同的电极系结构设计可以实现不同探测深度和不同纵向分辨率的电阻率测量，在地层评价中发挥着重要作用。微电极测井仪是一种电极距尺寸较小的井下仪器，因此探测深度也比较浅，主要用来测量侵入带电阻率或冲洗带电阻率。最早的微电极测井仪以电位电极为基础，无聚焦装置，两个电极分别测量较浅处泥饼的电阻率值和较深处冲洗带的电阻率值，二者的差异反映了地层的渗透特性。为了克服由于泥饼存在造成的对高阻地层和高电导率地层的影响，微侧向测井仪采用屏蔽聚焦原理，使得工作电流可以穿过泥饼，测量井壁附近的电阻率。另一种以微球形聚焦方法为基础的装置对泥饼也表现出较小的灵敏度。为了确定层面的方位，出现了一种基于多极板的微电阻率测井装置——地层倾角测井仪。该仪器由若干个臂组成，测量的时候可以用机械或液压手段把极板压向井壁，装在极板上的微电极可以测量与极板接触点的井壁电阻率，倾斜地层对不同方位、不同深度产生电阻率异常，经过处理可以获取地层的产状信息。

在地层倾角测井技术基础之上发展起来的地层微电阻率扫描成像测井仪在极板上安装了许多纽扣状的小电极，由于地层的非均质性，电极接触的岩石成分、结构及所含流体的不同，会引起流向井壁地层电流的变化，电流的变化反映了井壁各处电阻率的变化。通过不同颜色显示不同电阻率值，可以获得井中测遇地层序列岩心般的微电阻率成像图，为测井解释提供丰富的地质信息。

(一)物理基础和方法原理

微电阻率扫描成像测井采用阵列式传感器，即在多极板上安装多个纽扣状的测量电极，测量的时候考虑了探测深度、纵向分辨率和周向覆盖范围，使得测井由平均化测量向阵列化测量演变，其结果是突出对地层非均质性做出响应。为了把测量数据转化为图像，必须有足够的采样密度，因此极板和纽扣电极的设计非常重要。为了获得好的图像分辨率，不丢失数据，极板的个数、纽扣电极的尺寸及间隔、采样速度都要经过严格设计。EMI成像测井仪极板及电极结构为：每个极板上有25个电极，共有150个电极。每个电极阵列包括上下两排电极，上排12个，下排13个。两排相距0.3in，相错0.1in，即上下相邻的两个电极之间有半个电极是重叠的，这样在测量的时候，在电极阵列所控制的横向范围内所有的井壁表面全部能被电极扫过，而横向分辨率可以达到0.1in。每个电极都是由直径为0.16in的金属和0.24in

的绝缘环组成。电极之间采用分立绝缘环，有利于信号聚焦，达到0.2in的分辨率。微电阻率扫描成像测井仪在极板和回路电极之间提供一定的电流，测量纽扣电极的电流并以刻度标示出电阻率——该电阻率代表着纽扣电极正对着地层的电阻率。

为了保持较高的纵向分辨率，同时又有较深的探测深度，微电阻率扫描成像测井仪采用侧向测井的屏蔽原理，使得纽扣电极发射出的电流具有聚焦能力，位于遥测短节外壳上部的电极产生交流电，交流电通到下部电极。电极的极板为导电金属体，电极与金属板间保持很好的绝缘性。由电源供给极板和电极相同极性的电流，并使极板与电极的电位相等，由电极流出的电流受到极板的屏蔽作用，沿径向流入地层。

积分结果表明，地层电阻率高，电极的接地电阻大，纽扣电极发射的电流强度变小；地层电阻率低，电极的接地电阻小，电流强度变大。因此测量每个电极的电流变化，就能够反映井壁上地层电阻率的变化。微电阻率成像测井仪EMI的六个成像测量极板上的150个电极，通过一个低阻抗测量电路与下部电极系相连。测量的电极上的电流强度反映出电极正对着的地层部分由于岩石结构或电化学的非均质性所引起的电阻率变化。通过数据处理和图像处理，可以获得反映纽扣电极覆盖处地层电阻率变化的图像。

从微电阻率扫描成像测井的原理可以看出，该方法采用了微电极侧向聚焦的测量原理，因此探测深度与浅侧向测井、数据聚焦测井以及短屏蔽测井的探测深度基本一致，测量的电阻率反映了地层冲洗带电阻率。

(二) EMI仪器结构与质量监控方法

1. 仪器结构

哈里伯顿公司的地层微电阻率成像测井仪EMI是在获奖技术六臂地层倾角测井（SED）技术基础上发展起来的井壁成像测井仪。EMI的机械部分以SED的六个铰接极板为基础，各极板装在一个独立的支撑臂上，每个臂能够各自独立地伸缩，从而改善了电极与地层的接触。EMI仪器主要包括以下几个部分：

（1）隔离短节。

（2）遥测短节。用于传输数据，由电极采集的地层信息、各种辅助测量

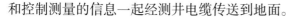

和控制测量的信息一起经测井电缆传送到地面。

（3）电子线路。

（4）外部绝缘。它把电子线路外壳与探测器分开，使电流从极板流入地层，回到电子线路外壳，且使极板和回路电极间有一定的电位差。

（5）导航包。EMI仪器内置一个完整的导航包，它由三个正交的磁感应加速度仪和三个正交的磁倾角仪组成，可提供有关仪器在井中位置、运动方向和方位的精确信息。仪器在测井中采集的大量信息可通过哈里伯顿公司的数字交互式遥测系统（DTTS）以数字方式传送到地面。

（6）探头。EMI仪器上下部位均采取了居中措施，从而优化了六个极板在井壁四周的分布，在水平井和大斜度井中作用尤为明显。EMI的六个臂彼此独立，任何一个臂的张开程度与其他臂无关，把每个臂上的极板安装在一个垂直的轴上，极板可围绕该轴自由转动，这种结构使极板和井壁平行，无论在椭圆形井眼，还是在斜井中，甚至在严重不规则的井眼中，极板和井壁都能保持良好的接触，这样就保证了图像的质量。

2. 质量监控方法

为了获取高质量数据和高清晰图像，EMI采取质量控制，通过对数据的现场处理，保证测量结果的可靠性。

（1）当极板压力太低的时候会使某些极板出现模糊不清的现象。通过增加极板压力，可提高成像质量，但应该注意的是极板压力太大可能会使仪器遇卡。

（2）改变极板的测量方位，使得同一地层使用不同的极板测量，可以提高测量的精度，减少了由于个别纽扣电极工作不正常引起的测量误差，还可以判断纽扣电极的工作状态。哈里伯顿公司还推出了增强式微电阻率成像测井仪XRMI，是专为提供岩心般高精细地层成像而设计的。该仪器可以在更高的环境下获取高质量的数据，提高了高矿化井液条件下的成像质量。通过32位的数据采集系统和增加发射功率提高该仪器的应用范围。

（三）采集的基本信息与数据处理方法

1. 采集的基本信息及基本用途

（1）地层微电阻率扫描成像测井原始数据。其主要包括：微电阻率图像、微电阻率曲线、1号极板方位曲线、井斜曲线、井径曲线、加速度、张力及有关质量控制曲线等。EMI 成像测井仪既可以按成像方式测井，也可以按倾角方式测井。

（2）原始数据的用途。

①利用 EMI 测的三井径曲线及 1 号极板的方位曲线，确定井眼的扩径方向。

②利用井眼方位角及其井斜数据可以计算井眼的轨迹。

③利用测量的极板纽扣电极电阻率曲线可以量化成高分辨率的电阻率曲线。

④原始数据可以生成质量监控图像。

⑤原始数据经过处理后可以生成反映地质现象的图像。

2. 原始数据处理

EMI 测量的是电极的电流强度，从这些测量信息中提取地层地质特征信息需要经过两个过程：一是将测量的信息映射为地层微电阻率图像的成像过程，二是从处理的微电阻率图像中提取地层地质特征的过程。哈里伯顿公司开发的图像处理和分析软件系列提供了多种成像资料的可视化处理与分析手段。这种交互式软件可对成像资料进行更为详尽的后处理分析，有助于测井分析家在 EMI 解释过程中提取重要信息。该程序不仅可以对成像资料进行分析，还可以对图像进行增强处理，有利于更加精确地识别储层特征。主要处理方法包括：数据的预处理，成像增强，居中处理，三维图像生成，用交互式方式拾取不同类别的倾角信息（手动或自动），改进了成像增强技术、用井径资料绘制动态井眼剖面图，以及二维和三维可视化处理显示。

（1）预处理。

①电压校正。电压校正是为了考虑发射电流的变化所产生的图像失真。在测井过程中，仪器动态地改变这一电流，以使在具有很大电阻率差异的情况下，电流强度也处于最佳操作范围之内。在高电阻率的地方，发射电流加大，以使足够的电流流入地层；相反在低电阻率的地方，发射电流减少，以避免出现电压饱和。结果造成了不同井段内相同导电特性的地层，在扫描曲线上对应着不同的导电特性。特别当测量井段之间地层电阻率反差很大的时候，这个问题更加突出。电压校正可以消除因仪器通过电阻率差异很大的一

段地层时所引起的图像畸变。

②标准化处理。在测井过程中，各电极表面形成的泥浆膜、油膜或其他污染物等随机因素在不断变化，电极与井壁的接触情况也各不相同，极板上的电极响应特性也很难一致，这样对相同电阻率的地层，各电极记录的数据就会存在差异。标准化处理就是使所有电极在较长的井段内，具有基本相同的平均响应。

(2) 深度校正。

①加速度校正。仪器在井下运动的时候，由不规则井眼状况引起的仪器不规则运动及轻微的粘卡会使速度在正常值附近发生小的波动变化，特别是在仪器遇卡和解卡时，井下仪器从一个停止到另一个停止跳跃式地移动，仪器运行速度和地面测量的电缆运行速度的不一致，将引起曲线的畸变。因此通过加速度计测量得到的加速度信息可以帮助速度校正。加速度经过一次积分后得到仪器的瞬时运行速度，再积分就可以求得任何时间间隔中井下仪器的旅行长度。哈里伯顿公司先进的加速度校正算法以高采样率的 Z 轴加速度仪测量为基础，对微电阻率数据进行两步处理，可以消除或减少成像图上因速度不一致造成的图像畸变。

②极板深度对齐。由于不同的电极在极板经常在垂直方位上处于不同的位置，使电极响应存在深度差。数据处理时应进行深度对齐。

3. 图像处理

(1) 色彩标定。在结果显示中，需要把电流强度转化为不同色彩的图像，根据信息的不同，有两种选择色标的方法。如果需要将图像与大规模的相描述等信息进行对照，可选用所谓静态方式的灰度标度或色彩标度。在这种方式中，仪器的响应对应于某储集层的一个大的深度段内所进行格式化处理，而且这意味着在这一深度范围内具有相同灰度或色彩的各处电阻率均相同。静态方式的优点是可以通过灰度或色彩表示的明暗图像的对比来进行电阻率的对比。由于含有盐水钻井液的高渗透率地层的电阻率比低渗透率地层的电阻率低，所以可用这种方法获取渗透层的有效厚度并推断水层的渗透率。该方法的缺点是微电阻率的细微变化在图上显示不出来，为了显示图像的细节，可以采用所谓动态方式显示，即在一个很小的纵向窗口内，使用灰度或色彩的全范围刻度，这样可以获得较详细的显示结果。这种动态方式的缺点是图像的灰度级别仅指示在这一小的窗口的内电阻率的相对变化，并无法在大范围内根据图像的灰度对电阻率进行对比。

（2）图像增强可以重点突出某一给定层段内的特征。例如，具有中等电阻率地层的倾斜特征可能会因与电阻率低的裂缝或电阻率很高的胶结物相邻而消失，因为这时图像上所突出的是裂缝或胶结层。图像增强将使电阻率极高与极低的地层的反差减小，而使中等电阻率地层的信号得以增强，这种增强是在一个滑动窗口内进行的，在这个窗口内，应用灰度或色彩的全部刻度范围来限制电流直方图上的面积。图像增强主要包括水平特征增强、垂直特征增强等。

（四）图像解释的地质基础及解释方法

1. 图像色调及形态的组合

成像测井的图像特征主要表现在颜色变化和几何形态两个方面。成像图像是以色级的变化表示电阻率的变化。像素色彩按照白黄橙黑的序列变化刻度为不同的等级，总体上可划分出4个色调：亮、浅、暗和杂色。对应物理参数即为高阻、低阻、或不均一变化。不同色调组成的图像按其形态又可分为块状、线状、斑状、杂乱及条带等不同形态。图像色调及形态的组合为某种地质现象在成像图上的直观映射。

（1）块或段状模式。其是指成像图上基本无色级变化的均质块或段。根据色级及截切关系可分为亮段、暗段和亮暗段截切。亮段指示地层电阻率较高的、较均匀致密的岩性，暗段指示地层电阻率相对较低的、较疏松的地层，亮暗段截切指示由于错断、冲刷面、再作用面等因素造成的岩性的截切接触。

（2）条带状模式。其是指成像图上明暗相间的规则条带状，相当于亮块、暗块模式的岩层以薄层、极薄层的形式相互叠覆，指示具有较高电阻率的砂岩或碳酸盐岩层和具有较低电阻率的泥岩层以互层形式反复出现。根据其连续性，又可进一步分为连续的明暗条带和不连续的明暗条带。连续的明暗条带表明由高阻和低阻层构成的互层结构的空间延续性在穿过井筒的范围内是稳定的，不连续的明暗条带则表明互层结构延续范围较小，在井筒范围内即发生了横向的非均质变化。

（3）线状模式。其主要指在成像图上某一色级背景上突然出现了相对变亮或相对变暗的线形展布，从而使图像形成各种线纹状变化现象。在多种地质特征具有这一现象，根据色级、组合及分布形式可分为单一亮线、单一暗线、组合线状和断续线状等。单一亮线指相对暗色调背景上出现的高阻或高密度物质充填的裂缝、缝合线、断层面等；单一暗线是指亮色调背景上由低阻或低密度物质充填的裂缝、缝合线、断层面等，据此可有效地识别裂缝。组合线状指成组出现的线状模式是密集的层面、层理、裂缝组合及熔岩流线的指示，可以根据线状不同组合的形式来判别层理类型；断续线状指成组出现的线状层在井筒内不连续变化，是断续层面、层理及其他非连续线状成因事件的反映。

（4）斑状模式。其是成像图在均匀色级背景上出现斑状和跳色级的突变的电阻率色块，是与基质背景有电阻率差异地质现象的指示，分亮斑和暗斑。亮斑指示相对低阻背景下高阻的砾石、化石、结核及高阻物质充填的孔洞等；暗斑指示相对高阻背景中低阻的泥砾、化石、结核及低阻物质充填的孔洞等。

（5）杂乱模式。其是指成像图上色级及形态变化杂乱、模糊。可能指示沉积构造的变形、扰动、滑动及其他导致图像质量变差的客观因素，如井眼不规则，极板与井壁接触不良等。

（6）递变模式。其是指成像图上色级均匀递变的块状层，是由于地层电阻率均匀递变引起的，指示沉积构造中的递变层理。

（7）对称沟槽模式。其是指成像图在360°展布成近180°对称出现的暗色条带，一般是椭圆井眼的指示，即井眼由于地应力形成的椭圆形崩落，在该方位上，由于极板常常不能紧贴井壁，从而产生暗色的条带。

（8）空白模式。其是指在正常成像图中出现局部空白段，是由于仪器通讯断开，工作不正常引起的。

（9）规则条纹模式。其是指在正常成像图背景上出现的规则倾斜或平直的条纹变化，是由钻具刮擦等工程原因引起的。与前述线状模式的区别是它由人工原因造成，形状一般更加规则。

（10）不规则条纹模式。其是指由于工程原因造成仪器振动，从而在正常成像图背景上出现不规则的花纹状条纹变化，在成像图上较易识别。

以上模式建立了图像与地质现象以及仪器因素之间的关系的图像差异，结合解释模式。通过分析、研究 EMI 图像上的表现特征，可以帮助我们识别与沉积构造有关的信息，并能够实现对其产状的计算。下面重点讨论各种地质现象的解释方法：

2. 岩性识别

一般情况下，颜色指示了岩性的变化。由于泥岩的电阻率较低，因此在电成像图上显示为黑色特征，常见水平层理、块状层理及生物扰动构造；砂岩显示为浅色甚至白色微小的点状特征，胶结物不同，在图像上的颜色深浅不同，快速沉积或重力流沉积常显示为块状特征，在牵引流下形成的砂岩多发育交错层理；由于砾岩表现为高阻特征，而胶结物和充填物为低阻，所以在成像图上为不规则的高阻白色与低阻特征相混杂，在有利的情况下，成像资料可反映砾石的分选磨圆情况及砾石的排列规律，进而可推断沉积特征。

3. 地质构造的识别

确定地层产状是通过对成像测井资料的分析，以及对层理进行拾取的基础上进行的。通过对单井地层产状描述，可以研究区域地层产状的变化规律，进而通过对地层产状变化的分析来确定地质构造和断层。

4. 沉积构造分析

沉积构造分析主要包括识别沉积构造、沉积韵律用以研究沉积环境，获取高分辨率地层信息和沉积特征。

(1) 层面构造。

①冲刷面。一般冲刷面为一凹凸不平的界面，往往其下是低能的泥岩或泥质粉砂岩，其上为将下部地层冲刷起来而形成的含泥砂砾岩段。成像图上可以看到一个凹凸不平起伏的界面，倾角图上表现为上、下两种不同倾角矢量模式的间断，通常上部倾角大、下部倾角小。

②波痕。成像图上，浅色特征（砂质）显示为波浪状，波峰尖锐，波谷圆滑，波谷被黑色特征（泥灰）充填。由于波痕为层面构造，因此在一般剖面图像上难以观察判断。

(2) 层理构造。

①槽状交错层理。其是高能态的水流层理的指示，其层系界面和纹层均呈弧形截切。成像图上表现为一套不同角度的正弦曲线形态，两层系界面

间弧形截切的纹层呈现明暗相间的条纹。倾角图上表现为一组小红、蓝模式组合。

②板状交错层理。为层系界面平行、纹层组向底部收敛的水流层理，是直接反映古水流方向的水流层理类型。在成像图上可以识别出几个平直的层系界面，每个层系内纹层显示底部收敛、顶部截切的明暗条纹。在倾角图上表现为一组模式线彼此平行的红、蓝模式组合。

③斜层理。为层系和纹层交切关系不清的交错层理或单向斜层理。在成像图上表现为一组明暗条纹相间的正弦曲线。倾角图上表现为单一的低 – 高角度蓝模式或红模式。

④递变层理。在成像图上粗岩性表现为亮色、细岩性表现为暗色。因此，从下向上的递变层理在成像图上表现为由亮色至暗色的颜色递变或相反。

⑤透镜状层理。透镜状层理以泥质沉积为主，砂质沉积被包围在其中。在成像图上表现为暗色条纹夹透镜状亮色斑块。

（3）变形构造。

①负载构造：在图像上显示为高阻白色条带（砂岩）底面（与低阻黑色特征的泥质物接触的轻微突起，呈瘤状，数量不等且不对称。

②包卷层理：在图像上可明显看出纹层扭曲呈圆形、半圆形、椭圆形或不规则的圆形特征。

③滑塌构造：在成像图上，滑塌构造表现为横卧或倒转的特征，原生层理受到强烈揉皱、变形，甚至出现小型断层。

（4）化学成因构造。此类构造是指在成岩作用过程中或成岩作用后，由化学作用所形成的构造。这类次生成因的构造多是沉积和溶解两种作用的结果。属于这一类的构造有晶痕和结核。在成像解释中遇到的主要是结核。结核是岩石中自生矿物的集合体，主要是不固结岩石中的呈溶液状态的分散物质重新分配和集合，并逐渐增长而形成的。按结核的成因，可分为同生结核、成岩结核和后生结核三类。表现在成分、结构、颜色等方面与围岩有显著差别。

（5）生物成因构造。

①结核：在成像图上一般呈黑色或白色团块。同生结核在图像上显示同

心似球状特征，中央的核为高阻白色或低阻黑色，结核不切穿层理，层理绕结核弯曲而过。成岩结核在图像上结核中央呈白色或黑色，可见结核切穿部分层理，部分层理绕结核弯曲，结核内保留残留围岩层理。后生结核在图像上，结核切穿层理，无层理绕结核弯曲现象，形状较为不规则。

②生物钻孔构造：成像图上显示不规则的亮色线状条纹或斑块状。垂直虫孔指示高能浅水环境，水平虫孔指示低能浅水环境。

③生物扰动构造：在图像上生物扰动构造表现为原生层理强烈破坏，黑色背景上分布大量不规则的白色斑点，呈杂乱细碎特征。

5. 裂缝识别

裂缝是指岩石受外力作用，失去内聚力而发生的各种破裂或断裂所形成的片状空间。它切割岩石组构，将岩石切割成大小不等的岩块，称为基岩块。裂缝是碳酸盐岩储层最基本的地质特征，它对储集层的储集性能影响极大，既是碳酸盐岩的渗滤通道，也是裂缝性储集层的储集空间；同时还控制着溶孔、溶洞的发育，影响着地层中原状流体的分布状况和钻井液或钻井液滤液侵入的特征。在碳酸盐岩地层中，存在着三类与裂缝有关的储层：

裂缝性储层指在致密的碳酸盐岩中发育了较多的裂缝而形成的储层。由于其基岩孔隙度通常在 1% 以下，孔隙直径大部分在 0.01mm 以下，基本无储、渗价值。储集空间和渗滤通道主要由裂缝贡献，因此只有储层厚度较大，裂缝发育延伸较远时，才能成为工业性油气藏。

裂缝－孔隙型储层指在岩石具有相当有效孔隙的背景下，又被各种裂缝切割所成，因此其主要的储集空间是基岩的孔隙，主要渗滤通道则是裂缝。这种储集作用的分工，使得该种储集层表现出孔隙空间上明显的双重介质特征。

裂缝－洞穴型储层指在裂缝储层的背景下，由于地下水溶蚀作用，又产生了孔穴，从而形成了裂缝－洞穴型储层。一般认为，其基岩孔隙度低且孔径小，其渗滤作用主要靠裂缝和洞穴，且洞穴是主要的储集空间，裂缝是主要的渗滤通道。往往裂缝和洞穴是串联在一起的，难以分开。值得注意的是经过溶蚀作用改造后的裂缝型储层是储层的基础，因此利用成像测井资料鉴别裂缝－洞穴型储层就十分重要。

由于地质条件的复杂性，各种层理、构造等沉积特征各异，加上钻井施工过程中产生的诱导缝的干扰，以及成像测井仪器本身工作不正常造成的图像异常，使得图像上出现形形色色的形状，真伪共存，常常给资料的解释造成很多困难。因此有必要对各种裂缝的形成机理、形态结构、充填状况、含油性及其产状作详细的分析和计算。

裂缝按成因分类可以分为天然裂缝和人工诱导裂缝。而天然裂缝又可以分为构造裂缝和非构造裂缝。按其产状又可分为斜交缝和直劈缝。倾角小于90°裂缝称为斜交缝，包括高角度斜交缝和低角度斜交缝；倾角等于90°的裂缝称为直劈缝。

构造裂缝是碳酸盐岩地层中最常见、对储层渗储性能的改善效果最为显著的一类裂缝，主要受构造应力作用而成，又可以分为开启裂缝、闭合裂缝两种。在水基钻井液中，开启裂缝中充填有导电的钻井液，这样裂缝的电阻率就比岩石的电阻率低很多。所以，开启裂缝在图像上表现为低阻（暗色）特征，具有多种表现形态：一种是与井眼斜交的开启裂缝，为暗色正弦波形状；另一种是高角度甚至平行于井眼的开启裂缝，为与井轴夹角很小甚至平行的暗色线条。当几种倾向不同的开启裂缝交织在一起时，就形成网状裂缝。

闭合裂缝是充填有其他矿物的裂缝，电阻率较高，在图像上显示为浅色线条，通常有两种表现形态：当裂缝面的角度不大时，为浅色正弦波状线条；当裂缝面的角度很高时，正弦曲线的顶部以上或谷底以下出现光晕，其余地方显示为深色。它的形成机理（对上倾裂缝分析）如下：电流总是向电阻率最小的路径流过，当极板位于高电阻率裂缝面以下时，受裂缝的屏蔽影响，电流绝大部分流入地层，极少部分返回极板，出现类似低电阻率的现象；当仪器位于裂缝面以上时，高电阻率裂缝将阻止电流的径向流动，绝大部分电流回到返回电极，出现高电阻率现象。实际中，常遇到的只是顶部以上或者谷底以下出现光晕。

风化溶蚀缝为非构造型裂缝，它是由于岩石失水体积收缩或岩浆冷却过程中体积收缩而形成的收缩裂缝。

（1）真假裂缝的识别。

①层界面与裂缝的鉴别。层界面常常是一组相互平行或接近平行的电阻率异常，宽度窄而均匀，一般在图像上连续、完整，且在图像上不能随意中断。

②泥质条带与裂缝的鉴别。泥质条带的低电阻率异常一般较规则，边界较清晰；通常在碳酸盐岩剖面，无铀伽马的幅度值比较低，如有较宽的泥质条带或泥质充填缝，往往无铀自然伽马值要升高，这是泥质条带的典型特征。

③缝合线与裂缝的鉴别。缝合线是岩石遭受压力后发生不均匀的溶解而形成的，受压实及压溶作用而充填致密，对储层的性能一般没有意义。由于缝合线是压溶作用的结果，因而两侧有近垂直于缝合面的细微高电导率异常。当压溶作用主要来自上覆岩层压力，缝合线基本平行于层理面；当压溶作用主要来自水平构造挤压作用，缝合线基本垂直于层理面。在岩石切面上缝合线呈现锯齿状的曲线。在图像上缝合线显示为低阻暗色的近似正弦的曲线，缝合面呈锯齿状。这也是与开启裂缝最显著的区别之一。

④断层面与裂缝的鉴别。断层面处总是有地层的错动，与裂缝很容易鉴别。

2. 天然裂缝和人工诱导裂缝识别

要鉴别天然裂缝和人工诱导裂缝，必须搞清楚人工诱导裂缝的形成机理和相应的特征。在井下地层中常常遇到三种诱导裂缝，它们的形成机理和特征各不相同。钻井过程中由于钻具振动可能形成裂缝，它们十分微小且径向延伸很浅，这种裂缝虽然在 EMI 成像图上有高电导率的异常，但在 ARI 图像上却没有异常，因此比较容易鉴别。地层被钻开以后，原始地层应力释放，挤压井眼周围的地层，因而会在井壁上产生钻井诱导裂缝。在图像上，钻井诱导裂缝显示为暗色线条。重钻井液与地应力不平衡性造成的压裂缝，它们虽径向延伸不远，但张开度和径向延伸都可能较大，因而在 EMI 上和 ARI 图像上都有异常，在双侧向测井曲线上出现特有的"双轨"现象，即深、浅双侧向测井曲线表现为大段近平行、较规则的正差异异常；以两条高角度张性裂缝为主，在两侧有羽状的、较细小的剪切裂缝。

此外，应注意应力压裂缝与井壁椭圆形崩落图像的差别，它们虽然都具有直裂缝特征，但后者两侧无羽毛状细裂缝，且总是在最小水平主应力方向上，因而与压裂缝近似呈 90° 夹角关系。

(2) 天然裂缝和钻井诱导裂缝在形态上的区别。

①钻井诱导裂缝往往呈 180° 对称出现，而开启裂缝通常单个出现，或

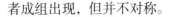

者成组出现，但并不对称。

②开启裂缝的开度不稳定、时宽时窄，边缘不光滑，而钻井诱导裂缝开度稳定得多，边缘光滑、缝面平直。

③钻井诱导裂缝在砾岩层中直接切穿砾石，而天然开启裂缝则绕砾石而过。

第二节　声波成像测井

一、超声成像测井

超声成像测井是利用井壁或套管内壁对超声波的反射特性来研究井身剖面的一种声波测井方法，在裸眼井中可用来分析地层产状、进行裂缝评价，在套管井中可用来解决射孔层位、套管酸化等工程问题。它记录的是二维图像，解释直观、方便，分辨率高，而且能全方位地检测整个井段或套管内壁。

(一) 超声成像测井的基本原理

超声成像测井通过向井壁发射超声波并对井壁扫描，从而获得井壁图像。利用超声换能器，在电脉冲的作用下换能器向井壁发射超声波脉冲束，而在超声波的作用下换能器又能产生相应的脉冲信号。由于换能器是圆片状的压电陶瓷片，其直径要比厚度大得多，因而超声波的能量都集中在很小的范围内，形成一个方向性很强的超声波束，射向井壁。当声波到达井壁后，被井壁反射回来，被换能器接收下来，形成所谓回波。

从回波中可以提取回波幅度和回波时间两种重要的信息。回波幅度的大小反映井壁介质的性质和井壁的结构。井壁介质的密度越大，反射的能量越大，回波幅度就越大；反之，回波幅度就越小。井壁结构是指井壁是否存在裂缝、孔洞等。当井壁不规则，例如存在裂缝时，由于裂缝和孔洞对声波的散射，返回到换能器的声能就比没有裂缝的井壁要小，因而回波幅度就小。因此，可以根据回波幅度的大小来判别井壁结构。

回波时间指的是，从换能器发射超声波开始到换能器接收到回波信号为止之间的时间间隔。声波的传播距离等于声波速度乘以时间。

(二) 超声成像测井的应用

超声成像测井能在淡水钻井液、盐水钻井液及油基钻井液中进行测量，解决有关地质和工程问题。

1. 评价裂缝

超声成像测井是一种裂缝测井技术，用超声成像测井图像来评价裂缝具有明显的优越性，可以直观地从图像上解释裂缝和孔洞 (深色部位)，识别裂缝的形态，区分垂直裂缝和斜交裂缝 (水平裂缝是倾角为 0° 的斜交裂缝)，还可以通过简单计算求得裂缝的倾角和方位等。

2. 在套管井中的应用

超声成像测井可以用在套管井中检查套管射孔，例如检查射孔的井深、射孔层位的厚度、射孔孔数等。超声成像测井图像还可为修井作业提供重要信息资料，如寻找套管破损位置、估计套管变形和破损程度等。

(三) 数字井周成像测井仪 DCBIL

1. 仪器指标及整体组成结构

数字井周成像测井仪 (Digital Circumferential Borehole Imaging Log, DCBIL) 是 Baker Atlas 公司推出的用于测量井壁或者套管直观图像的声波成像测井仪器。脉冲回波换能器发射高频声波脉冲，用同一换能器接收反射回波信号，测量反射回波的幅度和时间。反射波的幅度受井眼表面情况的影响，传播时间反映了从声波换能器到井壁的距离。声波换能器固定在旋转部分，通过旋转测量可以实现对全井眼 360° 的扫描，从而生成关于回波幅度和回波时间的图像。

回波幅度图像反映井眼表面的特征：高反射性特征的地层在图像上表现为白色；低反射特征的地层则显示为黑色；处于两者之间的值以灰度表示，灰度值与测量到的幅度值成比例关系。该图像对于探测如裂缝等低反射特征尤为有效。反射波的幅度也受到钻井液衰减、仪器偏心和井眼粗糙度等影响。

回波时间图像对井眼几何形状、粗糙度和仪器位置敏感，通过对钻井液时差的测量、处理，回波时间可用于得到比较精确的井眼半径。回波时间图像的灰度与仪器到井壁的距离成比例，较大的井眼对应较暗的灰度。回波时间的测量也受到钻井液时差、仪器偏心和井眼粗糙度等因素的影响。

数字 CBIL（DCBIL）主要技术指标如下：井下仪器耐温：200℃，6h；井下仪器耐压：137.88MPa；仪器最大直径：9.21cm；仪器最大长度：5.52m；供电电源要求：180V 交流电，60Hz，0.6A；电缆要求：7 芯电缆；每周采样点：250/125；扫描速度：每秒 11 圈；声波换能器：两个聚焦换能器，每一个既发射又接收，分别是 38.1mm 和 50.8mm，工作频率 250kHz；方位参考信号：内部的磁通门或者专门的方位测量短节 4 401；流体速度参考：内部 250kHz 压电陶瓷换能器；测速、垂向分辨率：10ft/min，60 次扫描 /ft；径向分辨率：在 8in 井眼中，每英寸 10 个采样点；可测井眼范围：139.7 ~ 304.8mm；最大井斜：90°；

井下数据采集分辨率：回波幅度 12 位采样分辨率，波形采集 8 位分辨率，回波时间 100ns 分辨率。DCBIL 由 1 671EB 电子线路短节和 1 671MB 声系短节两部分组成。1 671MB 自下向上依次由旋转部分、钻井液测量子部分和电子线路部分组成。1 671EB 电子线路短节包括 WTS 总线驱动器、CPU 控制电路、PHA 电路、Flash 转换电路板和低压电源供电；1671MB 电子线路部分包括发射及回波信号接收电路、磁力计信号处理电路和电动机供电电路。

WTS 总线是 Baker Atlas 的 ECLIPS 测井系统中使用的仪器接口总线，WTS 总线驱动电路实现仪器与 WTS 总线的接口功能。

仪器装有两个聚焦发射 / 接收换能器，工作时只能选择其中之一。1.5in 换能器在机械结构上对应于仪器体上的标志线，2.0in 换能器则与 1.5in 换能器相隔 180°。当选择 2.0in 的换能器时，为了与方位信号同步对齐，采集到的回波幅度（用 BHTA 表示）和回波时间（BHTT 表示）应该移动 180°，由仪器控制软件实现。在小直径井眼中，为了增强聚焦，可以用 1.25in 的换能器替换 1.5in 或者 2.0in 换能器。

仪器提供两种参考方位：

（1）内部的磁力计（MAG）提供磁北极的参考方位。

（2）透声窗上部仪器体上的物理标志（TBM），配接专门的方位测量短节。

在套管井或者与地磁向量平行的井中，通常需要使用 TBM 方位参考方法，这时要配接专门的方位测量短节。在井斜小于65°的裸眼井中，可以使用MAG方位参考方法。当方位参考信号产生时，启动数据采集。在选择TBM仪器体标志信号有效时，开始采集数据；而当选择MAG时，以磁北极信号为参考进行数据采集。

2. CPU控制电路

CPU控制电路是仪器的控制中心，处理的任务包括数据采集控制、井下数据分析以及与地面的通信控制。它可以分为以下几个功能模块：存储器映射、通信接口、I/O总线、A/D控制和串行通信。处理器是Intel的16位微控制器LA80C196KB-12，外部输入时钟12MHz。使用32k×8位EPROM作为程序存储器，数据存储器则由2片32k×8位RAM存储器构成。在遥测传输中，T2模式使用6 408曼彻斯特编码/解码器，下载（至仪器）速率为20.8kbps，上传（至地面）速率41.6kbps；T5模式由6 409曼彻斯特编码器实现，上传（至地面）速率93.75kbps。串行通信接口由串行数据、时钟和R/W等信号组成。A/D控制器输出可编程控制采样速率62.5kHz ~ 8MHz，可编程控制采样点1 ~ 4 095。CPU控制电路通过地址和数据总线与其他电路板交换数据和设置命令，包括用于I/O控制的8位数据总线、4位地址总线以及A/D转换时钟等。

（1）通信接口包括T2和T5两种模式，以微控制器为接口控制器。T2模式由6408曼彻斯特编码/解码器实现，T5模式发送由6409曼彻斯特编码器实现。

①解码。6 408曼彻斯特芯片解码部分接收地面下发的命令和数据。250kHz时钟作为解码器的时钟输入（6 408第5脚）。UDI信号通过缓冲后输入到6 408（6 408第8脚），数据以串行的方式接收，通过监测接收到的数据获得有效的同步模式。一旦接收到有效的同步模式，编码器就通过触发器向CPU产生中断。接收到中断后，微控制器通过读并串移位寄存器的并行输出读取接收到的数据字，在读低字节期间，清除产生的中断。由微控制器监测有效字（VW，6 408第1脚）输出标志，以判断接收到字的有效性。

②编码。向地面传输数据由曼彻斯特芯片6 409（T5模式）或者6 408（T2模式）的编码部分实现。T2模式编码器的时钟输入（6 408第23脚）为500kHz，T5模式编码器时钟输入（6 409第12脚）为1.5MHz。

控制命令锁存单元接收并锁存由微控制器设置的各种命令，通过设置控制锁存单元相应的 T5 模式编码器或者 T2 模式编码器，两部分编码器输出的编码移位时钟输入到转换移位寄存器组和位计数器。位计数器通过对移位时钟计数来判读是否发送完一个字；当发送完一个字后对 CPU 产生中断，并加载下一个字到移位寄存器。

（2）I/O 总线。CPU 板使用 20 芯连接器通过总线集线器板连接到外围电路板，CPU 通过该连接器访问与其连接的外围电路板。该连接器中的信号由以下几部分组成：

① I/O 控制线，允许每个板的译码逻辑连接到总线。

② 4 位地址总线，用于译码特定的电路板及电路板上的具体设备。

③ 8 位数据总线，用于双向数据传输的通道。

④ 转换时钟，连接到总线的 A/D 模块都可使用该时钟，但仅在采集周期内有效。总线上的其他线包括电源供电和地线，有＋15V、−15V、＋5V、DGND 和 AGND 等。

（3）A/D 控制模块产生从 62.5kHz 到 8MHz 可编程控制的采样转换信号，采样点数从 1 到 4 095 可编程控制。微控制器输出采集同步信号启动一个采集周期，同时使能转换时钟，让其开始进行输出。根据采集同步信号产生的发射同步信号 MSYNC 传送到发射短节用来启动发射。

（4）串行通信。CPU 控制电路与声系短节的连接由三线串行通信接口方式实现，微控制器对接口进行管理。串行总线定义如下：

① MR/W：控制数据传输的方向（发送或者接收）。

② MDAT：串行数据传输。由串行数据输出和串行数据输入两条信号线组成。

③ MCLK：为数据传输（发送或者接收）提供时钟，速率大约 100kHz，数据在时钟的上升沿有效。

以上这些串行信号通过电平转换芯片（IC6）转换为＋15V 电平信号，输出到发射短节。输入到 CPU 板的串行数据由电平转换芯片（IC39）转换为 5V 电平信号，串行 MR/W 线控制 IC39 的使能，让其输入，MR/W 线处于读状态（高电平）时，将使能。在每次采集之前，执行一个序列的设置命令，该命令设置接收通道选择及发射换能器选择等电路。

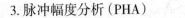

3. 脉冲幅度分析（PHA）

脉冲幅度分析电路是一种重要的电路，它由增益控制、峰值检测、A/D转换、首波检测和控制逻辑等多个部分构成。这些部分协同工作，用于对超声波换能器脉冲回波的幅度和到时间进行测量。

（1）增益控制是脉冲幅度分析电路中非常关键的一部分。通过控制增益，可以调整接收信号的强度，从而保证信号在适当的范围内进行处理和分析。增益控制可以根据不同的实际需求来进行调节，以便在不同的场景下获得最佳的信号质量。

（2）峰值检测是脉冲幅度分析电路中另一个重要的环节。峰值检测用于确定脉冲回波信号的最高幅度，通常采用峰值检测电路来实现。通过峰值检测，可以精确地获取信号的幅度信息，为后续的信号处理提供参考。

（3）A/D转换是将模拟信号转换为数字信号的关键步骤。在脉冲幅度分析电路中，A/D转换模块负责将经过增益控制和峰值检测的模拟信号转换为数字形式，以便后续处理和分析。A/D转换的准确性对于脉冲回波信号的幅度和到时的测量结果至关重要。

（4）首波检测是用于确定脉冲回波信号的到时（即信号传播时间）的一个重要环节。通过首波检测，可以识别出信号的首个到达点，从而精确地计算出信号传播的时间。首波检测能够有效地提高脉冲回波信号的测量精度，为后续的数据分析和处理提供可靠的基础。

（5）控制逻辑模块是脉冲幅度分析电路中的核心部分，用于管理和协调各个功能模块之间的运行。控制逻辑模块可以根据具体的应用需求，对各个功能模块进行合理的控制和调节，确保整个脉冲幅度分析电路能够高效地工作。

4. 波形采集

波形采集及储存电路对从PHA板输入的回波信号进行数字化，并保存到先进先出（FIFO）存储器。采用的转换器是FLASH型低功耗高速8位A/D转换器MP7684，典型的转换时间是50ns。主要功能模块包括时钟/复位控制、FLASH转换器、译码器、电平转换等。

时钟/复位控制接收来自PHA板的A/D时钟信号，处理后输出FLASH转换器的时钟，同时产生FTFO存储器的写入信号。在每个MSYNC周期的正脉冲期间，来自 PHA 板的 A/D 转换时钟及控制信号有效。转换结束后，通过读 FTFO 将这些数字化的转换结果输出到数据总线。译码逻辑对 CPU 的输入 / 输出控制线和地址线进行译码，产生的信号有 FIFO 读、FIFO 重发、FIFO 复位和读 FIFO 状态等。

FLASH 转换器的输入要求是 0 到 + 5V 的单极性信号，这就需要将来自 PHA 板的 ± 2.5V 双极性信号进行 + 2.5V 的电平移动。

5. 磁力计电路

磁力计电路接收旋转部分产生的磁力传感器信号，处理后得到的信号是：

（1）MARK：仪器体标志信号。

（2）TREF：发射参考脉冲（触发换能器发射）。

（3）NORTH：地磁方位。

仪器体上的标志刻线在旋转部分的外表面，由差分放大电路和比较器对仪器体标志磁力传感器产生的信号进行处理。当 1.5in 换能器旋转通过标志刻线时，比较器输出高电平，产生 MARK 脉冲。

信号 TREF 源自旋转部分。该信号由磁检测换能器产生，磁检测换能器由旋转轴上的索引轮激发。索引轮有 25 个孔，成像换能器组件每旋转一周，索引轮旋转 5 周。换能器每秒大约旋转 6 周，磁检测换能器则每秒产生大约 750 个周期的模拟信号，即 6 × 125–750 周期 / 秒。信号 TREF 送到 PHA 板，以触发被选超声换能器的发射。对于地磁场磁通线，铁合金磁芯和线圈类似于磁通门，使用该磁通门检测磁北极信号。当线圈中没有驱动电流时，磁通门是打开的，磁通线趋向于集中在磁芯中；当有足够大的电流加到线圈使得磁芯饱和时，对于地磁场磁通线而言，磁通门关闭，磁通线恢复到未受磁芯影响的原始路径。

6. 发射电路

发射电子线路提供以下功能：

（1）将输入交流电压调整为 180V 直流电源给发射电路提供高压。

（2）接收串行命令，选择发射激励电路，选择 1.5in 换能器、2in 换能器或者流体测量换能器发射声波信号。

（3）接收换能器的波形信号，选择与激励通道对应的信号进行缓冲等处理。

发射电子线路的功能主要模块有电压调整电路、驱动、高压激励、信号选择电子开关、差分放大器和缓冲放大器等。电压调整电路对输入交流电压整流、滤波，经过调整后给高压发射电路提供180V直流电压。

串行接口电路具有三态输出的8段移位/存储寄存器，通过信号MDATA、MCLK和MR/W接收并锁存CPU电路设置的命令数据，主要包括发射脉冲宽度选择信号、发射换能器选择信号以及波形接收电子开关选择信号。接收到串行命令设置数据后，信号MSYNC随之有效。MSYNC信号的上升沿触发单稳态电路产生宽度为$1.8\mu s$（默认模式）或者$0.6\mu s$的脉冲，两种脉冲宽度选择由锁存的命令完成。同时，换能器选择译码单元根据保存在串并移位及锁存器中的命令选择3个发射电路中的一个进行工作。

二、偶极子横波成像测井

偶极子和四极子声源声波测井的主要优点是能在裸眼井和套管井中测量低速地层的横波速度，克服了单极子声系无法测量软地层横波速度的缺点。

(一) 偶极子横波成像测井原理

偶极子或2n个单极子正负交替对称设置在同一平面上的声源，所产生的声场是两个单极子声源所产生的声场叠加。偶极子声波源可形象地描述为一个活塞。当它工作时，使井壁的一侧增压，而另一侧压力减少，造成井壁轻微的挠曲，直接在地层中激发出纵波和横波，且这种挠曲波在井眼流体中沿井轴方向传播，质点位移与井轴方向垂直偶极子声源的工作频率一般低于4Hz，在大井眼和慢地层中可得出有效的测量结果，同时也增大了探测深度。

除沿地层传播的纵波与横波外，沿井眼向上还存在剪切波、挠曲波的传播。不同频率挠曲波的传播速度不同，在高频时其传播速度低于横波的速度，在低频时其传播速度与横波相同。因此，用偶极子声波测井可以由剪切波、挠曲波提取软地层的横波时差。

(二) 偶极子横波成像测井仪器的工作方式

偶极子横波成像测井仪分为发射器、接收器和并行数据采集电路部分。

（1）发射器由三个发射器单元组成：下偶极子发射器、上偶极子发射器（两个偶极子发射器的方向互相垂直）和一个单极全方位陶瓷发射器。用低频脉冲激励单极换能器产生斯通利波，用高频脉冲激励该换能器产生纵波和横波。用低于1kHz的脉冲激励偶极子换能器，能在大井眼和声波速度非常低的地层中提取横波。声波隔离短节实际是一种机械衰减器，其作用是阻止发射器部分来的信号沿仪器直接上传。

（2）接收器部分有8个接收器位置，每个接收器位置上有两对接收器。一对同上偶极子发射器方向一致，另一对同下偶极子发射器方向一致。对于偶极子方式，每对接收器是分开传输的；对于单极子方式，二者是合在一起传输的。

（3）并行数据采集电路包括有同时数字化8个独立波形，能把几次发射产生的波形叠加起来进行自动增益控制，并把信号传输到地面的相关电路。门槛探测器记录每条波形的幅度门槛交叉时间，用于检测纵波首波，得出时差值。

（三）偶极子横波成像测井的应用

偶极子横波成像测井除一般纵波的应用外，主要还有下列几方面的应用：

1. 划分裂缝带

当斯通利波遭遇裂缝时，由于裂缝处专用阻抗大，故斯通利波的能量被反射，通过斯通利波波形的处理，可提取反射系数（反射能量与入射能量之比），从而判别裂缝带。

2. 岩石机械特性分析

根据测得的纵波、横波时差及地层密度，可以计算地层岩石的机械特性，如泊松比杨氏弹性模量，切变模量体积模量及拉梅常数等。利用这些岩石的机械特性，可以评价井眼稳定性，以及预测水力压裂效果等。

三、EILog 超声成像测井仪

国产超声井壁成像测井仪在井下声波电视的基础上发展而来，在油田现场应用比较广泛。以下以中国石油天然气集团公司 EILog 超声成像测井仪为例进行分析。EILog 超声成像测井仪测量的主要信息也是回波幅度和回波到达时间，其主要技术指标如下：井下仪器耐温：155℃；井下仪器耐压：100MPa；裂缝分辨率：1mm；可测井眼范围：115～240mm；扫描速度：每秒 10 圈，一圈采集 256 个点；供电电源频率：50Hz；供电电源电压：220V；声波探头频率：0.5MHz、1.0MHz；钻井液密度：<1.25g/cm³；适应井斜范围：<6°；仪器外径：89mm；仪器长度：6.152m；探头：两个（0.5MHz、1.0MHz），每一个既发射又接收。

(一) 仪器总体构成

EILog 超声成像测井仪电路主要由电源、发射电路、信号放大检测电路、同步电路 (磁通门检测电路)、控制电路等几部分组成，仪器与遥测短节之间的连接采用 CAN 总线方式。

控制电路是整个仪器的控制中心，各部分电路的工作时序都由其控制。控制电路与其他电路之间的连接信号主要包括以下几部分：

(1) 同步信号，由同步电路输出同步信号 NORTH 和 50Hz 到控制电路。

(2) 发射控制信号和接收选择控制信号。TRO、TR1 和 TR2 分别控制 3 个发射通道中的一个工作，TR SEL0 和 TR SEL1 根据发射换能器选择接收对应的反射回波信号。

(3) 信号放大检测电路控制信号，包括增益控制信号 GAINO 至 GAIN5 (控制放大检测电路的增益)、输出信号 AD_IN、选择控制信号 MUX0 和 MUX1 (选择输出峰值信号或者波形信号到采集电路)、噪声采样控制信号 SAMP、清除保持的峰值电压控制信号 DE-CHARGE、首波到达信号 TCMP。

控制电路的主要功能有：

①接收地面通过遥测单元下发的仪器控制命令，主要控制仪器的工作频率选择、地磁 / 电源同步方式选择、模拟信号前端处理增益选择等。

②接收同步信号，产生电路的整体工作时序。

③幅度、噪声的采样控制。

④将测量到的回波幅度、回波时间及仪器舱温度等信息按照一定的数据格式发送到 CAN 总线，由遥测单元传输到地面。

发射电路实现的主要功能是在点同步的控制下受控产生 1.0MHz 或者

0.5MHz 激励信号，激励换能器。信号放大检测电路的主要功能有：选择 1.0MHz 或 0.5MHz 接收信号进行放大；对回波信号实现可控增益放大；跟踪回波幅度并对其数字化，测量回波到达时间。

同步电路的主要功能是产生每周行起始的同步，使地磁北极与探头的旋转起始位置一致。在套管井中测量时，地磁信号被屏蔽，由 50Hz 电源分频产生同步信号。供电电源单元通过供电变压器、整流、滤波和电压调整等电路产生 ±15V、±5V 和 3.3V 等电子线路工作电源，以及 +200V 高压发射电源。

(二) 发射电路

为适应不同井况的测井要求，EILog 超声成像测井仪配有 2 个频率为 0.5MHz 和 1.0MHz 的超声换能器。发射电路根据地面下发的工作换能器选择命令，选择 1.0MHz 或 0.5MHz 换能器工作，点同步信号经过控制电路处理后产生换能器发射点火命令，控制电路设置的发射触发信号输入到发射电路板，经过电平转换、脉冲宽度调整和信号驱动等电路处理后，控制发射激励电路，由发射激励电路产生的高压脉冲激发声波换能器。

电平转换电路将控制电路产生的 5V 电平信号转换为 +15V 电平信号，实现与后续处理电路的电平匹配。脉冲宽度调整功能由单稳态电路实现，决定发射控制脉冲信号的宽度。所有换能器接收到的信号都经过后续共用的处理通道。接收信号选择电路由多路选择电子开关构成，选择当前工作换能器的输出信号并使其通过电子开关。差分放大器电路将换能器输出的信号转换为单端方式，经过缓冲驱动后的信号 LOGOUT 由放大检测电路进行处理。

(三) 放大检测电路

放大检测电路对发射电路输出的声波信号 LOGOUT 进行放大处理，由回波峰值检测电路跟踪并保持峰值。该峰值即为回波幅度，由 A/D 转换器进行数字化。首波到时检测电路根据放大处理后的信号判断首波到达时间。

电路中的程控增益控制信号、电子开关控制信号、多路选择器控制信号、噪声采样控制信号和峰值保持器清空信号等控制逻辑信号都由控制电路设置。

可变增益放大电路由 3 级放大器组成,第一级为 8 挡程控放大器,第二、三级为固定增益放大器。3 级放大器之间的电子开关电路根据控制信号的设置连接或者断开前后增益调整级,这样可以使得多路选择器的各个输入端串扰最小。衰减网络对第一级程控放大器的输出分压得到 4 级衰减信号。通过对多级放大和衰减的灵活控制,可实现较大动态范围内对输入信号的调整。

输入到多路选择器的信号有 8 路,分别是地信号、第一级放大输出信号、4 级衰减信号、第二级放大输出信号和第三级放大输出信号等。电路选择器主要的构成电路是 8 选 1 电子开关,由控制电路选择需要进行后续处理的信号。峰值检测保持电路主要的构成器件是高速运算放大器、峰值保持电容和电子开关。电子开关的作用是在 AD 转换器对保持的峰值数字化后,清除电容电压,以准备对下一个峰值进行跟踪。

首波检测电路分为系统噪声采样保持电路和时间比较器电路两部分。每次发射结束后,经过一定时间,回波信号或多次反射的信号幅度将接近于 0。此时,电路中的信号主要是系统噪声。为了使时间比较器能够对到达的首波准确检测,采用一个噪声采样保持电路,在对峰值进行跟踪保持之前先对保持系统噪声进行采样。噪声采样保持电压叠加一定门槛电压,然后以此作为时间比较器电路的比较门槛电压,与多路选择器输出的信号进行比较,得到回波到达信号 TCMP。

峰值检测保持电路的输出电压需要由 A/D 转换器进行数字化,同时在检测固井质量时,需要对声波波形进行分析。通过输出信号选择电子开关,然后选择两种信号中的一种输入到控制电路进行数字化采集。

(四) 同步电路

井壁超声成像测井仪的测量结果必须与方位信息对应才有实际的应用价值,仪器工作时需要用方位信息作为同步信号。EILog 超声成像测井仪提供两种同步方法:在套管井或者与地磁向量平行的井中,将电源的 50Hz 交流信号经过分频作为同步信号;在裸眼井中,使用磁通门产生同步信号。磁通门传感器由探测器、励磁电路及检测电路等组成。励磁电路提供交流信号源驱动励磁线圈,检测电路对检测线圈接收到的信号进行处理得到方位参考信号。

　　磁通门激励电路包括 60kHz 方波信号产生电路、2 分频电路、无源滤波电路和功率放大电路等 4 个部分。信号发生器产生频率为 60kHz 的方波信号，经过 2 分频的 30kHz 用于检测信号的解调，经过 4 分频的 15kHz 信号用于驱动激励线圈。0V 到＋15V 的方波信号经过无源滤波电路处理输出＋7.5V 到—7.5V 的方波信号，同时滤除信号中可能存在的高频成分。为了加快励磁线圈的饱和速度，在激励信号加到线圈前必须进行功率放大。

　　磁通门信号检测电路的功能是对磁通门检测线圈接收到的信号进行处理，从中得到反映地磁信号变化的磁通门信号。当声系旋转时，输出信号应该为 10Hz 的周期性数字方波。磁通门信号检测电路包括放大器、相敏检波电路、低通滤波器和比较器等部分。差分放大电路对磁通门检测线圈接收到的信号进行放大，相敏检波器主要由乘法器组成，检波器的输出信号含有多种频率成分，由低通滤波器将高频信号全部滤除，得到的低频分量信号的大小就反映了地磁信号的强弱。由于地磁信号的强弱又是随着声系的旋转而变化的，因此这个低频信号的幅度随着旋转角度的变化而变化，声系的旋转速度为 10 圈 /s。低频信号经过比较器电路后输出频率为 10Hz 的数字信号，该数字信号连接到控制电路板，由此成为一个可选的行同步信号。

(五) 系统控制电路

　　系统控制电路主要由数字信号处理器（DSP）、现场可编程逻辑器件（FPGA）和 A/D 转换器等构成。

　　DSP 的主要功能是：实现与遥测短节的通信；从 FPGA 中读取幅度采集数据、波形采集数据和回波时间数据；将地面发送的控制命令发送给 FPGA，控制 FPGA 的工作模式。系统选用的 DSP 是 TI 公司的 2000 系列 TMS320LF2407A。该器件包括的外围设备和接口比较丰富，集成的 CAN 模块实现与遥测电路的接口，SPI 接口可以与温度传感器直接连接，内部 FLASH 存储器用来保存程序代码，内部 RAM 存储器作为数据缓存。外部扩展 RAM 可以用作程序存储器和数据存储器，方便仪器开发阶段的调试。

　　FPGA 主要完成对井下其他电路的控制逻辑，包括对发射电路的设置、放大检测电路的参数设置、回波时间记录、数据采集控制、采集结果缓存以及接口控制等功能。系统采用的 FPGA 为 Actel 公司的 APA075-100I，是一块内部带有 FLASH 存储器的芯片，芯片的编程数据下载到 FLASH 中，避免外接配置芯片，提高了可靠性和安全性。该芯片的内部含有丰富的逻辑资源，可以满足控制电路对于逻辑资源的需求。此外，内部还有存储器资源，用来实现 FIFO 存储器，保存 A/D 转换器的采集结果。

A/D 转换器将放大检测电路输出的模拟信号 AD_IN 转换为数字信号，通过串行接口与 FPGA 连接，实现采集控制和传输采集结果。

四、井周声成像测井

(一) 物理基础与方法原理

1. 物理基础

井壁声波成像测井仪的工作原理，是以脉冲 - 回波为基础的。在仪器底部沿着径向相对安装两个超声换能器，它们各自独立以脉冲 - 回波的方式向井壁发射声波脉冲信号，并且接收井壁反射回来的声波信号。在仪器沿着井眼上下移动的过程中，换能器以 360° 的角度对井壁进行扫描，反射信号的幅度和传播时间被测量，并且记录下来显示成图像。井壁声波成像测井主要测量反射波幅度和声波信号的传播时间。

井壁声波成像测井所使用的脉冲 - 回波法不是连续波，而是具有一定持续时间、按照一定频率断续发射的超声波脉冲。脉冲声波在介质中传播时，如果遇到声阻抗发生变化的各种异常体，则在分界面处将产生反射，因此该方法通常也称为脉冲反射法。

(1) 反射波幅度。当发射换能器发射的声波通过钻井液入射到井壁上时，一部分能量会从井壁反射回来，井壁反射回来的声波信号的幅度与井壁表面的情况有关，因此反射波幅度图像通常用来探测井壁地层的各种性质。所有的超声波井壁成像方法都与井筒内流体、井壁界面的反射波能量有关。

(2) 传播时间。井壁扫描成像测井中的传播时间，是指换能器发射声波信号，穿过钻井液到井壁再由井壁反射回来，穿过钻井液回到换能器的传播时间。传播时间既与换能器到井壁的距离有关，又与井眼流体的声波速度有关。井筒的形状变化时，传播时间会随着变化，因此传播时间的测量能够提供井眼半径的信息。

在测量到传播时间参数以后，为了计算换能器到井壁的距离，需要知道的另外一个参数是井眼流体的声波速度。由于钻井液密度在不同的地层深度上有所不同，因此井筒流体在不同的井段上具有不同的声波速度。CAST-V 井壁成像测井仪，在仪器底部有一个独立的换能器在测井过程中来持续测量井筒流体的声波速度。

2. CAST-V 的测量原理

CAST-V 是以超声波扫描测量方式对井壁地层成像，反映井壁地层特征。该仪器使用两个换能器，主换能器安装在一个旋转的扫描探头上，探头发射超声波信号，并且接收来自套管或地层的反射波信号。第二个换能器可靠地安装在一个固定的位置，可以使信号从一个平的目标板上反射，提供有关流体时差数据。通过测量井筒内流体时差及双程旅行时间就可以计算井径、套管内径或井眼流体的声阻抗。

井壁地层声阻抗的变化，由岩性、物性的变化及裂缝、孔洞、层理等地质现象引起，它使探头收到的回波幅度发生变化。

高密度井眼流体使超声波信号的衰减非常快，而且降低了所记录的声波波形幅度。为了将这种影响减少到最小，必须仔细选择超声扫描探头的尺寸，将换能器发射面定位在距离目标最佳位置。以套管内径和井眼流体性质为基础正确选择探头尺寸和发射频率，提供分析所用的最佳数据。

CAST-V 有两种测井模式，分别是成像模式（Imaging Mode）和套管井模式（Cased Hole Mode）。成像模式既可以用于裸眼井，也可以用于套管井，而套管井模式通常只用于套管井。

（1）发射换能器。发射具有一定能量的超声脉冲，穿过井眼流体，撞击到井壁上，在井壁上大部分能量被返回到发射换能器。

在成像模式下，CAST-V 记录两种测量数据：传播时间和反射波幅度。传播时间是指发射换能器发射声波穿过钻井液到井壁，被井壁反射以后再回到发射换能器所需要的时间。幅度测量是指返回信号的反射波首波幅度。发射器每发射一次，同时记录幅度和传播时间。这些数据以黑白图或彩图的形式成像。一般情况下，浅色代表传播时间短，接收信号的能量高（幅度高）；深色代表传播时间长，接收信号的能量低（幅度低）。在成像模式下，扫描仪评价测量地层声波幅度或传播时间。高纵向分辨率为每英尺采样40次，水平采样率为200次，可提供二维或三维成像。声波脉冲的传播时间和幅度用于评价裂缝、孔洞、井壁的情况等。这些图像用于套管检查，揭示套管形变、磨损、孔眼、裂口和套管内壁上的其他异常。

（2）套管井模式。发射换能器发射具有一定能量的超声脉冲，穿过井眼流体撞击到套管壁上，在套管壁上大部分能量被返回到发射换能器。发射器每一次反射，一部分能量直接返回到接收器，有一些能量沿套管外的物质而传播。作为接收器的换能器，最初接收到来自套管内壁的返回信号及随后到达的随指数衰减的信号，后者反映了套管的胶结情况：胶结状况差的衰减慢，而胶结好时衰减快，由套管和水泥的耦合情况决定。

CAST-V在套管井模式下记录四种测量数据：传播时间、波峰幅度、谐振窗计数和套管壁厚。传播时间是指发射器发射到波列的最高峰返回所用的时间。幅度测量是指接收反射波信号的首波幅度。首波幅度和谐振计数用于计算声阻抗。传播时间和泥浆槽传播时间一起用于计算井径，而套管壁厚是用谐振频率来计算的。

当需要对包括套管壁厚等进行详细套管评价或当需要评价套管与水泥环的胶结情况时，超声波扫描仪同样也可以工作在套管模式下。在套管模式下，可以确定套管内半径和套管壁厚度。套管厚度与套管外径测量结果相结合，可以用来指示套管外部缺陷。在仪器常规工作方式下，可提供每英尺采样4次的纵向分辨率，每个采样深度下方位采样数据100次。也可以将这些数据以每英尺12采样方式记录，但是测井速度需要降低，同样可以记录幅度和传播时间数据，提供图像解释能力。

在套管井模式下对声波波形进行处理，对波形中包含的频率分量进行快速傅立叶变化，可以计算出套管厚度。由于套管的共振频率会随着套管厚度的增加而降低，因此需要根据套管厚度来选择换能器的频率。

（二）采集的基本信息与主要用途

在成像模式下，CAST-V记录的是反射波振幅和传播时间两个测量值；在套管井模式下记录四种测量数据：传播时间、反射波幅度、声阻抗和套管壁厚。通过处理后可以得到校正后的振幅和传播时间以及经过水平增强、垂直增强、平滑滤波和动态图像增强的振幅值，这样就能得到井壁或套管壁的直观二维或三维图像。传播时间是钻井液传播速度和距离这两个参数的函数，CAST-V 在测井过程中同时测量井内钻井液或井内流体的传播速度，因此可以计算出仪器距井壁的距离，由于声波扫描为 360° 的井周扫描，因此可以了解井眼的几何形状。

在成像模式下，可以得到回波幅度和传播时间图像，同时可以得到井斜、方位、相对方位、流体传播时差等曲线。在套管井模式下，得到反射波幅度、内径、声阻抗、套管壁厚四条曲线，同时得到压缩强度、井斜、相对方位、井筒流体传播时差等曲线。

井周声波成像测井可以在裸眼井中进行构造、沉积、裂缝、应力等方面的评价，以及进行薄层分析。在套管井中测量井周套管厚度、内径，检查套管的破损状况和射孔情况，是解决地质问题和工程问题的一种重要的测井方法。

另外一个有用的信息是确定井眼垮塌的大小、形态和方位，进而确定地应力的方向。由于声波回波幅度与岩性、孔隙度、裂缝、层理等岩石物理性质的变化有关，因此根据图像的差异可以识别出地层的岩性和地质特征。

识别裂缝是 CAST-V 的一个重要应用。在直井中，水平裂缝、水平地层界面在井周声波成像测井图上显示为一条直线，而倾斜裂缝、倾斜地层则表现为一正弦波特征。经过对图像中这些特征的自动或手工拾取，可以得到裂缝或地层的走向或倾向。

钻井过程中，由于水平应力不平衡，可能引起在井壁两侧最小水平主应力方向上出现岩石崩落或井眼破裂，形成椭圆形井眼，利用这种图像特征可以估计地层最大、最小水平主应力的方位。根据井周声波成像测井图像的几何形状可以得到不同地质特征的形态描述，如地层层理类型、地层走向、倾向、裂缝走向、角度、椭圆井眼方位等。这些资料对构造、储层分布、裂缝发育方位以及地应力方位确定等方面具有十分重要的意义。

声波成像测井资料包含的地层信息可以通过成像图上的颜色、形态等反映出来。按照图像的形态分类可以分为块状，线状，条带状，斑状等模式。这些分类分别表示不同的地质意义。

（1）块状模式。颜色较单一的均质块状结构，代表一种块状沉积结构、

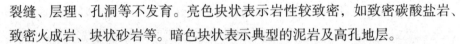

裂缝、层理、孔洞等不发育。亮色块状表示岩性较致密，如致密碳酸盐岩、致密火成岩、块状砂岩等。暗色块状表示典型的泥岩及高孔地层。

（2）条带状模式。明暗相间的条带状为砂泥岩互层。

（3）线状模式。图上显示为线状，其是在一定范围内由于声阻抗的变化而导致图像颜色突变。线状模式可以指示裂缝、人工诱导缝、层面、冲刷面、缝合线、不整和面，以及断层等不同的特征。

（4）斑状模式。图像呈现为斑状，多为溶蚀孔洞或井壁地层剥落。当地层有角砾或砾石存在时，图像呈现亮色斑状。

CAST-V 在套管井中的一个重要应用是测量套管的内壁大小，评价水泥的胶结状况等。其应用包括以下几个方面：

①套管探伤。CAST-V 仪器可以用于检查套管，成像模式提供较高的纵向和径向分辨率，使仪器可以评价套管的物理损害。例如检查射孔质量、套管破损、变形或腐蚀等。

②超声波水泥评价，并且可以提供 360° 水泥胶结图像。

③套管内径测量，可以判断套管是否扭曲变形。

④套管厚度测量，可定量计算套管的磨损和损坏程度，并且可以指出是内壁或外壁的磨损。

（三）资料处理与解释方法

1. 资料处理

CAST-V 的测井资料解释与处理通过三步来完成，分别是数据校正、资料的显示与处理、解释分析。

（1）数据校正。消除在测井过程中带来的各种误差，主要包括加速度校正、重定向、传播时间数据的校正等。

（2）资料的显示和处理。选择合适的对应关系，将测井数据还原成图像显示，并根据图像做进一步的增强处理。

（3）解释分析。结合地质知识和井所在地区的地质特点，参考常规测井资料、倾角测井资料等进行综合分析，得出解释结论。

数据校正是超声波井眼扫描成像测井资料处理中非常重要的一步。数据校正的作用是为了消除仪器在测量过程中所受到的各种干扰，使测量的结果尽可能接近真实值。数据校正主要包括以下三个方面的内容：

①加速度校正。仪器在井眼中的非匀速运动，特别是当仪器轻度遇卡时，井下仪器在井眼中会发生跳动，而井口电缆却表现为匀速运动。这种情况下记录的深度与真实的测量深度存在不稳定的偏差。加速度校正就是恢复原始采样数据所对应的真深度，消除仪器非匀速运动所产生的深度误差。

②传播时间数据校正。包括图像的居中校正和对异常传播时间数据点的插值计算。

③方位校正。仪器在井中存在不规则的转动，影响到测量扫描的匀速性。使测量方位与真实方位存在一个夹角，根据方位记录曲线做方位校正。

送到地面的超声波图像已经在井下处理过，由于波峰检测和幅度计算已经在井下实时完成，地面的处理通常集中在幅度图像增强处理，因为它包含了很多的岩性信息，而传播时间图像主要反映井眼的形状。对超声波井眼图像很重要也是很独特的一个方面，也是对仪器进行偏心校正。目的是在由井眼扩大或仪器偏心引起倾斜入射的情况下重建反射幅度。波束非垂直入射的方位图像显示一个或多个宽的低幅度条带。一个可能的校正是纯粹的统计学问题：即对每一个方位上的扫描或几个邻近的扫描，幅度针对方位画出。在椭圆井眼或崩塌的情况下，由几个波峰或波谷标志着对应方位。这些数据可以拟合出正弦曲线，或一个波长或两个波长。然后，正弦曲线用同样的幅度平均值可拉成一条直线，实际测量的幅度值可被等量移动。经过这样处理以后，方位的幅度响应正常化，类似于一种补偿处理。另外一种校正方法基于模型，入射角根据传播时间计算得到，而测得的幅度用一个反射幅度对入射角的物理模型来校正。

最后的处理是为了消除小规模的不规则引起的假象，也为了加强各级别图像的对比度。超声波图像经常需要过滤噪声和标准化，超声波井眼成像覆盖全方位。声波成像必须处理由不规则井眼引起的假象。井眼的不规则或井眼的倾斜，均可能造成仪器偏心，从而引起声波倾斜地入射到井壁。此外，由于钻头引起的井壁不规则会引起入射声波束的散射。所有这些都会影响反射波的信号，减小或掩盖了岩性信息，实际上井眼垮塌和井眼不规则常常与岩性有关。在钻井过程中，泥岩易于垮塌，超声图像信号的损失可以指示它们的位置；过井眼的裂缝会在井眼表面削蚀和轻度地扩宽。由于充满液体的裂缝和周围岩石的声阻抗有很大的差别，这种局部破坏使声波井眼图像能够探测到井壁裂缝。裂缝在井眼声波图像上容易识别的另外一个原因是裂缝表面波的转换：部分入射纵波在裂缝表面转换为横波，进一步减削反射纵波信号。

传播时间在很大程度上取决于反射信号合适的探测峰。在不规则的井眼中，反射信号比理想状况衰减得多的情况下，仍然能够得到正确的传播时间，但是确定合适的采样位置会较为困难。当波束非正面入射时，超声波井眼成像的实际反射点会发生偏移，传播时间需要做一些校正，但这种情况对现在使用的聚焦换能器影响不大，因此这种校正不是必需的。

传播时间是换能器到井壁之间距离和钻井液的纵波速度的函数，钻井液速度可以由 CAST-V 实时测量，因此可以将传播时间直接转换为半径图像，可提供井壁椭圆度，360° 井眼几何形态及其井眼崩塌等信息。

2. 影响因素分析

在对超声波井眼扫描成像资料处理的过程中，分析影响图像质量的因素对于图像处理以及解释都是十分重要的。超声波换能器发射声波信号以后，有许多因素会引起反射信号幅度衰减，其中包括入射波与井壁的相互作用，仪器设计因素及井眼流体的衰减效应。理解这些影响因素，有助于提高资料采集质量。

影响信号幅度衰减的因素主要有：声波信号的频率、井眼流体的衰减率、传感器与井壁的距离、井壁的构造、声波的入射角度，以及井壁与井内流体的声阻抗差异等。声波信号的频率与传感器的设计有关，流体的衰减率与井眼流体类型有关，井壁和传感器的距离与扫描头尺寸和井眼尺寸有关。当传感器与井壁距离过大，井壁粗糙，声波入射角过大，或井眼流体衰减率较大的情况下，CAST-V 就会记录到不可靠的数据。

（1）频率影响。声波信号通过流体后的衰减直接与发射器的发射频率成正比。CAST-V 传感器的选择考虑到了扫描头的直径和频率，并且综合了成像分辨率因素。

（2）井眼流体影响。不同类型的井眼流体其衰减率也不同。如果钻井液类型和传感器的发射频率一定，则衰减率与钻井液密度成正比。气体对声波信号衰减严重，甚至于仪器信号不能在其中传播。所以，CAST-V 仪器不能在含气井眼中测量。

钻井液的密度过大，一方面会引起钻井液对声波衰减系数增大；另一方面会导致反射系数减小，致使回波幅度降低。如果地层特征反映不明显，将影响资料的分析。另外一种情况是如果钻井液中含有大量的固体颗粒，就会对声波信号产生反射，产生大量的干扰信号，致使采集的资料质量很差，无法分析地质特征。

（3）距离影响。超声波由发射器发出，经井壁返回到接收器，它所传播的距离是引起信号衰减的主要因素。当仪器在井眼中处于不同的位置时，测量的信号强度可能会有差异。

（4）井眼形状的影响。井眼不规则将导致声波不是垂直于井壁入射，使反射波的传播路径以及反射率与垂直入射时的回波幅度和传播时间有一定的差异，导致资料的准确度下降，这种情况无法校正。由于井眼的倾斜造成仪器的偏心，使仪器采集的资料在回波幅度和传播时间出现与实际特征不符的情况，将干扰解释的准确性，这种情况可以利用传播时间加以校正。

（5）入射的声束与井壁的夹角决定了传感器的接收能量。如果井壁呈椭圆形，反射声波大部分将不会反射到接收器，致使能量降低。而圆形井眼，入射角等于反射角，可以完全接收到反射信号。

入射声束与井壁不垂直的原因有两种：井眼的椭圆度和扫描头的居中程度。在椭圆形井眼中，沿最大轴和最小轴传播的声束直接返回到接收器，其他点的反射能量不能完全被传感器接收。结果成像显示条纹状，浅色条纹表明接收的能量高，深色条纹则表明接收的能量低。椭圆度小的井眼呈现模糊的条纹，而椭圆度大的井眼呈现清晰的条纹。

井眼不规则和斜井可能使仪器不能居中，在最大轴、最小轴方向声速的传播路径正常。而其他点与井壁不垂直，所以在仪器距井眼最近的地方，呈现淡色条纹。最远的地方条纹颜色略深，其余地方颜色深。由于条纹不垂直，成像显示波纹状。在居中程度很差的井眼，最小轴呈深色条纹。这是因为反射信号到达接收器的时间比仪器的测量能力还快，产生了这种近轴效应。横截面不规则的井眼可能呈现不同的条纹图像，而且经常是椭圆形井眼与仪器不居中，同时存在形成的条纹图像。

（6）如果其他的衰减因素不变，通常光滑的井壁比粗糙的井壁声波反射好。粗糙的表面可以认为是由许多小的、不同角度的微小表面合并而成，井壁构造就与井壁角度联系起来。超声波被井壁返回后，向各个方向传播，大部分反射波能量被散开，只有少部分能量被接收器接收。岩石的机械特性和钻井施工决定了井壁的构造。岩石类型不同，井壁构造也会有所不同。分析家们可以利用这些差异区别岩石类型。有时，钻井造成的井壁特征在成像图上占主要地位。

第九章 随钻测井技术

第一节 电阻率测井

一、普通电阻率测井

岩石是由矿物组成的，自然界中各种岩石的导电能力不同，所测出的电阻率也不同。岩石埋在地下，岩石的电阻率是一个不能直接测量的物理量，只能采用间接测量的方法，即只有给岩石一定量的电流时才能测量出来。所以进行电阻率测井时，通过供电电极 A、B 供电，在井内建立电场，然后用测量电极 M、N 进行电位差测量。

(一) 视电阻率

各向同性均匀介质，且没有井和钻井液影响的电阻率。但实际测井中，导电介质大多数是非均匀的，且有井的存在，井内有钻井液，钻井液污染了井壁附近的地层，地层具有有限厚度，使井周围介质的电阻率分布复杂化，这样在井中所测的电阻率不是岩层的真电阻率，而是各项因素都影响的电阻率，称为视电阻率。

在非均匀介质中，电极系所测的电阻率与井内钻井液、渗透层的侵入、上下围岩的电阻率都有关系，各部分介质对测量结果的贡献大小很难用简单方法计算出来，测量的岩层电阻率是各种影响的综合反映，这个电阻率称为视电阻率。

(二) 电极系

电极相对位置不同，会形成不同的电场，也就组成了不同的电极系。根据成对电极和不成对电极距离的不同，可把电极系分为电位电极系和梯度电极系（成对电极即是同一线路中的电极，如供电线路的两个供电电极就是成对电极)。

1. 电位电极系

不成对电极到靠近它的那个成对电极之间的距离小于成对电极间的距离的电极系，称为电位电极系。电位电极系的电极距是单电极（不成对电极）到靠近它的那个成对电极间的距离。

2. 梯度电极系

不成对电极到靠近它的成对电极之间的距离大于成对电极间的距离的电极系，称为梯度电极系。不成对电极到成对电极中点的距离称为梯度电极系的电极距。

3. 电极系分类

根据成对电极与不成对电极的相对位置，可把电极系分成两类。成对电极在不成对电极下方的叫正装电极系。由于正装梯度电极系测出的曲线在高阻层底界面出现极大值，故也叫底部梯度电极系。成对电极在不成对电极上方的叫倒装电极系，也叫顶部梯度电极系。根据供电电极在井下的个数，又可将电极系分成两类：有一个供电电极的叫单极供电电极系，有两个供电电极的称双极供电电极系。

4. 电极系互换原理

把电极系中的电极和地面电极功能互换（原供电电极改为测量电极，原测量电极改为供电电极），而各极的相对位置不变，则所得到的视电阻率值不变，测得的曲线形状不变，这叫电极系互换原理。

5. 电极系的探测深度

在均匀介质中，以单极供电的电极为中心，以某一半径为球面，若球面内包括的介质对电极系测量结果的贡献占测量结果总贡献的50%，则此半径就是该电极系的探测深度（或探测半径）。一般电位电极系的探测半径为2倍电极距，梯度电极系的探测半径为$\sqrt{2}$倍电极距。

二、视电阻率曲线的影响因素

(一)渗透性地层纵横向电阻率的变化

钻井过程中，为了防止井喷，通常使钻井液柱的静压力略大于地层压力。这个压力驱使钻井液向储集层渗透。在不断渗透的过程中，钻井液的固体颗粒逐渐在井壁上沉淀下来形成泥饼。泥饼的渗透性很差，在泥饼形成后，可以认为径向上的渗透作用基本上停止了，这个过程是钻井液滤液径向渗滤的过程。由于钻井液滤液、油气、地层水具有不同的物理性质，主要是密度不同，在岩石孔隙中的流体重新进行重力分异作用，以达到新的平衡，此时以钻井液滤液的纵向渗滤为主。

由于钻井液滤液电阻率与地层水电阻率不同，钻井液侵入将改变储集层电阻率的径向特性，在井周围地层中，形成了冲洗带、过渡带和原状地层。从井轴开始沿径向向地层方向，所遇到的介质有钻井液、泥饼、冲洗带、过渡带和原状地层。

(1)冲洗带。岩石孔隙受到钻井液滤液的强烈冲洗，孔隙中原来的流体几乎都被挤走。此时岩石孔隙中充满钻井液滤液和残余的地层水(水层)或残余的油气(油气层)，其电阻率用 R_{xo} 表示。

(2)过渡带。距井壁有一定距离，岩石孔隙中钻井液滤液逐渐减少，原状地层流体逐渐增加，直至几乎没有钻井液滤液的原状地层。

(3)原状地层。没受钻井液侵入的地层，其电阻率为 R_t。

通常把储集层的侵入特性分为高侵和低侵。高侵剖面：淡水钻井液钻井的水层一般为高侵剖面，部分具有高矿化地层水的油气层也可能形成高侵剖面，但差别比水层小。低侵剖面：一般好的油气层具有典型的低侵剖面，部分水层也可能出现低侵，但差别比相应的油气层小。

测井解释的主要目的是判断油气水层，所以深入研究侵入带、冲洗带的侵入特性十分有助于判断油气水。随着地层打开的时间不同，侵入剖面随时间的变化也不同。而测井资料的录取只是某一时刻的反映，所以要理解整个过程。

上面讨论的是井剖面径向上的电阻率变化，而纵向上岩层的电阻率和径向上也有很大差别。在原状地层中，垂直于岩层层理的电阻率大于平行于层理面的电阻率。储集层有侵入后，当泥饼达到最厚时，径向上渗滤作用几乎停止，纵向上重力分异作用加强，油气比较轻，容易在储集层上部富集，钻井液滤液和残余的地层水在储集层下部富集。因此，上部电阻率是突变的，下部电阻率是渐变的。

(二) 视电阻率曲线的影响因素

为了正确使用视电阻率曲线，应掌握各种影响因素对视电阻率曲线的影响。

1. 电极距的影响

电极距不同，探测半径就不同；电极距与层厚的比例不同，分层界线和曲线形状就不同。当电极距小时，井的影响较大，视电阻率幅度不高。随着电极距增大，探测深度加大，地层的贡献占主导地位，相对而言，井的贡献减小，视电阻率增高，当电极距加大到一定程度后，再增加电极距，围岩影响增大，视电阻率反而减小。所以解释时，应注意目的层厚度和电极距之间的相对关系。

2. 井的影响

在实测的视电阻率曲线上，井的影响不可避免。这种影响实际是井内钻井液电阻率比地层电阻率低得多，井内钻井液分流作用就很大，视电阻率曲线比理论曲线的数值低，界面附近变平缓。井径越大，钻井液电阻率越低，对测量结果的影响越大。

3. 围岩和层厚的影响

在钻井剖面上，电阻率相同的渗透层由于厚度不同，在视电阻率曲线上的幅度值就不同。一般当围岩电阻率低时，厚度变薄，视电阻率就变小。厚度和围岩电阻率是相同的影响因素。当存在高阻薄层时，视电阻率就会降低。

4. 侵入影响

渗透性地层钻井液侵入以后，径向电阻率分布发生了变化。短探测的电阻率由于钻井液滤液挤走了冲洗带孔隙中的原有部分流体，当挤走的是油气时，电阻率就会下降；如果挤走的是高矿化地层水，电阻率就会升高。当侵入很深的时候，视电阻率受侵入影响就更大了。

5. 高阻邻层的屏蔽影响

前面分析的都是单一高阻层的视电阻率曲线。实际常遇到在电极系探测范围内存在几个高阻薄层的情况，测量时由于相邻高阻层间有一定的屏蔽影响，使视电阻率曲线发生畸变。

6. 地层倾角或斜井的影响

理论曲线都是在水平岩层中得出的。当井轴不垂直于岩层界面时，实测的曲线与理论曲线形状和幅度均有差异。

（三）标准测井

在一个地区或一个油田，为了研究岩性的变化、构造的形态和划分大段油层等工作，常采用相同的深度比例（一般为 1：500）及相同的横向比例，在全井段进行几种方法测井，如一条电阻率曲线、一条自然电位曲线，有的包括井径或自然伽马等，作为划分标准层及进行地层对比之用。这个测井方法叫标准测井。一般标准测井有一条最佳电极距的电阻率曲线和一条自然电位曲线，它能够清楚地划分本地区地质剖面上的各种岩样（层），又能划分薄层，视电阻率又接近地层真电阻率，所以电极距不能太大、也不能太小。

标准测井的资料可以用来初步划分岩性，分析层厚的变化，确定综合测井的测量井段。多口井的标准测井资料可以根据曲线的对比，了解整个地区地下的构造形态，即岩性在纵横向上的变化规律，搞清油、气、水的空间分布和含油层物理性质的变化情况，以及进一步研究地质构造、超覆、断层等地质现象。其中，用标准测井资料进行地层对比是最基本的，主要用来研究含油气层的岩性、物性厚度和含油气水情况在油田范围内的变化规律。

三、核磁共振测井

（一）简介

1945 年，Block 和 Purcell 发现了核磁共振（NMR）现象。从那时起，NMR 作为一种有活力的谱分析技术被广泛应用于分析化学、物理化学、生物化学，进而扩展到生命科学、诊断医学及实验油层物理等领域。如今，

NMR 已成为这些领域重要的分析和测试手段。

核磁共振测井技术是用一些大线圈和强电流，在地层中产生一个静磁场、极化水以及藏身于油气中的氢核。迅速断开静磁场后，被极化的氢核将在弱而均匀的地磁场中进动。这种核进动在用于产生静磁场的相同线圈中产生一种按指数衰减的信号。使用该信号可计算自由流体指数 FFI，它代表包含各种可动流体的孔隙度。

核磁共振测井测量的是地层中含氢流体的弛豫特征，它与流体的数量和性质有着密切的联系。核磁共振测井从一开始就受到人们的重视，但由于技术条件的限制，在很长一段时间内没有得到推广应用。随着磁场设计和测量方案研究的进展，新式仪器已经投入使用，并取得了初步成功。核磁共振测井资料的解释与应用研究也取得了很大进展，利用核磁共振测井资料评价地层的能力逐步提高。NUMAR 公司在 20 世纪 90 年代推出了核磁共振成像测井（MR-LL）。它应用全新的测量技术，消除了钻井液的影响，从而省去了过去进行 NMR 测量时须先对钻井液加顺磁材料进行处理（以消除钻井液信号的致命影响）的过程，使得 NMR 技术在油田被广泛采用，形成近几年来的核磁共振测井热。其应用范围也越来越广，解决的问题也越来越多。

（二）核磁共振测井原理

1. 基本原理

核磁共振技术的基础是原子核的磁性及其与外加磁场的作用。产生核磁共振现象须具备下列三个条件：原子核具有磁性，有静磁场，与静磁场垂直的、具有进动频率振荡的交变电磁场。

原子核由质子和中子组成。质子带正电，中子不带电。质子和中子统称为核子。所有含奇数个核子以及含偶数个核子但原子序数为奇数的原子核，都具有内禀角动量（自旋），这样的核（例如氢核等）自身不停地旋转，且产生磁场，犹如一根磁棒。该磁场的强度和方向可用核磁矩矢量来表示。当没有外加磁场时，核磁矩随机取向。在均匀静磁场中，自旋系统将被磁化，即磁矩重新取向，从而有一个净的矢量和，磁化矢量。

根据量子理论，质子特定的拉马频率也是电磁辐射的频率值，进动的原子接收外界磁场施加的能量，并进动到高能态，即从与 B_0 同向态进动到反向态。

磁化矢量的反转可以通过施加一个与静磁场垂直，以进动频率振荡的交变电磁场来完成。交变电磁场可以短冲脉的形式施加在射频脉冲以前，自旋系统处于热平衡状态，施加以后磁化矢量又将朝 B_0（纵轴方向）反转，试图从非平衡状态恢复到平衡状态。后面这个过程可以用两个弛豫时间来描述，即自旋 – 晶格或纵向弛豫时间（T_1）和自旋 – 自旋或横向弛豫时间（T_2）。T_1 是在主磁场 B_0 的作用下，系统达到平衡，施以射频场 B_0 场后，核子由 B_0 场吸收能量，从低能态跃迁至高能态。撤去 B_0 场，体系通过弛豫过程重新返回到相应于 B_0 场的平衡分布。这时过剩的自旋核子返回到低能态，将原先获得的能量传递给周围介质（晶格），这种自旋与晶格（介质）之间的能量交换称为自旋 – 晶格弛豫。在弛豫过程中，由于取低能态的核子增加，磁化强度矢量的纵向分量不断增加，最终达到平衡时的数值，故这一弛豫过程又称纵向弛豫（T_1）。它反映磁化矢量的纵向分量恢复到初值的过程，决定于受激自旋与周围晶格之间能量的传递速度。

T_2 是由于各核磁矩的相位由一致而趋于随机分布造成的。核磁矩在上下进动圆锥上的数目不变，它们的能量不变。这是自旋核子自身的能量交换，而非自旋核子与晶格（环境）之间的能量交换，整个自旋系统的总能量是不变的。它反映了非平衡磁化矢量水平分量衰减到零的过程，这种衰减来自邻核局部场及静磁场的不均匀性引起的散相。研究表明，固体的横向弛豫时间 T_2 非常短。在观测的核磁共振信号中，几乎看不到固体信号，只有流体的贡献；而且当只有单相流体存在时，测量信息与孔径分布具有良好的对应关系，即孔喉半径越大，弛豫时间越长。

2. 测量的信息

核磁共振测井最基本的原始数据是回波串，经处理后可得到的信息如下。

（1）MPHI，核磁有效孔隙度。

（2）MBVM，可动流体体积。

（3）MBVI，毛管束缚流体体积。

（4）MPERM，渗透率。

（5）PPOR，PI–PIO，不同组分孔隙度分布。

(三) 核磁共振测井资料解释与应用

核磁共振测井对处于束缚状态的氢核不敏感，它主要反映岩石孔隙中含氢流体的情况。T_2 受流体黏度、矿化度、温度的影响，另外还与测量的磁场条件有关。当流体处在孔隙介质中时，由于具有约束边界，核磁共振测井响应不仅取决于流体本身的性质，还取决于骨架的影响程度。

1. 研究地层的孔隙

核磁共振测井反映孔隙的能力同回波间距 T_E (两个回波的时间间隔) 有关，随着 T_E 的增加，它反映细微孔隙中含氢流体数量的能力变差。由于它的回波间距及信噪比的限制，通常认为它不反映黏土束缚水，因此核磁共振孔隙度可以视为可产水与毛细管束缚水的孔隙度。全部 T_2 分布的积分面积可以视为核磁共振孔隙度 φ_{NMR}，它等于或略小于岩石的有效孔隙度。选择一个合适的截止值 T_R，小于 T_R 部分的面积视为毛管束缚水体积，大于 T_R 的 T_2 分布面积可以视为可产水体积，由此可得出岩石的各种孔隙度。对于砂岩，T_R 值大约为 33ms，当岩性变化或表面弛豫改变时，它可能要相应地改变，或者将原始回波列经过处理，变为 8~10 个分瓣，前面 3~4 个瓣的幅度相加作为毛细束缚水的体积，全部分瓣的总和即为总的核磁共振孔隙度 φ_{NMR}，二者之差即为自由流体指数 FFI。

将核磁共振测井与其他孔隙度测井结合，可以求出黏土束缚水孔隙度 φ_{wb}，以及残余水孔隙度中 φ_{wirr}，这是用电阻率测井进行饱和度评价时需要的一个重要参数。

以上的解释方法对于亲水岩石饱和水或含有与水不相混合的轻质油是适应的。如果岩石部分亲油，原油为高黏度重油，天然气、岩石中含某些磁性物质，则甚低的孔隙度地层导致信噪比降低，对孔隙度的精度有时也会有影响。

如果表面弛豫作用强烈，T_2 正比于孔隙度的大小，弛豫测量就反映孔径分布情况。所以，将 T_2 分布重新刻度就可以得到岩石的孔隙分布直方图，因此用核磁共振测井可以研究岩石的孔径分布情况。当地层含多相流体时，若岩石亲水，水峰将反映岩石的孔径分布，油对孔径的变化不敏感，但由于测井信噪比不高和油水间可能存在的相互影响，核磁共振测井反映孔隙分布的能力会降低。

核磁共振测井测的是地层中氢核的共振信号大小及其衰减速率 (弛豫速率)。显然，信号大小反映地层中氢核的多少，也就反映地层中流体的含量。弛豫速率除了与流体的固有弛豫特性有关外，主要决定于固液界面特性和孔隙的面体比。横向弛豫速率还与磁场不均匀性和流体的扩散特性有关。这些是核磁共振测井应用的基础。

(1) 对回波串的包络线做两指数、三指数或单指数扩展拟合后外推至零时间，得到地层核磁共振自旋回波总信号 A_{ONMR}，经刻度成为核磁共振测井孔隙度 φ_{NMR}。

对于我国进口的 MRIr-C 型仪器和在我国服务的 CMR 型仪器，由于性能所限，不能反映黏土束缚水的信号 (弛豫速率太快)，所以测到的 φ_{NMR} 为毛细管束缚水和自由流体所占的孔隙度。不过 MRIr-C/PT 型全孔隙度测井仪器，通过提高采样率和重新设计采集程序 (以提高信噪比)，可以测到短达 0.5ms 的横向弛豫成分，基本上包含束缚水的信号。该仪器可以同时提供核磁共振测井总孔隙度 φ_{NMR} 和原生的 φ_{NMR}。

(2) 对于大于一定的门槛时间 (通常 6～30ms 范围) 的所有回波包络线做单指数拟合后外推至零时间，就可得到自由流体指数 FFI，经刻度后成为自由流体孔隙度。由 φ_{NMR} 减去 φ_{FFI} 得到束缚水孔隙度。早期的这种数据处理方法简单，适用于孔径单一或孔径分布集中于 2～3 个孔径点 (孔径点是指孔径最大即贡献最大的孔隙度所在的点) 的地层。对于孔径分布范围较宽的地层，存在着由拟合方法不适合带来的孔隙度误差。

(3) T_2 截止值的选取，一般对一个具体的地区的岩样，应在实验室做饱和盐水实验，然后离心脱水，最后进行 NMR 测量确定。但还需注意的是，充分脱水后的 T_2 谱积分得到的束缚水含量，比没有脱水前的小 T_2 截止值积分得到的束缚水含量要大，原因是大孔隙中的孔壁束缚水在岩心脱水后对束缚水信号有贡献。

(4) 地层含油时，因油的含氢指数与水的相差不多，因含氢指数不同造成的影响较小，但需要注意油的 T_1 值与地层水的 T_1 值相差很大。如果测量脉冲序列的等待时间不能使油足够极化，则须做极化不足校正。另外，还需要注意油的 T_2 值随油的黏度变化而改变，当地层含有稠油时，由于稠油的

T_2 小，不能根据 T_2 截止值来区分束缚水和可动液。

（5）含天然气时，因天然气的含氢指数、扩散特性等的影响，造成孔隙度明显减少而使求准天然气的地层孔隙度有困难，但这却是 NMR 测井识别天然气层的依据。

（6）数据处理过程中引起的误差，包括噪声的滤波处理造成基线漂移、低孔隙地层测量信号相应零漂移不定的变化，使误差增大。

（7）还可能受到未知的加速弛豫机理的影响（如富含顺磁杂质等），因此，对岩样应进行充分的核磁测量基础研究。

2. 判别流体类型，确定流体饱和度

一般来说，T_2 弛豫分布的幅度与该组分的体积含量有关。对于地层饱和水的情况，通过求得的各种孔隙度，可以得到毛细束缚水饱和度与自由流体饱和度；与其他孔隙度测井相结合，可以得到黏土束缚水饱和度及残余水饱和度。

当两相流体油水共存时，设岩石亲水，则油表现出自由体积的弛豫值，而水表现出表面弛豫值，测量的 T_2 分布将呈现双峰分布，低 T_2 峰对应着润湿性的水，高 T_2 峰对应着轻质油，通过选择一个合适的门槛值，可以将油水信号区分开。不同的地区可能有不同的门槛值，油水峰下包围的面积分别为含油和含水的体积。

由于仪器的信噪比有时较低，油水两相可能存在的相互作用及其他因素影响，油水峰可能会产生干扰，特别是对于混合润湿相的情况，这时得到的结果不一定可靠。为了区分油水信号，有时不得不往钻井液中掺杂顺磁性物质。影响孔隙度的因素都会影响饱和度的求取。当岩石中含有大的晶洞孔隙，连通孔隙与晶洞孔径差别较大时，T_2 分布也可能呈双峰或多峰分布。识别流体性质的方法仍在研究中，对大多数情况，须结合其他测井方法才能得到可靠的结论。

常规测井判别油气层的主要手段是电阻率测井，通过油气层与水层的电阻率判别来识别。对于低阻油层、水淹层等，目前用电阻率测井识别有困难，而 NMR 测井从另外一个角度，根据油、气与水的纵向弛豫时间差别以及气与油、气与水扩散系数的差别，来识别油、气、水层。还可以根据由 NMR 测井确定的束缚水饱和度与含水饱和度的比较，来判别低阻含烃地层。

（1）凸显 T_1 效应的 TR 测井识别油气层。这种方法要求进行两次精选的不同等待时间的 CPMG 的测量。长、短等待时间的两次测量要求水被完全极化，对应于长等待时间油气为非润湿相，它们的 T_2 值相对确定时，则两次测量得到的 T_2 谱相减消去水的信号，剩下油气信号，即所谓差谱法，差值用变密度显示可直观指示油气。另外，也可在时域进行数据处理，即回波幅度差法。由于噪声使反演得到的 T_2 谱线加宽，当信噪比低的时候，谱差分法识别地层不理想，由 Prammer 等人提出对不同等待时间的两个原始回波资料在时域相减求复差，再经相位校正，得到单通道幅度信号差值。从相减得到的差值曲线中若有天然气存在，则可以见到因天然气引起的快弛豫。当然，如果掌握了天然气在地层条件下的 T_2 值，则从差值曲线判别天然气的存在更准确。

上述方法应用条件如下。

①力求压低噪声，因为噪声使 T_2 谱线性加宽，使得油气信号分散于盐水信号中，这样差谱法就无法显示油气。

②信噪比要高，信号差值应大于噪声，大约要求油气占有的孔隙度应大于 4%，否则油气信号被噪声掩盖，甚至出现负信号，不能指示油气存在。

③不同等待时间的两次测量要求深度精确相同，否则引起信号处理时的相位不匹配和深度不匹配带来的误差。因此谱差分法测量时，建议用固定深度点，分别进行长、短等待时间的两次测量，或双频分区实现同深度长、短等待时间的测量（如 MRIr–C 型仪器等）。

④烃为非润湿相，为单指数弛豫，否则油的信号不能集中反映在油峰中。

（2）凸显扩散效应的 T_E 测井识别气层。

当回波间隔时间 T_E 短时，流体的扩散对回波幅度的衰减影响小。随着回波间隔时间 T_E 的加大，扩散的影响加大，因此进行两次不同 T_E 的测量，经过反演得到两个 T_2 谱。如果油、气、水信号存在，比较两个 T_2 谱，可见长 T_E 的 T_2 谱中气信号峰明显左移（向 T_2 减小方向）。

因为天然气扩散特性的影响使 T_2 变小，而油、水左移不明显。这样两个 T_2 谱相减得到长短 T_2 处的两个天然气峰，峰下面积相同，由此可识别天然气的存在。从理论上讲，峰下面积经天然气含氢指数的极化不足，校正后可计算天然气的含量，这就是所谓谱位移法。另外一种处理方法称为回波比方法，即两列不同 T_E 的回波求比值来消除非扩散影响的信号。此比值是地层视扩散系数的函数。在实验的基础上，可确定地层视扩散系数 D，进而识别油气和求油气饱和度等。

该方法要求如下。

①信噪比高。除天然气信号外，两个 T_2 谱的形状要求一致。另外，注意由于长 T_E 的平均信号强度比短 T_E 的小得多，造成两个谱信噪比不同，这样受噪声的系统性影响，可能造成假的天然气影响。

②其他要求与谱差分法要求相同。

(3) 估计含油饱和度。

①在低噪声，油为非润湿相时，并且在 T_2 谱中油峰明显，则用油峰下面积的积分与全谱积分值之比可求出含油饱和度。用油峰的平均 T_2 值在实验室与油的黏度建立关系，这样就可以用油峰的平均 T_2 值估计油的黏度。

②由谱差分法求得的谱差分值经实验室刻度，可得到油气的含量。该方法以实验为基础，同时决定于谱差分法的有效性。

(4) 确定残余油饱和度。当侵入比 NMR 测井探测深度大时，由上述方法估计的含油饱和度就是残余油饱和度。另外，还可以用一种 NMR 测一注一测（NMRLIL）方法，使用能溶解于水的顺磁离子（如锰等），使水的衰减时间变得足够短，短到 NMR 测井仪测量下限值以外，这样来自水的信号就消失了，只探测到油的信号，以测量油层的残余油饱和度。其基本方法是：在给钻井液加含可溶顺磁离子物质前进行一次 NMR 测井，然后给钻井液添加含可溶顺磁离子物质，并对井段扩眼，刮掉泥饼，在含顺磁离子的钻井液滤液充分侵入渗透性地层后（一般冲洗带侵入深度能达几英寸），再进行 NMR 测井。如果冲洗带混合液含足够浓度的顺磁离子，使其水信号更快衰减，则第二次 NMR 测井测到的是油信号。比较两次测井结果，可得到剩余油或残余油饱和度剖面。但需要注意侵入深度与仪器的探测深度的关系，最好选用探测深度浅的 NMR 仪器。

3. 估计渗透率

测井解释试图通过束缚水体积、总孔隙度或有效孔隙度、比面同渗透率联系起来，出现了许多种形式的表达式及衍生公式。由于现存的测井方法

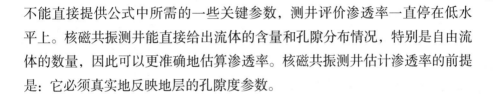

不能直接提供公式中所需的一些关键参数，测井评价渗透率一直停在低水平上。核磁共振测井能直接给出流体的含量和孔隙分布情况，特别是自由流体的数量，因此可以更准确地估算渗透率。核磁共振测井估计渗透率的前提是：它必须真实地反映地层的孔隙度参数。

第二节 随钻放射性测井

一、随钻技术的优势

(一) 随钻导向钻井技术

随钻导向钻井技术能综合钻井、随钻测井测斜、地质录井及其他各项功能，实时判断是否钻遇泥岩并识别泥岩位于井眼的位置，还可及时调整钻头在油层中的穿行，具有随钻辨识油气层、导向功能强的特点。随钻导向钻井技术直接服务于地质勘探，可提高探井发现率和成功率，适合于在复杂地层、薄油层钻进的开发井，可提高油层钻遇率和采收率。

(二) 随钻测量技术

随钻测量是指在钻头附近测得某些信息，不必中断正常钻进操作而将信息上传到地面的过程。随钻测量的主要作用是定向井服务，测量的信息如下。

(1) 定向数据，包括井下实时井斜角、方位角、工具面角。

(2) 钻井工艺参数，包括钻头处的钻压、扭矩、钻柱转速、环空温度、环空压力等。井底钻压 / 扭矩测量是由装在靠近钻头特制接头上的灵敏应变仪系统来测量的。应变仪能测钻压的轴向力和扭矩的扭力。将成对的应变片贴在接头的对边，会消除弯曲应力产生的影响。

(3) 温度传感器通常装在钻铤的外壁，用来监测环空中的钻井液温度。传感元件是随温度变化的金属片 (如铂等)。温度测量范围为 10 ~ 176.7℃。

(4) 地层特性，包括伽马射线、电阻率测井记录。

以上参数由若干种传感器组成独立的参数短节，装在 MWD 或 LWD 上实现随钻测量。地质导向提供精确的轨迹测量，达到对井身的实时控制，使钻头长上"眼睛"，可实时地"看"到井下正在发生的情况，从井底测量参数到地面接收到数据只延误几分钟，所以可以改善决策过程。这样可提高钻井成功率，降低钻井风险，提高钻井安全性，避免钻井事故的发生，提升了井的经济价值，方便了钻井信息集成。

（三）随钻测井技术

随钻测井包括随钻井径、自然伽马、电阻率、密度、中子、光电吸收截面的测量，以及配套随钻电阻率成像、随钻核磁共振成像、随钻声波、随钻地震等测井技术，基本上已经涵盖了目前电缆测井的所有技术。

随钻测井技术的发展与完善，其成为电缆测井的一个重要补充手段。同时由于在钻井的同时进行测量，使得测量参数在地层钻井液刚刚侵入地层或几乎没有侵入地层造成污染前，即能获得真实的地层特性和最新资料，这对正确评价地层是绝对重要和必要的。因此随钻测井的优势体现在以下方面。

（1）不需要电缆，可测全部常规测井项目，随钻测井在钻井的同时完成测井作业，减少了井场钻机占用时间，从钻井 – 测井 – 体化服务的整体上节省成本。

（2）对于放射性测井来讲，由于测速慢，降低了放射性测井的统计误差，提高了仪器的纵向分辨率。

（3）对于电阻率测井来讲，随钻测井资料是在钻井液滤液侵入地层之前或侵入很浅时测得的，更真实地反映了原状地层的地质特征，可提高地层评价的准确性。

（4）利用随钻伽马和随钻电阻率测井识别易发生复杂情况的地层，可以实时发现薄气层的存在。

（5）在钻进时，利用伽马射线和电阻率测井可以评价地层压力，进行邻井对比。

（6）在某些大斜度井或特殊地质环境（如膨胀黏土或高压地层等）下钻井时，电缆测井困难或风险加大以致不能进行作业，随钻测井是唯一可用的测井技术。

随钻测井技术能将随钻测井工程师与现场的钻井工程师和地质专家结合起来，提供高水平的储层区评估/开采服务，这将使井位设计和勘探开发的目的性体现得更加准确。国内各大油田对随钻测井技术的应用经过了引进、消化、吸收和创新等阶段。

随着各类复杂油气藏和非常规油气藏的逐渐发现，大位移井、水平井、各类复杂井越来越多，常规的电缆测井无法进行作业，随钻测井必将成为各大油田公司的选择，随钻测量和随钻测井技术的应用前景将十分广阔。

二、随钻自然伽马测井

(一) 随钻自然伽马测量的原理

随钻自然伽马测井与传统自然伽马测井的原理完全一样，它是以地层的自然放射性为基础，测井时通过伽马射线计数器沿井眼进行测量，并记录伽马射线的强度。在随钻测井过程中，伽马探管一般串接在随钻测量仪器的测量探管之下，与随钻测量井下仪器一起装在无磁钻铤内。测量时，自然伽马探测器将探测到的地层伽马射线的强弱转换成电脉冲信号，并通过钻井液传到地面。所测自然伽马参数结合实时测量的井眼轨迹几何参数以及地质参数，可准确判定储层特性，指导现场工程师调整轨迹，控制钻具有效穿行于油藏的最佳位置，进而实现地质导向。

随钻伽马探测器的工作原理如下。地层中的伽马射线进入自然伽马探测器后，由探测器将伽马光子转换成电脉冲信号，经过处理电路将该信号变成标准脉冲，再送入伽马井下探管的 CPU 处理电路。CPU 利用内部计数器对其计数，并且每 16s 采样一次伽马脉冲的计数值，然后取其单位时间内的平均值，得到伽马脉冲计数率，再通过刻度方法将地层的伽马射线强度转换为自然伽马标准计量单位 API，然后存入探管中的非易失存储器中。同时标准伽马脉冲测量值通过总线的形式传送到随钻测量井下仪器，由随钻测量探管使伽马测量值与随钻测量仪器其他井眼几何参数通过随钻测量仪器的泥浆脉冲传输系统，传输到随钻测量仪器地面系统的计算机中，交由伽马数据处理软件进行处理，与井深数据相对应得到地层的实时伽马曲线。有时在钻井完成后，还需要再对所钻井段地层的伽马数据进行测量，这时可不用随钻测量无线随钻测量仪器，而是单独将自然伽马测量仪器的井下探管下入井中，在下钻或起钻过程中测得的伽马数据不会实时传输至地面，而是直接存入伽马探管非易失存储器中。测量完毕后，将伽马探管从井底取出，由伽马数据处理系统软件回放出来，与井深数据相对应即可得到地层的伽马曲线。

(二) 随钻自然伽马测量仪组成

随钻自然伽马测量仪由伽马井下探管、地面数据采集系统和地面计算机伽马数据处理系统软件三部分组成。这三部分的结合能够完成地层自然伽马脉冲计数率和井深的测量，得到实时伽马曲线。仪器的随钻测量功能是由自然伽马测量仪利用无线随钻测量仪器系统的实时传输机制完成的，随钻伽马曲线是在钻进过程中得到地层实时伽马曲线的。

(三) 随钻自然伽马测量中影响因素

1.信号传输过程中所受干扰

随钻自然伽马测井与常规自然伽马测井的最大不同是，在钻井过程中实时将自然伽马测量结果传输至地面。井下仪器中的控制部分将自然伽马测量结果编码，然后钻井液脉冲发生器产生一系列的压力脉冲，通过这种方法产生正压力脉冲或负压力脉冲，或连续的钻井液压力波，并通过钻柱传至地面。在地面连续检测立管压力的变化，并通过译码转换成不同的测量数据。伴随在钻井液信道中的测量信号很容易受到钻井泵等钻井液循环系统工作状态等因素的影响，地面系统对编码信号会不可避免地产生误译。为此，在数据的预处理中应该充分排除这些因素，以得到正确的测量结果。

2.井眼条件

伽马射线强度会因为它所经过的介质的影响而减弱，在随钻伽马测井过程中，对伽马响应值产生影响的介质一般有4种。

(1)钻铤。由于自然伽马测量仪装在钻铤内，钻铤会对伽马探测器产生一定的屏蔽作用，同时，钻铤也会吸收一部分伽马射线，因此伽马值减小。钻铤的厚度和密度越大，这种作用越明显，伽马值越小。在实际应用中，采用将随钻自然伽马测量仪安装在不同尺寸钻铤内进行实体刻度的方法，来修正钻铤的影响。

（2）井眼尺寸。井眼尺寸不同，到达探测器的伽马射线粒子数量不同，因此伽马值也不同。井径扩大，相当于钻井液层增厚。考虑井眼尺寸的影响，在实际应用中，通过建立不同井眼尺寸的刻度对随钻自然伽马量进行刻度。

（3）井眼环空及钻柱中的钻井液成分。当井内有钻井液时，井内介质对伽马射线的吸收较强，如果钻井液中混有含放射性成分的物质（如 KCl 等），就会抵偿这种吸收。如果钻井液密度增加，伽马值就会减小。因此，钻井液密度对伽马曲线影响较大。

（4）井眼扩径的影响。井眼的冲蚀现象和时间有关。地层开钻时间越长，井眼冲蚀就越厉害，所测伽马值也不同。井眼冲蚀越厉害，相当于井径扩大，所测伽马值会减小。

3. 测井速度的影响

由于自然伽马的计数受放射性涨落的影响，所以随钻伽马测井速度的快慢会直接影响随钻自然伽马测量仪的统计涨落误差。对于随钻自然伽马测量仪来说，测井速度取决于钻速，具体来说取决于地层、钻井参数及井深等因素。通常来说，钻速应该保持在 45m/h 以内，最大不应该超过 76m/h。

（四）随钻自然伽马测井的应用

在通常的钻井速度下，随钻自然伽马测井比电缆自然伽马测井数据密度高，具有实时性。而且由于是随钻测量，测量结果受滤饼和侵蚀带等因素的影响小，更接近于原状地层的真实情况，因此能提供更准确，数据质量更高的测井资料，同时也大大缩短了钻井时间，可大量减少钻井成本开支。特别在薄油层、水平井等环境中，随钻自然伽马测量仪有着电缆自然伽马测井无可比拟的优势。

与传统自然伽马一样，随钻自然伽马曲线可以对比地层、计算泥质含量、判断沉积环境、定性和定量划分与计算岩性、选择套管下入点、帮助判断孔隙压力。除此以外，随钻自然伽马在随钻测量和随钻测井的过程中一个重要的应用是帮助进行地质导向，分析钻头与上下围岩地层的关系，实时调整钻头姿态，保证钻井在目的层钻进，最大限度提高钻遇率。

斯伦贝谢通过近钻头随钻伽马测量，可预测钻头前方地层的岩性和构

造等，这为提前调整钻头方向提供了可靠的依据。

三、随钻密度中子测井

(一) 第一代随钻补偿中子密度测井仪 CDN

随钻补偿中子密度测井仪 CDN 具有两个放射源：一个是装在一个玻璃或者陶瓷材料中的氯化钠 (^{137}Cs)，活度为 1.7Ci；另一个是氧化镉 (^{241}Am) 和铍粉末 (^{9}Be) 形成的混合物，能够产生 60keV 的伽马射线，活度为 7.5Ci。另外还有两个小源：活度为 1μCi 的 13Cs 和 50μCi 的 ^{241}Am，在进行伽马射线能谱测量时进行能量标定。双源仪器中两个源的距离为 1.5m，要求很强的屏蔽功能。CDN 随钻补偿中子密度测井仪包括 6.5in 和 8in 两种类型，其中密度短节部分可以进行伽马能谱测量以确定密度和岩性信息；中子部分包括补偿中子测量，与电缆测井物理机理相同。新仪器提供传统的热中子孔隙度 (TNPH) 测量和含氢指数 (BPHI) 测量，且由于具有高的中子产额，提高了远、近中子探测器的计数率，改善了测量精度，提高了测量深度。同时新仪器还能获取俘获伽马能谱和时间谱，能够得到元素组成和地层宏观吸收截面，并能够根据非弹性散射伽马进行中子密度测量。

CDN 仪器在测量原理上与电缆密度测井和中子测井类似，可提供实时的中子孔隙度、地层体积密度、宏观俘获截面、光电吸收系数以及地层元素组成，这些资料可以在随钻过程中实时描述地层孔隙度和岩性，按方位测量岩石和流体性质，其地层评价精度高、储量描述准确、诊断能力较强。

(二) 第二代随钻方位密度中子测井仪 adnVISION

斯伦贝谢公司的 adnVISION 由中子源、中子探测器、密度源、密度探测器和超声探测器等构成，它采用伽马源为 1.3 ~ 2Ci 的 ^{137}Cs，探测器采用碘化钠 (NaI) 晶体探测器。中子源和密度源的距离被减小到大约 45cm，这样使屏蔽设备更容易，通过提高探测器及数量，改善数据处理技术，利用一个非常小的 0.9μCi 的 Cs 源代替了 Am 源以保证长源距测量的稳定性，把源放在井下设备的顶部且保留了双源设备。另外，它利用方位成像改善了中子测量，但它需要增加源的强度 (7.5 ~ 10Ci)，即使如此，新仪器的源强度仍低于电缆测井的源强度。

与 CDN 相比，adnVISION 技术的特点是在钻井过程中提供多方位实时中子孔隙度、地层体积密度及光电吸收指数的测量，描述地层岩性及孔隙度特征。仪器旋转探头在 4 个象限内测量密度及孔隙度，然后将结果进行360° 成像，除了方位参数外，还记录各参数的平均值。adnVISION 技术提供最佳井眼补偿地层密度、中子及光电吸收指数测量参数，得到比较合理的体积孔隙度及渗透率，还可以给出基质孔隙度及裂缝型孔隙度。地层的平均密度是根据四个象限计算出来的，但并不是四个密度的算术平均，且密度受仪器偏心的影响。

所谓间隙是指探测器与井壁之间的距离。密度仪器进行测量时，仪器的一侧贴靠井壁，而另一侧离井壁较远。因为仪器可以探测上下左右四个密度，而在仪器稳定后，四个探测器与井壁的距离各不相同，间距（space）越大，所测量密度值受钻井液影响越大，因此需要对上下左右四个探测器进行间距校正。

(三) 第三代随钻密度中子测井仪 EcoScope

EcoScope 是一种多功能组合随钻测井仪器，是斯伦贝谢在 2005 年左右投入使用的。其中的密度中子测井部分采用脉冲中子发生器（PNG）取代了传统的 Am、Be 化学中子源，并将 ^{137}Cs 密度源设计成侧装式源，仅用一根钻铤便可实现多探测深度传播电阻率、地层密度和中子孔隙度的测量。多种测量探测器邻近钻头，提供与传统三组合测井仪器相当的成套地层评价测量数据。

四、EcoScope 多功能随钻测井

(一) EcoScope 仪器概述

2005 年，斯伦贝谢推出了一种多功能随钻测井仪器，即 EcoScope 多功能随钻测井仪，仪器一次下井，除了能够提供随钻自然伽马、随钻电阻率（arcVISION）、随钻中子密度（adnVT-SION）、井径的全部测量外，还能够提供方位自然伽马、自然伽马成像、热中子俘获截面(西格玛)和元素俘获谱

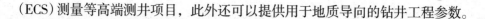

（ECS）测量等高端测井项目，此外还可以提供用于地质导向的钻井工程参数。

（二）EcoScope 仪器主要特性

EcoScope 是一种小型单接箍仪器，运行于 Orion Ⅱ 遥感平台，它集成了随钻传播电阻率、无源核孔隙测量仪以及与钻井有关的传感器，仪器直径为 171mm、长 7.9m、额定耐压为 137.9MIPa、耐温为 148.9℃。EcoScope 实时数据的传输速度能够达到 120bit/s，采样间隔为 0.152m，机械钻速（ROP）达到 137.2m/h，进行电阻率测量时可以达到 274.4m/h 的测速。该仪器包括超声波井径仪、密度井径仪、一个侧向装载的高能脉冲中子发生器，核测量仪放置于距钻头 15.2m 处，传感器至钻头的距离较短，从而减小了环境因素对测量结果的影响。此外，化学源和多节钻铤的取消降低了作业风险。

由于采用了高度集成化的设计，EcoScope 的各个传感器相对比较集中地分布在一根短节上，这就大大减小了各个测量项目距离钻头的距离。一次测量，仪器可提供方位伽马射线、方位密度、方位中子孔隙度、地层俘获截面和中子俘获能谱等地质测井参数。同时，作为新一代随钻测井技术代表，在钻井工程参数测量方面，EcoScope 能够提供近钻头井斜测量和多种振动测量。另外，它还装有环空压力测量仪（APED），可测量环空压力和环空循环当量密度。

1. EcoScope 仪器探测器计数率特性

EcoScope 采用了具有钨防护层的大尺寸 NaI 探测器。自然伽马测量具有较高的方位角敏感性，因此，该仪器被设计为可以测量 16 个扇区自然伽马，可提供自然伽马成像资料。该仪器探测信号的正面背面比近似为 47∶1，与 GVR 随钻侧向电阻率相比有很大的提高。为了排除温度对增益的影响，EcoScope 通过控制电压，保证在不同温度变化下能量为 160keV 的 GR 峰值的稳定性。EcoScope 与常规随钻工具相比，能够提供更精确的自然伽马测量结果，这在页岩油气储层的地质导向和随钻测井评价中已取得良好的应用效果。

EcoScope 密度测量的原理与 adnVISION 工具系列的基本原理相同，两种工具之间的主要差异在于放射源在工具内放置的位置。EcoScope 的放射源是从工具侧面加载，这就能使放射源更接近地层，因此在相同环空间隙下，EcoScope 工具比 adnVISION 工具具有更高的计数率，在同一口井、同一地层中，EcoScope 的计数率普遍为 800 ~ 1 200s⁻¹，而传统的 adnVISION 则为 400 ~ 600s⁻¹。显然，高计数率使得 EcoScope 受放射性统计涨落的影响要远小于传统的密度测井，因而具有更高的准确性和可靠性。同时，放射源更接近于地层，使得更多的伽马射线射入地层，这样远、近探测器能够放置在相对放射源更远的位置，从而增大了探测深度。

2. EcoScope 仪器脉冲中子管（PNG）特性

EcoScope 使用一种电子脉冲中子源，即 PNG。PNG 的核心部分为米尼管，这种米尼管是一种微型加速器，能够产生一束带正电荷的离子，具有 80keV 的能量。相对于 adnVISION 工具中的化学中子源而言，米尼管输出的中子数量高 5 倍，PNG 产生中子的能量是传统 adnVISION 及其他放射性测井工具的 3 倍，EcoScope 的远端计数率为 300 ~ 600s⁻¹，而 adnVISION 的远端计数率为 100 ~ 300s⁻¹；EcoScope 的近端计数率为 7 000 ~ 9 000s⁻¹，而 adn-VISION 的近端计数率为 1 600 ~ 2 200s⁻¹。

通过向米尼管施加电压，对其进行发射，从而激发中子束。由于这种有时间规律的中子束，该仪器可测量热中子俘获截面和光谱，这是利用传统化学中子源工具不能实现的。

EcoScope 不仅能够提高探测深度，而且能够提供一种全新的最佳中子孔隙度 BPHI，同时也能够提供热中子孔隙度 TNPH。众所周知，地层密度对中子孔隙度测量的影响非常大。为了获得最精确的中子孔隙度测量，必须对地层密度进行校正，这也是提供 BPHI 的原因，可以看到模拟泥岩地层的铝刻度很好地落在了 BPHI 上，而其他几种测量都不能很好地校正泥岩的影响。

3. EcoScope 仪器的元素俘获谱测量

EcoScope 还能够提供元素俘获谱测量，这是一种新的测井项目，通过测量地层中被热中子激发的不同元素所发出伽马射线得到。由于 PNG 能够发出大量高能中子，并且按照发射时间一致的规律，使得获得高质量元素俘获谱成为可能。被激发的特定元素所发出的伽马射线具有独特的能谱特征，每个组成这个能谱的元素都可以通过"剥谱"处理来辨别，由于某些元素拥有独特能量带宽和峰值，通过与每个元素标准配对，最终获得元素俘获谱分析结果。EcoScope 能够给出包括硅、钙、铁、硫、钛、氢、碳、氧、钠、钾、镁、铝等十多种元素的干重含量。

4. EcoScope 仪器次生伽马源的优越性

作为业内唯一可以提供完全无化学源测井的随钻测井工具，EcoScope 通过中子伽马密度（NGD）测量替代了传统的伽马密度（GGD）测量原理，其主要区别在于测量用的伽马源不同：GGD 型测量使用化学射线源，而 NGD 测量使用从 PNG 产生的中子激发地层伽马射线作为次生伽马源。因此，NGD 的优势如下。

（1）无化学中子源，大大减小钻井风险（卡源），减少钻井等待时间（无需装源）。

（2）更深的测量深度（DOI）、更小的井眼影响。

（3）与其他测量实现同时同位。

5. EcoScope 仪器的电阻率测量和超声波井径测量

EcoScope 的电阻率测量原理与 arcVISION 系列相同，可以提供两个频率（2MHz 和 400kHz）和 5 种线圈距（40in、34in、28in、22in、16in）下的相位移电阻率与衰减电阻率。但是，EcoScope 电阻率测量值的记录速度几乎是 arcVISION 的记录速度的 3 倍，意味着其测井速度可以比上一代工具提高两倍而不影响测井质量，基本上解放了传统随钻测井技术测井质量要求对钻井机械钻速的限制。

EcoScope 超声波井径测量类似于 adnVISION 超声波井径测量。其超声波井径测量仪通过使用两个位于扶正器的超声波传感器（彼此在圆周上相距 180°）进行测量。这就意味着无论是在复合钻进还是滑动钻进时，均可以提供井眼的超声波井径测量，这种超声波井径在复合钻进时能够提供 16 个扇区成像，替代了以前的 8 个分区成像（imaging），使得井眼形状及井眼质量成像更加清晰。

（三）EcoScope 的技术优势

EcoScope 提供的具有绝对测量优势的、综合的智能化测井项目，可以最大限度实现"实时储层评价"这一目标。它主要具有如下 3 点技术优势。

1. 近钻头测量

EcoScope 由于传感器设计的高度集成性，确保了所有的测量项目都靠近钻头，可以减小测量盲点长度，减小钻井"留口袋"的井段长度，这显示了近钻头在储层评价方面的优势。

近钻头这一优势在地质导向方面意义更加重大。利用 EcoScope 进行地质导向意味着孔隙度测井仪可以提前到伽马电阻率测井仪同一位置，比传统测量距离钻头缩短了 14m 左右。在地质导向应用方面，特别是致密气及页岩气等非常规复杂储层的地质导向中，提前 14m 意义重大；在一些关键井的地质导向作业中，提前 14m 发现物性变化意味着钻出储层后能及时返回目的层，而滞后 14m 则意味着有可能无法再返回目的层，必须重新侧钻。

2. "同时同位"多参数测量

由于 EcoScope 所有的测量项目都集中在一个 8m 左右的测量短节上，使得它所提供的测量几乎都"同时同位"。"同时同位"的测量为储层评价提供了可靠依据，最大限度地降低了评价的不确定性。这一特征为测井储层评价带来了新的评价思路和方法，在渤海湾一口探井中，发现了一个砂层，电阻率相对较高，接近 $30\Omega \cdot m$，但物性相对较差，那么该层的含油气评价不仅仅与地层胶结指数 m、饱和度放大系数 n 等阿尔奇参数相关，还与地层水矿化度有很大关系，地层水矿化度的不确定性带来了含水饱和度评价的不确定性。

第三节　随钻地震

一、概述

随钻地震技术是地震勘探技术与石油钻井工程技术相结合的产物，是国外近年来发展起来的逆垂直地震测井的井中地震方法。随钻地震与地面地震和常规 VSP（Vertical Seismic Profile）不同，它利用钻头振动信号作为震源进行地震勘探，如果把检波器或检测器排列置于地表或近地表，则其实质是一种逆 VSP，有人称之为随钻 VSP 或随钻逆 VSP（即随钻地震）。它克服了 VSP 观测的缺点，综合了地面地震和井中垂直地震（VSP）的优点，具有连续测量、勘探效率高（特别对 3D 观测和多炮检距、多方位观测）等特点。如果把检波器排列置于相邻的井中，则其实质是一种井间地震测量，也可称之为随钻井间地震。

与 VSP 相比，随钻地震（Seismic While Drilling，简称 SWD）技术有一些明显的优点。

（1）施工时，随钻地震不需要专门的井下仪器，无须停钻，不损失钻井时间。既避免了由于停钻测量所造成的昂贵经济损失，又减少了由于检波器下井观测所造成的各种危险。

（2）可对常规 VSP 无能为力的大斜度井、水平井等进行随钻地震观测。

（3）资料采集过程与钻井过程互不影响，可对所钻地层进行现场实时监测；在地震剖面上实时确定钻头位置，必要时及时调整钻井方案以减少钻探风险和经济损失。

（4）将井中接收改为地面接收，扩大了观测范围，使观测系统设计更加灵活。如考虑多方位、多炮检距 2D 或 3D 观测，随钻地震测量效率更高。

（5）无须专业 VSP 测井队伍，普通地面队 3~5 人就可承担和完成随钻地震观测。

（6）可以利用随钻地震数据实时预测钻头前方地层岩石物性参数和地层孔隙压力，及时发现钻头前方的油气层，为钻井井身轨迹提供地质导向依据，使井身轨迹准确入窗上靶。

（7）常规非零炮检距 VSP。由于震源子波的一致性和检波器下井的方向性方面的原因，从目前资料质量分析看，这项技术还存在一些问题，而随钻地震不存在上述问题。

因此，多炮检距随钻 VSP 记录的成像要比常规 Walk-away VSP 记录的成像来得容易。

（8）对一些地面地震无法进入的地震空白区，利用随钻地震监测也可预测钻头前方目的层的位置，准确实施钻探。

随钻地震作为一种低成本的勘探手段，能及时为钻井工程师和决策者提供相关信息，是一种实用化的钻前预测方法。它利用钻井作业中钻头破岩时产生的连续随机振动信号作为井下震源进行地下结构和地层特性探测，除具备常规 VSP 测井能够获取精确的时深转换信息、井附近高质量的地震成像、远离井多偏移距 RVSP 构造成像等优点外，还具有在地震剖面上实时确定钻头位置、预测钻头前方目的层位置、实时获取钻头前方待钻地层孔隙压力遂行井下状态监测等优势，能够为井队提供井下实时工作参数，为决策者及时调整钻井方案、安全钻井、提高钻井效率和优化套管设计提供宝贵的信息等。在现场采集时，不需要专门的井下仪器，只需在钻杆的顶部安装传感器和在井场附近的地表埋置常规检波器就可进行随钻测量，不损失钻井时间，没有井下风险，在深度方向上可以连续测量，勘探效率高。由于其具有实时测量和简化施工等许多优点，因此国外各大石油公司都在积极研究探索随钻地震的新技术和新方法。同时随钻地震技术还能够进一步推广到海洋钻井，市场前景广阔。

二、随钻地震理论基础

(一) 随钻地震基本原理

1. 基本原理

随钻地震以钻头钻进过程中产生的连续随机振动为震源，称为钻头震源。钻头震源一部分能量沿着钻杆自下而上传播形成参考信号，其余能量则经地层传播，以直达波和反射波的形式传播到地面，布置在地面的检波器接收到来自地层的各种地震波 (包括多种干扰波)，将钻杆顶端的参考信号或井下钻头附近采集的钻头信号与地面测线上的 (或海底) 检波器接收到的信号进行互相关、反褶积或钻柱传播时间校正等处理，最终得到类似于可控震源相关后的地震记录，即随钻地震剖面。再对剖面进行应用解释，即可得到波在各种不同地层的传播速度、钻头空间位置，从而能够实时预测钻头前方目的层深度、地层岩性、地层界面、裂缝位置，及时发现异常高压和断层等。由于测量完全是在钻进过程中进行的，对钻井几乎没有干扰，其本身成本很低，如能正确使用，可大大降低钻井成本，并能保证钻井安全。

必须指出，在随钻地震的记录期间，钻头是不断前进的。由于钻头的钻速与地层传播速度相比小得多，可以忽略不计，所以可认为记录期间的钻头深度不变。也就是说，实时处理的随钻地震数据可以反映当时钻头所处的位置、振动状况等。随着钻头沿井轴不断前进，利用随钻地震技术就可将实钻井身轨迹中每一点的动态情况及时搞清楚。

2. 技术难点

随钻地震技术与传统 VSP 技术相比具有许多优势，但也受到了钻井条件的限制。因为钻柱本身具有巨大的重量，所以钻头振动可以看成是一个有力的震源。然而，它的特性随着多种参数的变化而变化，如钻头重量、钻头转速、地层特性、钻头的类型和磨损程度以及钻柱和底部钻具组合（BHA）的几何形状和尺寸等。上述因素的综合必定影响到震源信号振幅和频率的变化。

（1）钻头震源信号（参考信号）的实时准确记录。随钻地震资料处理的核心技术同可控震源进行地面地震勘探一样，震源信号是随钻地震勘探必不可少的记录信号，因此毫不失真地准确记录震源信号是至关重要的。虽然人们已设计了几种记录钻头震源信号的方法，在钻柱顶端安装加速度传感器或者在靠近钻头的位置安装加速度传感器记录钻头震源信号，但所记录的钻头信号是经过钻柱传播改变了的非真实震源信号；或者是不能进行实时传输，将震源信号数据存储在井下，等到换钻头时再将数据下载下来，达不到实时检测的目的，且需要安装下井装置，甚至会影响钻井作业，拖延钻井工程期限。

（2）与脉冲震源不同，随钻信号没有严格的时间基准。钻头振动产生的是连续随机信号，震源特征依赖于钻井参数、岩性和钻头的状态，并随着深度的变化而变化。

（3）环境噪声大，记录信号的信噪比太低。随钻地震测量是在钻井过程中进行测量，因此将受到大量强噪声的干扰。而要克服环境噪声的影响，震源就需要一定的能量，目前在进行随钻地震测量时使用较多的钻头是三牙轮钻头，达到破岩钻进时所产生信号自身的能量很小，尤其在使用 PDC 钻头钻进时，破岩作用以切削为主，几乎不产生轴向振动，且钻压不能过大，产生的震源能量更小，不易提取到钻头信号。而井场发电机、钻井泵、柴油机和井架振动等产生的各种井场干扰噪声的能量反而比较大，导致有效信号的信噪比很低，识别有用信号难度大。

（4）随钻地震波场复杂。据前人的研究结论，钻头在钻进过程中，对地层产生两个方向的作用力：一是由于钻头上下振动产生的沿钻柱轴向的冲击力，它可以产生连续的 P 波和 SV 波；二是钻头对地层的切削力，它产生沿水平方向振动的 SH 波。钻头信号的波场可分为有效波和干扰波。有效波包括直达波和反射波，根据波在传播过程中的偏振特性，直达波和反射波又可分为直达 P 波、直达 SV 波、反射 P 波与反射 SV 波。干扰波包括由于钻柱的存在产生的次生波和井场机械设备产生的波，其中次生波包括井架波、首波、钻杆多次波、钻具组合多次波等。

（5）水平井。虽然目前已经有在井斜角达 65° 的斜井中进行随钻地震测量的成功应用案例，但对于更大井斜或水平井的情况，因为受到井壁的影响，随钻地震可能不适用。

（6）水深。目前水听器排列只能下潜到水下 400 m 左右。水听器又称水下传声器，是把水下声信号转换为电信号的换能器。根据作用原理、换能原理、特性及构造等的不同，有声压、振速、无向、指向、压电、磁致伸缩、电动（动圈）等水听器之分。

（二）随钻地震波场传播理论

随钻地震不同于地面地震，也不同于常规垂直地震（VSP）勘探，它是利用钻进过程中钻头的振动作为震源进行地震勘探，因此，具有其特殊的地震波场及空间传播特性（包括有效波场和干扰波场），系统了解钻头的振动特征及波场传播特性，对于随钻地震技术的研究具有十分重要的意义。

1. 钻头震源及波场特征

（1）钻头振动特征。随钻地震使用最多的就是牙轮钻头，牙轮钻头是随钻地震的震源，又是钻柱振动的激振器，牙轮钻头振动具有随机、连续、非稳态和宽频带的特征。与传统震源相比，钻头震源是能量弱、连续随机的非冲击震源，给随钻地震数据处理带来很大的困难。钻头破岩时的振动能量较弱，使得在强地面机械噪声下观测到的随钻地震波信噪比很低，需要长时间观测进行能量积累，更主要的是要努力提高井下钻头振动总能量。另外，钻头震源特征与可控震源类似，需要利用相关资料获得地震波走时（指地震波从震源传到观测点所经过的时间），但与可控震源不同，随钻地震无法获得精确的震源函数，只能通过在钻柱顶部的测量"估计"震源特征。

在钻进时钻头牙齿吃入岩石的过程是不断变化的，由于井底凹凸不平，钻头在井下不断地上下跳动；分析钻头的这种激振，重点是牙齿与井底的互相作用，钻头牙齿是以变角度的压入加刮切的复合运动方式破碎岩石。由于钻头结构复杂，影响牙齿运动的参数较多，而且牙齿是作变角度的压入加刮削的复合运动，因此牙齿与井底岩石相互作用的过程相当复杂。钻头振动可从牙齿、牙轮和钻头整体三个方面进行分析，并将钻头－钻柱作为一个系统来对待。

由于三牙轮钻头的特殊几何结构，钻进过程中在井底岩层顶部容易形成一个三脊状井底。这一三脊状井底由三个互成120°的径向脊组成，钻头旋转一周，三个牙轮与地层有三次凸凹起伏变化，使钻柱在轴向上产生1倍、2倍和3倍于转盘转速及其谐波的振动分量，其中以3倍振动分量为主。

（2）钻头波场的产生。Rector 和 Hardage 的研究表明，钻头在钻进过程中对地层产生两个方向的作用力：一个是由于钻头上下振动产生的沿钻柱轴向的冲击力，这种冲击力可产生连续的 P 波和 SV 波；另一个作用力是钻头对地层的切削力，这种力可产生沿水平方向振动的横波（SH 波）。

钻头振动信号是一个随机信号，其强度与钻头类型及与之接触的地层性质有关，比较坚硬的地层，信号较强，比较松软的地层，信号较弱。对于一般地层，钻头产生的振动波能量虽然有强弱之别，但振动的能量足以从井底传播到地面被记录下来加以应用。钻头信号既可直接从井下钻头位置通过地层传播到地面（直达波），也可在钻头前方地层界面上产生反射再回到地面（反射波），还可沿钻柱向上传播到钻柱顶部不同位置（常称之为参考信号），产生一组新的弹性波，称为次生波，包括井架波（钻机波）钻柱折射波（首波）、钻杆多次波、钻具组合多次波，它们可以被地面检波器接收到，传到钻柱顶部可被安装在钻柱顶部的参考信号传感器接收到。

通过分析利用钻头波场在不同观测方式情况下所表现出来的差异，可以达到波场分离或噪声衰减的目的。一般情况下，在地表测量的数据与钻头处测量的数据是不同的。地表测得的扭矩可能是井下测得扭矩的几倍，而在地表测得的钻压与实际的钻压可能也差得比较多。扭矩的消耗是由于钻柱和井壁之间的摩擦以及与钻井液的黏滞力造成的。旋转钻柱大量扭矩的消耗使得地表和井下钻头能量值相差非常大。当不能采用井下随钻测量时，只能通过计算扭矩的损失来计算平均能量或根据实验结果确定扭矩消耗的大致趋势。

在钻井过程中钻井能量以不同的方式被消耗，主要的能量是用于破碎岩石，其余的能量一部分辐射到围岩、钻柱和井孔以震动形式传播；另一部分主要通过钻头的运动，以及钻柱与井壁的摩擦以热能形式消耗。

为了能够获得足够的辐射能量，可以充分利用钻头震源的可重复性与可控性。钻头震源的重复性与钻头、底部钻具组合、钻井参数（如钻压和转速等）、地层类型和特性以及地表的观测条件等息息相关。在大多数情况下，由于钻井需要，上述条件是要发生变化的。钻井期间采集的随钻地震数据的相关分析结果显示，钻头震源在部分情况下具备可重复性。事实上，钻头震源的重复性至少在很大一段深度范围内是满足的。这种重复性可能与主要的钻井阶段有关（例如，在主要的地层发生变化时，或者在钻井模式不变期间，不同的套管配置）。因此，在某一深度范围内，通过长时间的钻头能量积累，可获得与常规地震震源的能量值相当的能量总值。

3. 随钻地震波场空间传播特征

随钻地震波场研究结果表明，钻头产生的直达波、反射波、井架波（钻机波）、钻柱折射波（首波）、钻杆多次波、钻具组合多次波都有特定的时距关系和相关时滞。

（1）互相关记录上的波场特征。

在参考信号与地面检波器记录互相关时，由于相关延迟本身的性质，在互相关后的记录上，来源于钻头振动的各种波场（如直达波、反射波和钻柱折射波等）在时间上是超前的，时间超前量为钻头信号从钻头位置沿钻柱传播到钻柱顶部先导传感器所需要的旅行时间。对于井场地面干扰波，由于干扰源来自地面井口附近，与钻头深度无关，不受互相关延迟的影响，在互相关记录上不存在时间超前现象。

（2）波场的时距特性。

随钻地震波场的时距特性是指当钻头（炮点）处于固定深度 z（z 被视为常数）时，上述地震波旅行时间随炮检距的变化，反映的是共炮点（共震源）域随钻地震波场的变化。波场研究结果表明，共震源排列记录上的直达波和反射波的旅行时间与偏移距之间的关系为双曲线，双曲线的曲率随着深度的加大而变小。直达波的时差随偏移距的变化规律与有井源距 VSP 的时差随偏移距的变化规律相同。

钻具组合（BHA）多次波、钻杆多次波滞后直达波都是双曲时距关系，BHA 多次波和钻杆多次波的时差随偏移距的变化规律与 P 波的时差随偏移距的变化规律相同。但是，两者到达地面的时间不同，地面检波器先接收到 BHA 多次波，然后接收到钻杆多次波。钻机波（井架波）的时距关系为线性。

（3）波场的时深变化特性。

钻柱折射波（首波）在共检波点记录上不随钻头深度的变化而变化（水平同相轴）。至于钻柱多次波，分长程多次波（钻柱多次波）和短程多次波（钻具组合多次波）两种情况。对于钻柱多次波，在参考传感器记录上出现的周期与钻柱长度（即钻头深度）有关，且随着钻柱长度的增大，钻柱多次波出现的周期线性增大，即在共检波点记录上，钻柱多次波随着深度的增加较一次波时间变化快（不与一次波平行）。对于钻具组合多次波，其出现的周期与钻柱长度无关，因此，在共检波点记录上，钻具组合多次波随一次波的变化而变化（与一次波平行）。

三、随钻地震（SWD）数值模拟

（一）简介

地震波场数值模拟技术具有控制条件下开展研究的优势，是一种高效、廉价的数值实验方法，目前在国内外的发展已经相当成熟，但随钻地震中的波场模拟还很少。Car-cione J 等人首先开展了 SWD 数值模拟研究，主要研究三维均匀弹性介质中 SWD 地震波场传播规律，模拟结果与实际处理结果基本相符，但模拟中采用雷克子波作为震源，与实际钻头破岩产生的连续随机信号有较大的差异，并且没有考虑噪声。杨微等人依然用雷克子波作为震源对二维均匀弹性介质进行了 SWD 波场模拟，但引进了三分量信号的接收和偏振分析处理，基本能识别出直达波和反射波波场传播特征。他们的主要工作均集中于波场传播规律模拟，对于制约 SWD 技术发展的瓶颈问题——数据处理方法则没有涉及。

SWD 与普通地面地震观测方式和数据处理方法有很大的不同。钻头破岩产生的振动为连续随机脉冲，这使得 SWD 的数据处理方法与脉冲震源有很大的不同，SWD数值模拟中需要采用更加真实的连续随机振动震源信号，以往的研究都是采用雷克子波作为震源。随钻地震数据处理以互相关为核心，由于波场的复杂性，将用到多种信号分析方法，SWD数值模拟平台需要具备多种信号分析能力，同时由于随钻地震强噪声的存在，将各种噪声也加入模拟系统一起考虑。SWD数值模拟平台需要满足以下技术要求：模拟SWD复杂的波场传播，模拟连续随机的钻头震源信号，利用钻柱顶端的参考信号记录恢复震源信号，多种类型强噪声的加入，提供多种信号分析方法，较为符合实际的介质模型，精确高效的数值解法。

(二) 数值模拟

利用所建立的SWD数值实验平台，可以开展波场传播特征、数据处理方法等的研究。基本模拟过程如下。

(1) 钻头震源信号恢复。对于SWD连续随机震源而言，利用震源信号与地面记录互相关来提取有效信号是该方法的基础，震源函数的精确获取是关键。而在实际现场试验中，震源信号是通过钻柱顶端传感器测量的振动信号间接获取的，因此，需要用Matlab软件对试验中获得的参考信号作反褶积处理，以恢复钻头震源信号，再截取一段作为所研究的仿真震源。

(2) SWD波场模拟。利用Seismod波场模拟软件进行SWD波场数值模拟，包括地层模型的构建、震源的激发和地面的接收。

(3) SWD数据处理方法实验。用Matlab软件对模拟得到的地面记录加入随机噪声，然后利用Matlab软件对信号作一系列的处理，包括反褶积、互相关、叠加等，最终得到所需要的有效信号的波场特征，分析走时曲线特征。

四、随钻地震采集方法及技术

要提高随钻地震信号采集的质量，应做到：提高钻头震源的能量；设计最佳采集参数；高灵敏度、高精度传感器接收；采用合适的检波器组合方式。

(一) 高灵敏度、高精度传感器接收

随着油气勘探从找构造油气藏向岩性油气藏、从间接找油气向直接预测油气藏方向发展，对地震勘探的要求也越来越高。特别是对地震的分辨率的要求，利用地震属性对油气藏进行检测的要求，更为强烈。目前，地震仪器性能有了大幅度的提高，其等效输入噪声已达到微伏级，地震激发、观测方式也取得了较大的进展，使地震勘探技术有了长足的进步。但是，用于接收地震信号的检波器 (即传感器) 却没有大的突破，仍然沿用传统的机电转换模式和模拟信号传输。这种检波器最大的弊端是抗干扰能力低、灵敏度较低、没有智能功能和识别功能。高精度地震勘探地震数据采集过程中，要求采集的数据必须能达到 "高分辨能力、高信噪比、高保真度、高清晰度、高精确度和高可信度"。只有采集到的数据达到 "六高" 的要求，才能实现真正的数据处理，地震勘探技术水平和解决复杂地质目标的能力也就得到加强。由此可见，地震检波器性能的高低、功能与作用的大小，直接影响到地震数据采集的高质量。尽管目前在地震接收系统方面，在方法上进行了大量的研究和改进，如检波器的组合方式与个数、埋置方式与条件的改进等，且取得了较好的预期效果，但由于检波器自身存在弊端，仍然制约着技术的发展和提高，所以，提高检波器的性能是提高数据采集质量的关键之一。

地震检波器和参考信号传感器作为随钻地震的第一道工序，对随钻地震数据采集的质量起到十分重要的作用。其主要性能如下。

(1) 要求高灵敏度和大动态范围。特别是 12 ~ 200Hz 范围内的灵敏度要达到 100 ~ 120dB。

(2) 要有较强的抗干扰能力和具有一定的智能作用。对规则干扰波，如面波、声波、浅层折射波等，不允许进入仪器；对随机干扰波，如 50Hz 工业电、间射频干扰、突发性的单脉冲强信号等，具有抑制作用或屏蔽作用。

(3) 具有补偿功能。一个是高频信号能量补偿，另一个是深层能量衰减补偿。

(4) 强化与大地的最佳耦合作用。

(5) 谐波失真小。

(6) 在检波器上直接实现数字化。

(二) 随钻地震对钻头震源的要求

理想的井下震源也是用于井间 VSP 成像和逆 VSP 的井下震源，应具有如下特性：适当的能量，无破坏性；频带宽；具有高度可重复性。随钻地震最常用的是牙轮钻头，牙轮钻头是随钻地震的震源。与传统震源相比，钻头震源能量弱，是连续随机的非冲击震源，给随钻地震数据处理带来很大的难度。钻头破岩时的振动能量较弱，产生的信号频带比较窄，使得在强地面机械噪声下观测到的随钻地震波信噪比很低，需要长时间观测的能量积累，更主要的是努力提高井下振动总能量。另外，钻头震源特征与可控震源类似，需要利用相关检测获得地震波走时，但与可控震源不同，随钻地震无法获得精确的震源函数，只能通过在钻柱顶部的测量估计震源特征。

在井下振动信号激发方面：钻头信号产生频率尽可能丰富，加宽钻头振动的覆盖频率。实际上，在钻井过程中，许多工况可以产生比牙齿破岩高得多的冲击能量，如水力脉冲振动破岩、改变钻压、钻头的转速、泵压、地层特性、钻头的类型、震动器的使用等，在钻井工程许可的条件下，提高井底振动能量的操作空间还很大，也可以专为产生高能量地震信号进行井下操作，或下入专用振动工具 (如旋冲钻的液力冲击器等)，提高井下震源的能量，拓宽震源频带，提高随钻地震观测的信噪比。在资料采集时，钻头震源特性同钻头总功率有关，可根据功率计算公式求出。

上述研究表明，钻头振动随钻压、钻头的转速、地层特性、钻头的类型等因素的不同而不同，可以通过改变钻井过程中的一些参数 (如泵压、转速等) 来使得钻头震源产生的信号频率尽可能丰富，尽可能满足随钻采集的需要。

(三) 井场干扰波分析

随钻地震是在钻井现场强噪声背景下完成资料采集的，原始资料中既包含有用信息，也包含各种相干和随机的噪声。有用信息往往被噪声掩盖，必须对随钻地震采集现场进行干扰波分析，研究井场噪声传播规律。目标是为了压制干扰波，加强有效波，提高随钻地震信号采集的质量，为后续的资料处理、解释及钻井工程应用奠定基础。

1.地表井场噪声

地表井场噪声包含多种相干噪声和随机噪声，这些噪声是由人为和钻井活动造成的。一方面，井场的井架震动、钻井泵、井场发电机及动力设备、车辆及人为因素、升降机械等设备的操作是地表的噪声源，它们的位置和时间是变化的，最终这种随机噪声成分引入到随钻地震数据中。另一方面，在钻井过程中，柴油机、钻机、发动机、振动筛和泵在固定位置上连续振动也产生噪声。特别是柴油机常用于产生三相60Hz电力，每分钟接近1 200转（20Hz），即使使用声学分离器将这些发动机隔离，其产生的噪声仍会出现在井旁地震记录中。

检波器组合的最佳设计是随钻地震测量前期的一个重要任务。为了获得参考噪声道以便进行信噪分离，可以对井场主要噪声进行监听。

通常，井场几个地面噪声源在地面检波器记录的信号比在钻机顶部记录的参考信号更明显，这些噪声仅以少量噪声进行传播。地表钻井现场还有其他噪声，如钻井泵产生的低频噪声，它沿钻柱传播，并能在一定程度上导致钻头振动；同时钻头信号沿钻柱传播到地面引起井架振动，这时井架也变成了一个噪声源。

2.钻柱噪声和井眼干扰

除地面井场噪声外，钻柱震动和钻柱与井眼接触也能产生噪声。在随钻地震数据中，钻柱和井眼干扰由次级辐射和相干噪声两个方面产生。以下是影响参考信号或地面检波器信号的主要因素。

（1）地面钻机悬挂物震动

影响钻柱波的地表噪声源是游动滑车和地面钻机震动。在已测数据中，宽频带（"白噪"）由地面噪声组成。Aarrestad和Kyllingstad分析过游动滑车的震动以及游动滑车对钻柱震动的影响，同时研究过轴向钻柱和横向电缆的震动，包括钻机的低频混响。这些震动影响地面钻柱震动，并影响到钻柱参考信号的采集，可以作为地面噪声通过钻柱传到地层中。

（2）水龙头的横向震动

横向震动垂直于提环和重金属臂（重金属臂是连接水龙头和游动滑车的大钩）的平面，围着销子自由旋转。当转盘旋转时，提环的横向振动会对钻杆顶部测得的参考信号产生影响。钻柱顶端测量的参考信号噪声与地面检波器信号实际上是不相关的。然而，它在计算参考信号反褶积时产生失真，可以利用偏振法等方法从受干扰的钻头信号中分离噪声。

（3）横向弯曲震动

钻柱横向弯曲震动是由于沿钻柱轴向张力的变化产生弯曲振动引起的，在钻柱中性点以下受到限制。这个影响用钢绳的震动拉力来解释。

旋转扶正器是井底的另一种噪声源。前面涉及的横向震动是由钻杆弯曲、纵向挠曲和不平衡的震动产生的。如果钻杆的重心不与几何中心一致，钻杆被认为是不平衡的，钻杆旋转时产生离心力、钻杆弓形和大的横向震动。当钻杆受轴向和扭矩载荷支配时，钻杆弯曲变得不平衡，最终导致钻柱的不稳定和横向震动。

一般情况下，横向震动和冲击影响参考信号与地震检波器信号，当震动沿钻柱产生随机干扰时，噪声被认为是强随机噪声。

（4）钻杆弯曲和静态摩擦的影响

钻杆挠曲由轴向载荷和扭矩应力产生，挠曲受钻杆静摩擦力和动摩擦力的影响。当以滑动和旋转方式钻进时，分别产生静摩擦力和动摩擦力。Hasley 和 Kyllingstad 已经展示了当用井底马达滑动钻进时，挠曲域值降低，弯曲就比较容易。

另外，在斜井和定向井钻井过程中，钻柱和井壁接触产生相关噪声，这种噪声在斜井剖面的某固定点发出。定向井对随钻地震来说是有噪声的，这种情况类似于挠曲和旋转扶正器。

根据上述分析研究，随钻地震干扰波分为相干噪声和随机噪声两大类。

①相干噪声

a. 低速表面波（典型速度为 200～600m/s）。在井场由井架的振动以及人员的活动产生，就像常规地震共振点记录中的面波，频率较低（<15Hz）。在处理阶段，利用低载滤波可以消除此类噪声的影响。

b. 井架直达波以及井架折射波。由井架振动产生并在上部地层中传播。在共源点道集中，此类干扰波的视速度与近地表地层速度密切相关（典型速度为 2 000～4 500m/s）。此类干扰波无论在能量上还是在频率上都与钻头信号非常接近，因此它们严重干涉了钻头信号，大大降低了随钻地震数据的信噪比。

c.首波。当波在钻柱周围地层中的传播速度低于在钻杆中的外延速度时，由钻柱的辐射产生。首波的波前面为圆锥形，与钻头信号的形态相似，时差增量也相似。因此首波与钻头信号的干涉非常严重，这使得首波的衰减并不容易达到好的效果。

d.在钻进过程中，由于钻杆偏离钻进方向，钻杆与井壁不断碰撞产生的强相干噪声。此类噪声在整个钻进过程中是非平稳的，所以剔除此类噪声是非常困难的。

e.其他相干噪声分量，例如底部钻具组合多次波、钻柱多次波等。

②随机噪声

a.经检波器组合滤波后，空间上有规律的噪声，如车和人的活动所产生的噪声。此类噪声是非平稳的。

b.纯随机噪声，如风吹等产生的噪声。

c.散射随机噪声，来自井场垂直方向或倾斜方向上的噪声。

(四) 随钻地震采集技术

随钻地震数据的采集包括与录井和地震测量有关的操作过程。SWD数据采集贯穿整个钻井过程，钻头信号采集与钻井条件有关，同时记录钻井过程中的钻进参数。在连续采集测量过程中，为避免数据丢失，在前方某一深度水平按规定的间隔完成采样是重要的。在随钻采集之前，需要对井场进行现场勘察，收集井场所在区块的地质、地球物理资料和钻井工程设计信息，初步了解钻井规划和井场附近的地震地质条件，估计和确定SWD采集参数和目的层位，以及可能取得的地质效果。同时考虑因为钻井决策可能出现的意想不到的变化，要求随钻采集必须快速适应钻井条件的变化，比如进行必要的现场质量监控等，以便及时对随钻采集方案做出调整，避免因为环境问题或仪器、网络设备等原因导致随钻信号采集失败。

需要强调的是SWD数据采集受到钻井条件、钻井可靠性以及技术和操作一致性的影响。可靠性是必需的，因为在任意深度水平记录的钻头数据是不可重复的。某一深度数据丢失时不能恢复，而在深度上连续采样是随钻地震数据采集的基本要求之一。

1. 观测方法

随钻地震数据采集的信号有两种：参考信号和地面检波器信号。参考信号分井上观测和井中观测；地面信号的接收同常规地面地震勘探原理一样，要根据随钻采集目的和井附近的地震地质情况布设地面测线。所不同的是，要求接收随钻地震地面信号的检波器或传感器的存储容量要大，以便连续记录数据。

（1）地震测线

随钻地震现场采集也需要在地面布设测线。所谓地面测线，是指沿着地面进行随钻地震信号接收的路线。其布设原理同常规地面地震时地面测线的布设基本一样，需要根据地质任务、井场干扰波和有效波的特点、地表条件等多方面条件来确定，同时测线的部署还要考虑钻井的目的层、钻头理论射线追踪图等。由于随钻地震的震源是钻头，其信号的接收不仅需要在井场附近布设多条测线来观测通过地层反射上来的钻头信号，同时还要在井架的水龙带附近观测通过钻柱传递上来的参考信号，在井场主要干扰源（发电机、泵房等）附近布设噪声检波器，以记录它们产生的噪声。

地面上测线与测线间的相对位置关系由钻井区域地质构造特征和地质任务决定，一般情况下布设呈网状，通常是正交网状。测网的疏密程度和形状不是绝对的，随着钻头的钻进可以及时调整地面观测方法，使采集的数据更有利于搞清所钻井位及井附近构造的形态和位置。在地表条件允许的情况下，测线应尽可能为直线，尽可能穿过较多的构造单元。可以根据地质构造走向部署主测线，应与预测的地质构造走向垂直，可用于研究横向速度变化。测线间距以不漏掉局部构造为原则，线距不应大于预测构造长轴的一半。联络测线应平行于构造走向，一般与主测线垂直，并尽量避开断层的影响。在具体观测时，为了准确预测钻头的位置及钻头前方地层的地质特征，检波器必须进行连续的观测，及时追踪钻遇各层面的地震波，并实时地将数据传到监控中心，以保证采集信号的质量。

通常情况下，地震测线通过测量确定。通过测量使用固定测线，可使结果产生折中，优化浅层和深层记录数据。地震测线长度普遍采用最大井深的一半或1/3。在一些情况下，由于环境问题产生干扰，可使部分 SWD 地震道数据丢失，需要重新部署地震测线，因此，随着钻头深度的不断变化，在共接收点道集中信号的连续存取是必要的，也就是多次覆盖数据存在一些冗余是有益的。

(2) 时间采样间隔

对连续信号采样后得到的离散信号应该保持原信号的主要特征，这就需要选择合适的采样间隔。采样频率选择得过高，即采样间隔过小，意味着对一定时间长度的波形抽取较多的离散数据，需要占用计算机较大的存储空间以及较多的运算时间，并且在对信号做相同点数傅立叶变换时，会导致频率分辨率下降。采样频率选择得过低，即采样间隔过大，则离散的时域信号可能不足以反映出原来连续信号的波形特征。离散信号会发生频率混淆现象，有效频率被漏掉，出现原来连续信号中没有的低频成分。为此，采样时采样频率必须高于信号成分中最高频率的2倍，也就是必须满足采样定理。

减少或者消除混淆的方法有两种：一种方法是提高信号的采样频率，如果连续信号的频率是有限的，只要选取的采样频率大于2倍的最高频率，就能避免混淆；另外一种方法是用抗混滤波器滤除信号中无用的高频成分，如果连续的模拟信号频率范围很宽，可以采用抗混低通滤波器将信号中无用的高频成分去除，达到满足采样定理的要求。

根据试验分析，钻头震源信号的主要频率范围在120Hz以内，理论上采样率需达到240次/秒就可，但为保证信号中高频成分的完整，进行实际采集时的采样率不能低于500次/秒。

(3) 空间采样间隔

随钻地震资料的观测不仅要求时间采样间隔合适，而且要求空间采样间隔 (即道间距或者深度采样间隔) 合适。空间采样间隔也必须小于视波长的一半，即在一个波长内空间采样个数不得少于两个，否则会产生空间假频。在同样道间距、同样的信号频率时，由于反射截面视倾角不同 (用每两道的时差来表示)，因而导致视速度不同，或者说视波长不同，也引起空间假频的情况。

①道间距

沿地震测线的检波器道间距一般由仪器特性决定，如最大遥测电缆长度、地震道数以及最大偏移距等。所谓道间距是指埋置在地震测线两侧各道检波器之间的距离。道间距的大小直接影响到随钻地震的解释工作。选择道间距应以在地震记录上能可靠地分辨同一有效波的相同相位为原则。能否可靠辨认同一相位，主要取决于地震有效波（反射波或折射波）到达相邻检波器的时间差，所记录有效波在地震记录上的视周期为 T，那么道间距选择的基本原则是应使时间小于周期 T 的一半。这样便能可靠地辨认有效波的相同相位。

②深度采样间隔的选择

为了提高弱钻头信号的信噪比，野外采集时，在钻头钻进的过程中，必须使一定深度范围内连续记录到的有效信号达到同相叠加。对地面地震勘探而言，垂直分辨率的数量级是 1/4 波长。即假设在介质中的速度为 3 000m/s，钻头震源信号最高频率为 75Hz 时，垂直分辨率为 10m。在上述垂直分辨率的定义下，随钻地震测量可每隔 1/4 波长（如 10m）采集一个深度点而不出现空间假频，同时使钻头在 1/4 波长的连续深度段（如 10m）得到的记录求和而又能保证同相叠加，以提高弱钻头信号的信噪比。

(4) 偏移距的选择

偏移距的大小与界面成像的大小有关，如果偏移距太小，则井场噪声大，且靠近井的构造特征无法成像；反之，偏移距过大，则由于 SV 波可能会使随钻资料质量变差。P 波沿钻柱方向辐射，SV 波沿垂直钻柱方向辐射，因此对垂直钻井而言，要接收 P 波，在井口附近位置安置检波器接收的辐射能量要比远离井口效果好；如果要接收 SV 波，在远离井口一定位置接收到的辐射能量要比井口附近接收效果好。但由于井场强干扰噪声的影响，又要求具有一定的井源距接收。

离井较近，中等长度（几百米或几千米）测线偏移至少有五个原因。第一，用直达波时差曲线进行速度分析，其分辨率随着测线长度的增加而增加。这种影响对深井信号和深层反射是重要的。第二，最大偏移距 L 决定探测反射波离井的最大距离，假设是直井，地质模型为水平层状地层，那么反射波的成像范围是 $L/2$。第三，正如前面讨论的，离井几百米距离的大排列有助于信号和噪声的辨别。第四，大偏移距可以有效记录 S 波。第五，应用许多偏移道的长地震测线能够增加覆盖次数，提高钻头前方反射波的数据处理效果。

另外，在接近井的测线上（距离小于 300m）受到来自最上部地层的地滚波和首波噪声的高干扰。来自井径向方向的长排列常用小偏移距，它们有效减少噪声而不影响有用信号。一般来说，因为排列在井斜方向上的信号减弱，可以采取增加偏移距、减小排列长度的方法。

2. 检波器组合接收

利用井下工具进行常规有线 VSP 测井时，每个记录道连接单个检波器。SWD 采用逆 VSP 测井，震源在井中，检波器布设在地表。检波器通常是按一条直线等距排列，进行二维观测；也可按面积布置，进行三维观测。在观测方法中，近井测线和几千米以外的测线可用不同的检波器组合，选择检波器排列组合对压制环境噪声特别重要。地面检波器组合可以作为单道记录的空间滤波器，因为通过一定的检波器排列组合能增强有效信号和削减噪声，问题是用空间排列组合衰减噪声时可能滤去一部分有效信号。事实上，不希望滤掉有效信号，因此必须优化排列组合，最大限度地提高信噪比。

检波器组合常用于阻止包含相干和随机噪声的有效信号的衰减。因为钻头信号在超过几分钟时间内测量，在地震检波器（或水听器）相关道上，钻井产生的噪声和环境噪声加起来是不可忽略的。SWD 检波器组合优化的目的是利用空间滤波器滤去相干噪声，保留在不同随机噪声条件下测量的钻头信号。为了简单，先分析线性组合的理论响应，也就是沿直测线等间距布置检波器。

(五) 现场质量监控技术

随钻地震资料采集的过程影响原始资料的质量，也关系到最后的资料处理、解释和工程应用，必须通过对随钻地震采集过程进行实时质量监控和必要的现场处理，及时调整野外采集参数和钻井工程参数，以实现随钻地震采集信号质量的快速评价，获得高质量的随钻采集数据，并向处理中心实时提供最终的随钻支持数据，确保随钻采集数据的及时性、完整性和准确性。在国外地震勘探施工中，野外资料采集必须进行现场质量监控，否则甲方不予施工。同样在随钻地震资料采集过程中，现场质量监控也是不可缺少的环节之一。

随钻地震采集质量监控包括实时地面排列监控，网络设备等硬件运行状态监控，井场噪声监控，地面检波器接收信号及参考信号的质量监控，测量数据的检查和信号预处理、信号初评价等。通过测量数据的分析检查，可以指导观测系统的设计。信号预处理就是对随钻采集的信号数据进行实时分析，如干扰波分析、静校正分析、频率分析、信噪比分析等，以进一步评价采集信号的质量，及时调整采集方案。由于随钻数据采集的不可重复性，因此开发一个科学的、定量的、可视化的随钻地震采集质量监控及评价系统，对随钻地震数据的工程应用尤为重要。

1. 硬件设备监控

(1) 中心网络测试。

监控中心网络监控包括 GPS 网络、Wi-Fi 网络、数据传输网络以及地震仪内部的网络监控，在数据采集过程中，必须先对中心各网络进行测试，确保数据传输网络畅通。

(2) 采集设备运行测试。

现场采集设备有参考信号传感器 (采集由钻杆传送上来的钻头震动信号)、井场噪声传感器 (采集井场噪声) 和地面检波器 (采集经地层传播上来的钻头震动信号)。其运行状态测试是由监控中心通过网络分别读取参考信号传感器、地面检波器等设备运行参数，然后对参数进行分析处理。根据数据处理结果，分析合格不合格，不合格的仪器不能进行数据采集，要重新调校。只有运行正常的采集设备才能进行下一步随钻地震数据的采集。

(3) 排列实时监控。

不论检查排列时还是在数据采集过程中，监控中心主机都可以观察到排列上各道设备的运行状况，并能实时地读取地震仪的工作参数，如设备类型、电池电量等。由于仪器的原因出现的坏道 (检波器漏电，倾斜过大) 都用红颜色标识出来，有助于准确处理排列故障，缩短排列故障的查找时间，提高工作效率；也可有的放矢地加强警戒，抑制环境噪声，提高采集质量。

2. 采集信号现场监控

在随钻地震数据实时采集的过程中，一方面根据用户要求在屏幕上以较高分辨率实时显示地震信号；另一方面对采集数据进行实时存储，还可以对数据进行定量分析，根据分析结果，确定能不能完成随钻采集目标，如果不能应及时修改采集参数和钻井参数，以便向处理中心提供高质量的随钻采集数据。

（1）地面检波器信号监控。地面检波器通过无线网络或有线网络与监控中心进行通讯，每个检波器都有固定的 IP，检波器接收到的信号经网络传输到监控中心，经实时解编后以随钻地震规定的数据格式进行实时存储、实时分析，检验采集信号的质量。随钻地震监控中心除具备现场质量监控的功能外，还能够通过卫星和互联网实现远程实时质量控制。

（2）参考信号监控。安装在井架上的参考传感器采集的参考信号是利用无线网络发送数据到监控中心的，其监控原理与地面检波器信号相同。噪声信号的监控类似于参考信号的监控。

3.实时数据分析

采集信号的数据分析是利用数学变换原理对实时采集的随钻数据计算相关的地震属性，再利用不同的统计分析方法及公式，产生不同的分析结果。通过分析图形显示结果，来推断现场采集数据的质量，其主要特点体现在两个方面：一是不仅可实现共震源或共检波点的资料评价，还可对工区空间局部或特定时空范围内的资料品质进行分析；二是能定量地计算出不同钻井参数、不同采集参数及不同环境条件下钻头震源的能量、频率、信噪比等信息，并对其进行综合分析，依靠分析结果确定理想的采集参数，优化设计和采集方案。

五、随钻地震信号处理技术

同常规地震资料数字处理一样，随钻地震资料处理也是随钻地震技术三大基本生产环节（采集、处理、解释应用）的中间环节，它既要适应复杂多变的现场采集条件，又要满足资料解释应用的各种需求。随钻地震资料处理技术就是应用计算机处理和分析随钻采集的原始资料，为应用解释人员提供钻头前方和井场附近能够真实地反映地下地质构造变化的地震剖面或数据体。它不仅需要专门的硬件设备，还需要研制开发专门的信号处理软件。现场采集的原始数据要经过相关、反褶积、多域去噪、波场分离、叠加成像等一系列的处理和加工才能为随钻地震的解释和工程应用提供高质量的剖面。随钻地震资料处理的基本目标也是"三高一准"，即高信噪比、高分辨率、高保真和准确成像。

　　随钻地震波场复杂，地面记录的是各种类型的波相互交叉、相互叠加的合成运动。其预处理的关键在于压制存在于参考信号以及地面检波器信号中的各种强振幅干扰，并通过长时间的叠加，增强有效信号能量，提高信噪比。存在于随钻地震数据中的各种干扰波主要包括井架波、首波以及各种多次波。其中，参考信号滤波以消除钻杆多次波、井底钻具组合多次波的各种反褶积方法为主，地面检波器信号以消除多种因素引起的强振幅地滚波、浅层干扰等为主。通过多种方法试验，尽可能地达到最佳的去噪效果。

　　随钻地震数据处理有两个主要阶段。第一个阶段是将记录数据转换成地震记录。它包括数据的多路解编，参考信号互相关、叠加、反褶积、振幅恢复和校正绝对地震时间，这个阶段被称为"预处理"。预处理的结果是得到现场逆 VSP 原始数据，也就是类似于常规 VSP 处理前的地震记录。第二个阶段是对预处理后的钻头数据进行常规 VSP 数据处理。这个阶段主要包括拾取直达波、时 – 深分析，也就是地层的速度分析、波场分离，对钻头前方的反射波进行处理和成像，可将其简称为"数据处理"。

　　经过预处理之后，将参考信号与地面检波器信号先进行互相关，再作钻柱时移校正。时移校正是将从钻柱顶端采集的钻头有效波的时间校正到从钻头处算起的传播时间，即可得到随钻逆 VSP 数据，也就是随钻地震资料；然后根据不同的应用需求，再进一步进行数据处理和解释。

　　实际上，预处理和处理之间在逻辑上没有明确的区分。下面的处理过程比较复杂。

　　参考信号的优化叠加、信噪分离和重叠及同一深度的相关叠加之前进行 NMO（Normal Moveout Correction）动校正等。一般来说，在整个预处理和处理流程中，处理顺序不是固定的，要根据随钻采集资料的实际情况由技术人员决定增删处理模块。

（一）钻柱传输效应及消除技术

1.钻柱传输效应研究

（1）钻杆顶端的虚反射。

　　为了更好地采集沿钻柱传播上来的钻头信号，在采集参考信号时并不是将传感器安放在井架最顶端，而是安放在水龙头位置（钻杆顶端），因此钻头信号经由传感器后，继续向上传播到井架顶端又被反射回参考信号传感器，形成虚反射。虚反射与直达的钻头信号叠加在一起，相当于一个频率滤波器，有陷波作用。

（2）钻杆对能量的吸收。

钻头信号沿钻杆传播过程中，钻杆对钻头信号具有吸收作用，因此钻头信号的能量会以热能的形式散失一部分。钻杆对钻头信号的吸收作用与钻杆的物理特性有关，当钻杆特性一定时，钻杆越长，吸收作用越明显，散失的能量越多。

（3）钻头与井壁的接触点。

这些接触是很难预知的，但容易产生接触的地方是钻杆弯曲处、稳定器所在位置等，这些接触都会造成钻柱与地层间的能量交换。

（4）钻柱内部反射造成的频率滤波特性。钻柱是由固定长度的钻杆通过接头一节一节连接起来的，并且钻柱的底部是直径较大且尺寸不同的钻铤，因此在钻柱内部就会存在很多的反射界面。为了研究的方便性，可将钻柱内部的反射分成两部分考虑：第一部分是某均质段内由钻杆和接头造成的反射界面；第二部分是由钻杆和不同尺寸的钻铤造成的反射界面。

2. 钻头反褶积消除钻柱的传输效应

通过钻柱研究发现，由于井架顶端的虚反射和钻柱内部的多次反射，先导信号受到了钻柱传输效应的影响。为了消除钻柱传输效应的影响，需要对钻头参考信号进行反褶积处理。

由于参考信号的采集是将传感器安放在钻柱顶端水龙头位置，所以钻井设备等的振动会对参考信号造成干扰。因此在钻头参考信号反褶积前要对参考信号进行一些去噪处理，以保证参考信号中噪声的能量小于钻头信号的能量。

（二）参考信号与地面检波器信号互相关技术

互相关是随钻地震数据处理的核心步骤之一，它不仅是获取随钻结果的唯一途径，还是使用最可靠和最广泛的方法。将钻柱顶端记录的参考信号反褶积后与沿着地面测线上布置的检波器记录信号进行互相关，其目的是识别地震道上钻头产生的信号。钻头信号与普通震源信号的主要不同如下。

（1）钻头发出的噪声是连续的，没有确定的起始时间。

（2）先导传感器不能准确记录钻头信号，记录的信号是经钻杆滤波后的信号。参考信号与地面检波器记录信号互相关所期望的主要作用是：

①把连续的钻头振动信号压缩成等效脉冲信号；

②只保留两个参与互相关所共有的信号和噪声，衰减那些独立存在于两者之外的不相干噪声，提高信噪比；

③进行时间的标定，即时延估计。

将参考信号与地面每个检波器记录的信号作互相关，这与处理可控震源信号的方法一样。互相关使得连续的钻头信号压缩成脉冲信号，每个尖脉冲代表着一种特殊地震波（直达波、反射波、干扰波）。从脉冲对应的时间可测出钻头信号经不同路径到达各接收器所需的旅行时间。互相关过程可加强钻头信号的能量，特别是对来自钻头下方的反射信号作用更明显。

因为钻柱滤波和钻头震源周期性震动，在较窄的谐波频带中，参考信号包含了重复的信号和能量，钻头信号可以是低振幅的，所以需要很长时间的连续记录叠加以获得足够的能量，连续记录的时间比典型的震动震源记录时间长几十或几百倍。

（三）参考信号时延校正方法

纵观国内外随钻地震技术研究，钻头信号的采集无外乎两种方法。一种是在井下钻头附近安装传感器接收钻头振动信号。这种方法获得的信号比较准确，接近真实的钻头振动信号，但由于受到数据实时传输的限制，目前Schlumberger公司的Seismic-MWD系统采用这种接收方法。另一种方法是国际上普遍采用的采集方法，即在钻杆顶端安装传感器接收钻头信号。这个信号是钻头信号经过钻柱传播上来，与钻头发振时刻之间相差一个波在钻柱中的传播时间，因此在参考信号与地面检波器接收的信号互相关后，需要进行钻柱时间校正，即进行参考信号的时延校正。在钻柱结构已知的情况下，要得到传播时间，就需要得到波在钻柱中传播的速度。在利用钻柱振动分析进行钻具诊断时，要获得问题钻具的位置，也必须获得准确的钻柱波速。

第四节 地层测试器

地层测试器（Formation Tester）是一种用于获取地层岩石和流体特性信息的设备。它通常用于石油和天然气开发中的钻井操作中。地层测试器通过在井筒中进行压力和采样测试，可以提供以下信息。

（1）岩石性质。地层测试器可以测量地下岩石的密度、泊松比、岩石力学特性等，从而帮助工程师评估地层的稳定性和承载能力。

（2）流体类型和性质。地层测试器可以分析井底液体的成分，确定其中的油、气、水含量，并试图获取有关油气的组成、浓度、温度和压力等数据。

（3）储量估算。通过地层测试器获得的数据，可以对油气储层的储量进行初步估算，以供开发决策参考。

（4）井壁稳定性。地层测试器还可以评估井壁稳定性，帮助工程师选择合适的井下固井方案，以防止井壁塌陷或井漏现象。

地层测试器通常由以下几个主要部分组成。

①压力控制系统。地层测试器包含一个精密的压力控制系统，能够在井下环境中准确测量地层的压力。这通常包括压力传感器、调节阀和控制系统等组件。

②采样系统。地层测试器还包括一个用于采集地层流体样品的系统。这可能涉及一种或多种采样技术，如封闭式采样器或开放式采样器，用于获取地下油气或水样品。

③传感器和控制单元。地层测试器配备有各种传感器，用于测量地下地层的温度、压力、流体性质等各种参数。这些传感器的数据将被发送到控制单元进行处理和记录。

④通信设备。地层测试器通常需要与地面控制中心进行数据交换，因此通常会包含相应的通信设备，以便将实时数据传输到地面，或者接收地面的指令和设置参数。

⑤钻井工具。地层测试器需要与其他钻井工具一起使用，通常是通过钻井管或测井工具串联在一起，以便在进行地层测试时将设备下放到井底。

第十章　钻井工程地质

第一节　岩石分类与结构

一、岩石的分类

目前，钻井工程所开展的主要地层处于地壳范围。地壳由岩石组成，岩石又由矿物组成。从结构和组成来看，岩石可以看作是由一种或几种矿物按一定方式结合而成的天然集合体。矿物则是由组成地壳的化学元素（如O、Si、Al、Fe、Ca、K、Na、Mg等）的化合物组成，天然产出的这些元素的化合物即为矿物。矿物是具有一定化学成分和特定的原子排列（结构）的均匀固体，如石英、长石、方解石等。

自然界中有各种各样的岩石，不同成因的岩石具有不同的力学特性，因此有必要根据不同成因对岩石进行分类。根据地质学岩石成因，岩石可分为岩浆岩、沉积岩和变质岩三大类。

岩浆是存在于地壳下面的熔融性硅酸盐物质。岩浆沿地壳的薄弱带向地壳表层侵入或喷出而冷凝固化形成的岩石称为岩浆岩，也称为火成岩，如玄武岩、花岗岩等。沉积岩是成层堆积的松散沉积物固结而成的岩石，沉积岩的种类很多，但若考虑到矿物颗粒的大小以及矿物成分等方面的因素，则可以将沉积岩分为砂岩、页岩和石灰岩三类。变质岩是在地球内部高温或高压的作用下，原有岩石发生各种物理、化学变化，使其中的矿物重结晶或发生交互作用，进而形成新的矿物组合体。

尽管岩浆岩占据了地壳总体积的95%之多，但在地壳表层分布最广泛的却是沉积岩，沉积岩覆盖了大陆面积的75%和几乎全部的海洋地壳面积。

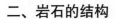

二、岩石的结构

岩石由矿物组成，不同矿物所形成的岩石性质不同。岩石中主要的造岩矿物有正长石、斜长石、石英、黑云母、白云母、角闪石、辉石、橄榄石、方解石、白云石、高岭石、赤铁矿等。不同的岩石，其造岩矿物的含量不同，岩石的结构也不同。

岩石的结构是指岩石中矿物及岩屑颗粒相互之间的关系，包括颗粒的大小、形状、排列、结构联结特点及岩石中的微结构面（即内部缺陷），其中，以结构联结和岩石中的微结构面对岩石工程性质影响最大。

岩石中结构联结类型主要有两种，分别为结晶联结和胶结联结。

（一）结晶联结

结晶联结的岩石中，矿物颗粒通过结晶相互嵌合在一起，如岩浆岩、大部分变质岩及部分沉积岩的结构联结。这种联结使晶体颗粒之间紧密接触，故岩石强度一般较大，但随结构的不同而有一定的差异。一般来说，构成岩石的晶粒越细、越均匀，则强度越高。具有结晶联结的一些变质岩，如石英岩、大理岩等情况与岩浆岩类似。

沉积岩中的化学沉积岩是以可溶的结晶联结为主，联结强度较大，但这种联结的缺点是抗水性差，能不同程度地溶于水中，对岩石的可溶性有一定的影响。

黏土岩的联结有一部分是再结晶的结晶联结，其强度比其他坚硬岩石要差很多。

（二）胶结联结

胶结联结指颗粒与颗粒之间通过胶结物胶结在一起的联结，如沉积碎屑岩、部分黏土岩的结构联结就属于这种联结类型。对于这种联结的岩石，其强度主要取决于胶结物及胶结类型。从胶结物来看，硅质、铁质胶结的岩石强度较高，钙质次之，而泥质胶结强度最低。

除了结晶联结和胶结联结，岩石中还存在一些特殊的微结构面。这些存在于岩石中的微结构面（或称内部缺陷）是指存在于矿物颗粒内部或矿物

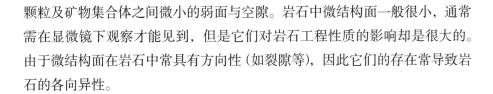

颗粒及矿物集合体之间微小的弱面与空隙。岩石中微结构面一般很小，通常需在显微镜下观察才能见到，但是它们对岩石工程性质的影响却是很大的。由于微结构面在岩石中常具有方向性（如裂隙等），因此它们的存在常导致岩石的各向异性。

第二节　岩石工程力学性质

一、概述

岩石由矿物组成，按成因，岩石可划分为岩浆岩、沉积岩和变质岩。岩石成因类型不一样，其工程性质也不一样。

不同岩石构造特征和结构特征决定了岩石的工程力学性质。岩石的构造是指岩石在大范围内的结构特征，岩石的结构是指小块岩石的组织特征。前者可看作是岩石宏观层面上的特征，后者可认为是岩石微观层面上的特征。例如，有的岩浆岩在构造上具有气孔构造、流纹构造，而有的岩浆岩由中细晶质和隐晶质构成，其透水性差，抗风化性能好；对于沉积岩来说，在构造上表现出的主要特点就是层理和页理，层理是岩石在垂直方向上岩石成分和结构的变化，页理是岩石沿平行剖面分裂成为薄片的能力；而变质岩的工程力学性质往往与其原岩性质有关。

从目前油气钻探开发的进程来看，钻遇地层岩石类型主要是沉积岩。在我国西部油田也钻遇有较多的岩浆岩，对于岩浆岩的钻探开发工作，现在是一个比较热门的方向，在石油地质、石油钻井以及测井等方面都开展了大量的工作。

岩石结构是说明小块岩石的组织特征，主要指岩石晶体结构和胶结物的结构。从结构上看，沉积岩可分为碎屑沉积岩和结晶沉积岩两大类。碎屑沉积岩是由单个颗粒通过胶结物胶结而成，其中有大量的孔隙，包括砂岩、泥岩砾岩等。常见的胶结物有硅质、钙质、石灰质、铁质以及黏土质等。结晶沉积岩的结构是由沉积过程中生成的晶体决定，晶体形成一种紧密排列结构，没有孔隙，如盐岩，它不能成为生油、储油层，但却是油气层很好的盖层，例如石灰岩、白云岩、盐膏岩等。

岩石的构造是指岩石在大范围内的结构特征，沉积岩主要包括层理和页理。层理是指沉积岩在垂直方向上岩石成分和结构的变化，它主要表现为不同成分的岩石颗粒在垂直方向上交替变化沉积，岩石颗粒大小在垂直方向上有规律地变化，某些岩石颗粒按一定方向排列等。页理是指岩石沿平行平面分裂为薄片的能力，它与岩石的显微结构有关。

对于岩浆岩来说，它是由矿物晶体组成的，岩浆冷却结晶的时间越长，形成的晶体越大，具有较高的力学强度。

变质岩的结构有片状结构和非片状结构两种，片状结构是在高温高压下由重结晶作用和各种矿物的分离作用而造成的明暗矿物间互带。

除此之外，对于钻井工程而言，岩石的工程力学性质还主要表现在其机械性质上，包括岩石的变形及其与强度性能相关的一些指标。

二、岩石的机械性质

岩石的机械性质可理解为岩石的力学性质，是指岩石受力后表现出来的变形特性、强度特性以及脆性、塑性与硬度特性。

(一) 岩石变形特性

如果物体受力时内部各点之间的位置发生了改变，则称物体产生了变形。一般从广义上讲，变形是在外力或温度的作用下物体大小和形状发生改变。岩石变形也定义在这个概念之内。岩石的变形特性通常是通过应力－应变曲线来描述的。

在谈论岩石的变形特征时，通常提及的是岩石弹塑性变形。当然，除此之外，有一些岩石还会表现出明显的流变特性。

物体在外力作用下产生变形，外力撤除以后，变形随之消失，物体恢复到原来的形状和体积的性质称为弹性变形；当外力撤除后，变形不能消失的性质称为塑性变形。产生弹性变形的物体在变形阶段，其应力与应变的关系服从虎克定律。

对于岩石，特别是沉积岩，由于矿物组成、结构等方面的特点，其与理想弹性材料相比有很大的差别，但仍可以测出岩石的有关弹性常数，以满足

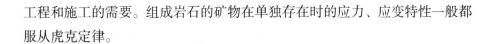

工程和施工的需要。组成岩石的矿物在单独存在时的应力、应变特性一般都服从虎克定律。

(二) 岩石强度特性

1. 岩石强度的概念

岩石在一定条件下受外力作用而达到破坏时的应力，称为岩石在这种条件下的强度，其单位是 MPa。岩石强度是岩石在一定条件下抵抗外力使岩石发生整体破坏的能力。

岩石强度的大小取决于岩石的内聚力和岩石颗粒间的内摩擦力。岩石的内聚力表现为矿物晶体或碎屑间的相互作用力，或是矿物颗粒与胶结物之间的连接力。岩石内摩擦力是颗粒之间原始接触状态即将被破坏而要产生位移时的摩擦阻力，岩石内摩擦力产生岩石破碎时的附加阻力，且随应力状态变化而变化。坚固岩石和塑性岩石的强度主要取决于岩石的内聚力和内摩擦力；松散岩石的强度则主要取决于内摩擦力。

影响岩石强度的因素可以分为自然因素和工艺技术因素两类。

自然因素方面包括岩石的矿物成分（对沉积岩而言，还包括胶结物的成分和比例）、矿物颗粒的大小、岩石密度和孔隙度。同种岩石的孔隙度增加，密度降低，岩石强度也随之降低；反之亦然。一般情况下，岩石的孔隙度随着岩石埋深增加而减小，因此，岩石强度一般情况下随着埋藏深度的增加而增大。由于沉积岩存在层理，岩石的强度有明显的异向性。岩石的结构及缺陷也对岩石的强度有影响。

工艺技术因素方面包括岩石的受载方式、岩石的应力状态、外载作用的速度、液体介质性质等。

2. 简单应力条件下的岩石强度

岩石在单一的外载作用下所表现出来的强度称为简单应力条件下的岩石强度，包括单轴抗压强度、单轴抗拉强度、抗剪强度及抗弯强度。

（1）简单应力条件下岩石强度的变化规律。大量的实验结果表明，简单应力条件下岩石强度变化有如下规律。①在简单应力条件下，对同一种岩石，加载方式不同，岩石的强度也不同。一般说来，岩石强度有以下顺序关系：抗拉＜抗弯≤抗剪＜抗压。②沉积岩由于层理的影响，在不同的方向上强度不同。

岩石的抗压强度可以作为钻头选型时的参考，也可作为在完井作业时预测地层临界生产压差的依据，以及在进行钻头选型时反映地层特征的重要参数。

（2）强度的测试方法。①单轴抗压强度试验。岩石单轴抗压强度就是岩石试件在单轴压力条件下达到破坏时的极限值，它在数值上等于破坏时的最大压应力。岩石抗压强度一般在实验室内用压力机进行加压试验测定。在进行试验时，应该先将岩心按照国际岩石力学学会的要求加工成岩样，然后将加工好的岩样放到试验机压头上，控制好加压速率，并实时记录岩样的应力应变数据。②抗拉强度试验。岩石抗拉强度是指岩石试件在单向拉伸条件下试件达到破坏时的极限值，它在数值上等于破坏时的最大拉应力。和岩石抗压强度相比较，抗拉强度的研究要少得多。这可能是因为直接进行抗拉强度的试验比较困难，目前大多进行的是间接试验，再通过理论公式计算出抗拉强度。③抗剪强度试验。岩石抗剪强度就是岩石抵抗剪切滑动的能力，是岩石力学中需要研究的最重要指标之一，往往比抗压强度和抗拉强度更有意义。目前实验室测算岩石抗剪强度的方法是通过岩石三轴抗压强度试验，即复杂应力条件下岩石强度试验来获取。

3. 复杂应力条件下的岩石强度

岩石在成岩过程中受到各向压缩作用及温度场等因素的影响，使岩石形成后处于复杂而不是单一的简单应力状态，研究这种复杂多向应力作用下的岩石强度对于石油工程来说更有实际意义。

岩石所受到的复杂应力在实际条件下很难模拟，一般通过室内三轴岩石试验方法来实现对岩石复杂应力条件下的力学强度测试。试验时，两个水平方向上的应力通常考虑为相等，即均匀围压。三轴应力试验是在复杂应力状态下定量测试岩石机械性质的可靠方法。

常规三轴试验是将岩样按照国际岩石力学学会的实验规范加工成圆柱状岩样，并将其置于高压容器中，首先用液压使其四周处于均匀压缩的应力状态，然后保持此压力不变，对岩样进行纵向加载，直到破坏。试验过程中记录下纵向应力和应变关系曲线。当岩样被破坏时，根据对应的载荷可计算出三轴围压条件下的岩石强度。大量实验结果分析表明，三轴应力条件下的岩石强度变化与简单单轴应力条件下的强度变化表现出不同的特点：岩石在三轴应力条件下其强度明显增加。

当围压增加时，所有岩石强度均增大，但增加的幅度不同，如围压对砂岩强度的影响要比对石灰岩、大理岩等要大。此外，围压对岩石强度的影响程度并非在所有压力范围内都一样。刚开始增大围压时，岩石强度增加比较明显；再继续增加围压时，强度增量变得越来越小；最后当压力很高时，有些岩石强度趋于常量。

(三) 岩石的脆性和塑性

岩石受力后，根据其表现出的形态可将岩石分为脆性岩石、塑性岩石和塑脆性岩石。一般通过岩石力学试验对岩石的塑脆性进行判别。

在试验时，要依照试验要求将岩石两端磨平，保证下端面平稳地放在试验台架上，且上、下端面平行。该试验是通过一个微小压头对岩石表面进行压迫的方式来进行测量的。试验时，用平底圆柱压头加载并压入岩石，压入过程中记录载荷与吃入深度的相关曲线。

岩石在外力作用下产生变形直至破坏的过程不同。一种情况是岩石在外力作用下直至破碎而无明显的形状改变，这种性质称为脆性；另一种情况是在外力作用下岩石只改变其形状和大小而不破坏自身的连续性，这种性质称为塑性。岩石的塑性是岩石吸收残余形变或吸收岩石未破碎前不可逆形变的机械能量的特性，岩石的脆性则反映岩石破碎前不可逆形变中没有明显地吸收机械能量，即没有明显的塑性变形的特性。

在三轴应力条件下，岩石机械性质的一个显著变化特点就是随着围压的增大，岩石表现出从脆性向塑性的转变，并且围压越大，岩石破坏前所呈现的塑性也越大。

岩石在高围压下的塑性性质可以从应力-应变曲线看出来。一般认为，当岩石的总应变量达到3%~5%时，就可以说该岩石已开始具有塑性性质或已开始由脆性向塑性转变。例如，大理岩和砂岩的围压分别超过23.5MPa和27.5MPa后，这两种岩石已开始呈现塑性状态。

对于深井钻井而言，认识并了解岩石从脆性向塑性的转变压力具有重要的实际意义。因为脆性破坏和塑性破坏是本质上两种完全不同的破坏方式，破坏这两类岩石要应用不同的破碎工具（不同结构类型的钻头），采用不同的破碎方式（冲击压碎、挤压剪切或切削磨削等）以及进行不同破碎参数的合理组合，才能取得较好的破岩效果。

由此可见，了解各类岩石的塑性、脆性以及临界压力，是设计、选择和使用钻头的重要依据。

(四) 岩石硬度特性

硬度与抗压强度有联系，两者单位一样，但又有很大区别。岩石硬度只是岩石表面局部抵抗其他物体破坏的能力，这时不会引起岩石整体的破坏，是一个"局部"或"部分"的概念；而岩石抗压强度则是指岩石抵抗整体破坏能力的大小，当达到岩石抗压强度后，岩石的整体结构发生破坏，失去整体抵抗能力，是一个"全局性"的概念。因此不能把岩石的抗压强度作为硬度的指标，应区分组成岩石矿物颗粒的硬度和岩石的组合硬度，前者会对钻进过程中工具的磨损产生重大影响，而后者会对钻进时岩石破碎速度产生重大影响。

岩石及矿物硬度的测量与表示方法有很多种，这里仅介绍石油钻井中常用的两种，即摩氏硬度和岩石压入硬度。

1. 摩氏硬度

摩氏硬度，又译为莫氏硬度，是一种利用矿物的相对刻画硬度划分矿物硬度的标准。该标准是德国矿物学家福雷德里奇·摩斯提出的。

测量方法是用两种材料互相刻画，在表面留下擦痕者则硬度较低。用10种矿物为代表，作为摩氏硬度的标准，依次是滑石（1度）、石膏（2度）、方解石（3度）、萤石（4度）、磷灰石（5度）、长石（6度）、石英（7度）、黄玉（8度）、刚玉（9度）以及金刚石（10度）。

具体鉴定硬度的方法是在未知硬度的矿物上选定一个平滑面，用上述已知矿物的一种加以刻画，如果未知矿物表面出现划痕，则说明未知矿物的硬度小于已知矿物；若已知矿物表面出现划痕，则说明未知矿物的硬度大于已知矿物。如此依次试验，即可得出未知矿物的相对硬度。若某种矿物的硬度在两种标准矿物之间，则用"5"表示，例如黄铁矿的摩氏硬度为6.5。需要指出，摩氏硬度是一种相对标准，与绝对硬度并无正比关系。

在现场，常采用更简便的方法：用指甲（2.5度）、普通钢刀（5度）、玻璃（5.5度）、锯条（6度）、锉刀（7度）、铁刀（7度）、硬合金（9度）等刻划矿物或岩石鉴别其硬度。

岩石中矿物的摩氏硬度是选择破岩工具的重要参考依据，若在岩石中占一定比例的矿物摩氏硬度达到或接近破岩工具工作部位材料的硬度，则工具会磨损很快。

2. 岩石压入硬度

岩石压入硬度是前苏联的史立涅尔提出的，也称史氏硬度。在钻井过程中，破岩工具在井底岩层表面施加载荷，使岩层表面发生局部破碎，岩石的压入硬度在石油钻井的岩石破碎过程中有一定的代表性，它在一定程度上能相对反映钻井时岩石抗破碎的能力。在我国，按岩石硬度的大小将岩石分为6类12级，作为选择钻头的主要依据之一。

三、岩石的研磨性

在用机械方法破碎岩石的过程中，钻头和岩石产生连续的或间断的接触和摩擦，在破碎岩石的同时，工具本身也受到岩石的磨损而逐渐变钝，直至损坏。钻头接触岩石部分的材料一般为钢、硬质合金或金刚石，岩石磨损这些材料的能力称为岩石的研磨性。研究岩石的研磨性对于正确地设计和选择使用钻头，延长钻头寿命，提高钻头进尺效率，提高钻井速度有重要的意义。

对钻井而言，岩石的研磨性表现在对钻头刃部表面的磨损，即研磨性磨损，由钻头工作刃与岩石接触过程中产生的微切削、刻划、擦痕等所造成。这种研磨性磨损除了与摩擦副材料的性质有关，还取决于摩擦的类型和特点、摩擦表面的形状和尺寸（如表面粗糙度）、摩擦面的温度、摩擦体的相对运动速度、摩擦体间的接触应力、磨损产物的性质及其清除情况、参与摩擦的介质等因素。因此，研磨性磨损是一个十分复杂、研究得十分不够的问题。

（一）影响岩石研磨性的因素

影响岩石研磨性的因素有两个方面，即自然因素和技术因素。

1. 自然因素

影响岩石研磨性的自然因素主要是岩石的硬度、组成岩石矿物颗粒的大小和形状以及岩石的裂隙和孔隙度等。

岩石破碎时，首先是在矿物颗粒交界面处产生破碎，多数情况下颗粒本身不破碎。因此，岩石上的矿物颗粒与破碎下来的矿物颗粒都直接磨损工具，矿物颗粒的硬度越大，则磨损作用越大。一般随岩石石英含量的增大研磨性增大。如石英岩、砂岩的研磨性较大，而页岩、大理岩的研磨性较小。

砂岩随其胶结物强度的降低，其研磨性增加。胶结物强度越低，则岩石表面越容易被工具破碎更新，新的锐利矿物颗粒不断裸露出来，对工具的磨损能力就很显著；相反，如果砂岩的胶结物强度很大，新表面不易产生，已裸露出来的表面由于磨损的结果，矿物颗粒的锐利棱角将被磨平，研磨能力逐渐降低。

2. 技术因素

影响岩石研磨性的技术因素也就是影响动摩擦系数的各种技术因素。

（1）压力。实验证明，当正压力未达到岩石局部抗压入硬度以前，岩石不产生体积破碎，工具与岩石接触表面是以凹凸不平的点接触为主要形式。随着正压力增加，由于工具与岩石弹性变形的结果，使这些点接触的面积增大，接触状态更完善，增大了工具与岩石颗粒之间的黏聚力，因而摩擦系数增大。当压力超过岩石的局部抗压入硬度值时，岩石产生体积破坏，岩石表面在工具的破碎作用下不断被更新，因而使摩擦系数略有降低，或者表现为常数，不再随着正压力的增加而改变。因此，在生产实践中，为了获得较高的生产效率，并降低切削工具的磨损程度，应采用大于岩石局部抗压入硬度的压力值。

（2）相对运动速度。相对运动速度是指切削工具与岩石的相对运动速度。目前对相对运动速度对动摩擦系数的影响程度还研究得不够。一般情况下，当相对运动速度较低时，随着运动速度的增加，动摩擦系数也增加；但当相对运动速度达到某一数值时，动摩擦系数就不再增加，反而减小。

（3）介质。介质能改变切削工具和岩石之间的摩擦特征。如果岩石表面干燥或湿润不好，则摩擦系数增大；如用钻井液时，则摩擦系数减小；当有表面活性溶液或乳状液时，因有润滑作用而使摩擦系数更小。

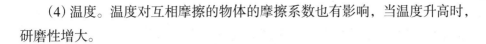

（4）温度。温度对互相摩擦的物体的摩擦系数也有影响，当温度升高时，研磨性增大。

（二）岩石研磨性的测定方法

岩石研磨性的测定没有统一的方法，往往只能间接表达或不定量表达，其测定方法可归纳为三类。

（1）直接测定法。可用于测定切削工具的磨损高度、切削工具磨损接触面积或测量磨损质量、体积等。

（2）间接测定法（相对磨损）。可用于测量钻头完全磨损前的进尺，考察单位进尺研磨材料的消耗或测量机械钻速的曲线变化。

（3）室内测定法。可用于测量岩石硬度及摩擦系数的乘积，测定标准材料（如合金、截杆、圆盘等）的磨损，或做冲击磨损试验等。

直接测定法和间接测定法已用于硬合金和金刚石钻进中。测量钻头完全磨损前的进尺是用硬合金钻头，取进尺前、后钻头质量差与进尺之比作为研磨性指标。

目前还没有从定量上对岩石研磨性做出详细分级，只能根据在生产实践中的感性概念来划分岩石研磨性的大小，一般常把研磨性划分成8级。

岩石研磨性越大，对切削工具的磨损越严重，钻进时钻头的寿命就越短，以致影响钻进效率和回次长度。因此，在一般情况下，为提高钻进效率并延长钻头寿命，在钻进研磨性强的岩石时，应采用较大压力和适当转速；而在钻进研磨性弱的岩石时，则应采用高转速和适当的压力。

四、岩石的可钻性

岩石的可钻性是指岩石抗破碎的能力，可以理解为在一定钻头规格、类型及钻井工艺条件下岩石抵抗钻头破碎的能力。可钻性的概念已经把岩石性质由强度、硬度等比较一般性的概念引向了与钻孔有联系的概念，在实际应用方面占有重要地位。通常，钻头选型、制定生产定额、确定钻头工作参数、预测钻头工作指标等都以岩石可钻性为基础。

岩石可钻性是岩石在钻进过程中显示出的综合性指标。它取决于许多因素，包括岩石自身的物理力学性质以及破碎岩石的工艺技术措施。岩石的物理力学性质主要包括岩石的硬度 (或强度)、弹性、脆性、塑性、粒度及颗粒的连接性质；工艺技术措施包括破岩工具的结构特点、工具对岩石的作用方式、载荷或力的性质、破岩能量的大小、孔底岩屑的清除情况等。因此，岩石可钻性与许多因素有关，要找出岩石可钻性与影响因素之间的灵敏度关系比较困难，岩石可钻性只能在这种或那种具体破碎方法和工艺规程条件下通过试验来确定。

目前，岩石可钻性的测定和分级方法并不统一。不同部门所用钻井方法不同，测定可钻性的实验方法不尽相同；不同国家及地区的测定方法、测定条件及分类方法也不尽相同。衡量岩石可钻性的指标主要有两种。

(1) 机械钻速：以每小时进尺米数为指标 (指纯钻进时间)，机械钻速越高，可钻性越好；反之，越差。

(2) 一次提钻长度：以每回次进尺数为指标。对软岩石来说，由于岩心的采取而受到限制。对硬岩石来说，该指标主要是指钻头在井底的工作寿命。工作寿命越长，说明其可钻性越好；工作寿命越短，说明其可钻性越差。

在勘探钻进工作中，可以用以下方法来划分岩石的可钻性级别。

(一) 刻画对比法

刻划对比法比较粗略，但操作简单易行，具体指标如下。

(1) 大拇指指甲：刻划 1 ~ 3 级的岩石矿物。

(2) 铁刀：刻划 3 ~ 4 级的岩石矿物。

(3) 普通钢刀：刻画 4 ~ 5 级的岩石矿物。

(4) 锉刀：刻划 5 ~ 6 级的岩石矿物。

(5) 合金刀：刻划 7 ~ 8 级的岩石矿物。

(二) 按岩石力学性质进行分级

按岩石力学性质进行分级是采用单一的岩石力学性质来划分岩石可钻性级别，如按压入硬度值把岩石分成 6 类 12 级。

（三）按机械钻速分级

按机械钻速分级的方法是在规定的设备、工具和技术规范条件下进行现场实际钻进，以所得的纯钻进速度作为岩石可钻性的分级指标。

随着技术条件（设备、钻进方法与工具等）、技术水平（钻进规程参数的最佳配合、冲洗介质性能及工人操作水平等）的改变，各类岩石的实钻指标（可钻性等级）的绝对值和相对关系都会发生变化。因此，岩石可钻性按纯钻进速度的分级表每隔一段时间就要进行一次修订。

第三节　地下压力特性

一、地下各种压力概念

（一）静液柱压力

静液柱压力是由液柱自身的重力而产生的压力，它的大小与液体密度、液柱垂直深度或高度有关。静液柱压力随液柱垂直深度的增加而增大。常用单位高度或单位垂直深度的液柱压力（即压力梯度）来表示静液柱压力随高度或深度的变化。

静液柱压力梯度的大小与液体中所溶解的矿物及气体的浓度有关。在油气钻井中所遇到的地层水一般有两类，一类是淡水或淡盐水，其静液柱压力梯度平均为 0.00 981MPa/m；另一类为盐水，其静液柱压力梯度平均为 0.01 05MPa/m。

需要知道的是，在实际工程中，除了用压力梯度来表示压力的大小外，还可以用当量密度来描述。压力的当量密度是指某深度压力值与等高液柱压力等效时相当的液体密度，单位是 g/cm^3。

（二）上覆岩层压力

地层某处的上覆岩层压力是指该处以上地层岩石基质和孔隙中流体总

重力所产生的压力。

由于沉积压实作用，上覆岩层压力随深度增加而增大。一般沉积岩的平均密度大约为 $2.50g/cm^3$，沉积岩的上覆岩层压力梯度一般为 0.02 27MPa/m。在实际钻井过程中，以钻台面作为上覆岩层压力的基准面，因此，在海上钻井时，从钻台面到海平面，海水深度和海底未固结沉积物对上覆岩层压力梯度都有影响，实际上覆岩层压力梯度值远小于 0.02 27MPa/m。

(三) 地层压力

地层压力是指岩石孔隙中的流体所具有的压力，也称地层孔隙压力。在各种地质沉积中，正常地层压力等于从地表到地下某处连续地层水的静液柱压力，其值大小与沉积环境有关，主要取决于孔隙内流体的密度和环境温度。若地层水为淡水，则正常地层压力梯度为 0.00 981MPa/m；若地层水为盐水，则正常地层压力梯度随地层水含盐量的大小而变化，一般为 0.01 05MPa/m。石油钻井中遇到的地层水多数为盐水。地层压力的计算方法将在本章后续内容中介绍。

在钻井实践中，常常会遇到实际的地层压力大于或小于正常地层压力的现象，即压力异常现象。超过正常地层静液柱压力的地层压力称为异常高压，而低于正常地层静液柱压力的地层压力称为异常低压。需要知道的是，从现在对于正常地层压力的认识来看，当地层压力当量密度为 0.98 ~ $1.05g/cm^3$，可看作是正常地层压力。

(四) 基岩应力

基岩应力是指由岩石颗粒之间相互接触而支撑的那部分上覆岩层压力，也称有效上覆岩层压力或颗粒间压力。这部分压力不被孔隙流体所承担。上覆岩层的重力是由岩石基质 (基岩) 和岩石孔隙中的流体共同承担的，所以不管什么原因使基岩应力降低时，都会导致孔隙压力增大，严重时会引起井下复杂的情况。

(五) 异常压力成因

异常低压和异常高压统称为异常压力。异常低压的压力梯度小于

0.00 981MPa/m 或 0.01 05MPa/m，有的甚至只有静液柱压力梯度的一半。世界各地的钻井情况表明，异常低压地层比异常高压地层要少。一般认为，多年开采的油气藏且又没有足够的压力补充，便会产生异常低压；在地下水位很低的地区也会产生异常低压现象。在这样的地区，正常流体静液柱压力梯度要从地下潜水面开始。异常高压地层在世界各地广泛存在，从新生代更新统到古生代寒武系、震旦系都曾遇到。

正常的流体压力体系可以看成是一个水力学"开启"系统，即可渗透的、流体可以流通的地层，它允许建立或重新建立静液柱压力条件。与此相反，异常高压地层的压力系统基本上是"封闭"的，异常高压和正常压力之间有一个封闭层，它阻止了或至少大大地限制了流体的流通。在这里，上部基岩的重力有一部分是由岩石孔隙内的流体所支撑的。通常认为，异常高压的上限为上覆岩层压力，根据稳定性理论，它不能超过上覆岩层压力。但是在一些地区，如巴基斯坦、伊朗、巴比亚等地的钻井实践中，曾遇到比上覆岩层压力高的超高压地层，有的孔隙压力梯度超过上覆岩层压力梯度的40%，这种超高压地层可以看作存在一个"压力桥"的局部化条件。覆盖在超高压地层上面的岩石内部的抗压强度帮助上覆岩层部分平衡超高压地层流体向上的巨大作用力。异常高压的形成常常是多种因素综合作用的结果，这些因素与地质作用、构造作用和沉积速度等有关。目前，被普遍公认的成因主要有沉积压实不均、水热增压、渗透作用和构造作用等。这里主要就沉积压实机理进行讨论，因为它是各种地层压力评价方法的理论依据。

沉积物的压缩过程是由上覆沉积层的重力所引起的。随着地层的沉降，上覆沉积物重复地增加，下覆岩层就逐渐被压实。如果沉积速度较慢，沉积层内的岩石颗粒就有足够的时间重新紧密排列，并使孔隙度减小，孔隙中的流体被挤出。如果是"开放"的地质环境，被挤出的流体就沿着阻力小的方向或向着低压高渗透的方向流动，于是便建立了正常的静液柱压力环境。对于这种正常沉积压实的地层，随着地层埋藏深度的增加，岩石越致密，密度越大，孔隙度越小。地层压实能否保持平衡，主要取决于四种因素：上覆沉积速度的大小、地层渗透率的大小、孔隙减小的速度、排出孔隙流体的能力。如果沉积物的沉积速度与其他过程相比很慢，沉积层就能正常压实，保持正常的静液柱压力。

在稳定沉积过程中，若保持平衡的任意条件受到影响，正常的沉积平衡就被破坏。如沉积速度很快，岩石颗粒没有足够的时间去排列，孔隙内流体的排出受到限制，基岩无法增加它的颗粒与颗粒之间的压力，即无法增加它对上覆岩层的支撑能力。由于上覆岩层继续沉积，负荷增加，而下面基岩的支撑能力没有增加，孔隙中的流体必然支撑原来应由岩石颗粒所支撑的那部分上覆岩层压力，从而导致了异常高压。

在某一环境里，要把一个异常压力圈闭起来，就必须有一个密封结构。在连续沉积盆地里，最常见的密封结构是一个低渗透率的岩层，如一个纯净的页岩层段。页岩弱化了正常流体的散逸，从而导致欠压实和异常的流体压力。与正常压实的地层相比，欠压实地层的岩石密度低，孔隙度大。

在大陆边缘，特别是三角洲地区，容易产生沉积物的快速沉降。在这些地区，沉积速度很容易超过平衡条件所要求的值，因此常常会遇到异常高压地层。

二、地层压力评价

在长期的实践中，石油工作者总结出了多种评价地层压力的方法。但是每种方法都有其一定的局限性，所以目前单纯应用一种方法很难准确地评价一个地区的地层压力，要用多种方法进行综合分析和解释。地层压力评价方法可分为两类：一类是用邻近井资料进行压力预测，建立地层压力剖面，此方法常用于新油井设计；另一类是根据所钻井的实时数据进行压力监测，以掌握地层压力的实际变化规律，并据此决定现行钻井措施。这两类方法要求在测井和钻井过程中详细、真实地记录有关资料，然后进行分析处理，并作出科学推断。

由于异常高压地层的成因多种多样，在泥岩、砂岩剖面中，异常高压层可能有几个盖层（即由几个致密阻挡层组成的层系），它们的厚度变化范围不一，而且可能存在多个压力转变区。当存在断层时，有时会使情况变得更加复杂。另外，岩性的变化，例如泥岩中存在钙质、粉砂等成分，这些因素都会影响地层压力评价的准确性。因此，在进行地层压力评价时，要针对具体情况，综合分析所收集的有关资料，力求作出合理的评价。

钻井前要进行地层压力预测，建立地层压力剖面，为钻井工程设计和施工提供依据。常用的地层压力预测方法有地震法、声波时差法和页岩电阻率法等。这里主要介绍声波时差法。

利用地球物理测井资料评价地层压力是常用而有效的方法。声波速度是测井资料中的一种常规资料。通过测量声波在不同地层中传播的速度可识别地层岩性，判断储集层，确定地层孔隙度，计算地层孔隙压力。

声波在岩石中传播时会产生纵波和横波。在同一种岩石中，纵波的速度大约是横波速度的 2 倍，能够较先到达接收装置。为研究方便，目前声波测井主要是研究纵波在地层中的传播规律，横波的大小可以通过相应的对应关系来求取，也可以通过室内测试的方法来得到。声波（如果未作特殊说明，应指纵波）在地层中传播的快慢常以通过单位距离所用的时间来衡量。

声波在地层中的传播快慢与岩石密度和弹性系数等有关，而岩石的密度和弹性系数又取决于岩石的性质、结构、孔隙度和埋藏深度，不同的地层、不同的岩性有不同的传播速度。因此，通过测定声波在地层中的传播速度就可研究和识别地层特性。

声波在地层中传播的快慢常用声波到达井壁上不同深度的两点所用的时间之差，即声波时差来表示。当岩性一定时，声波的速度随岩石孔隙度的增大而减小。

正常孔隙条件下的地层岩石的声波时差的对数与井深呈线性关系。在正常地层压力井段，随着井深的增加，岩石的孔隙度减小，声波速度增大，声波时差减小。根据声波时差的数据，可在半对数坐标纸上绘出曲线。在正常压力地层，该曲线为一条直线，称为声波时差的正常趋势线。进入异常高压地层之后，岩石的孔隙度增大，声波速度减小，声波时差增大，偏离正常趋势线，开始偏离的那一点就是异常高压的顶部。

三、地层破裂压力

在井下一定深度裸露的地层，其承受流体压力的能力是有限的，当液体压力达到一定数值时会使地层破裂，这个液体压力称为地层破裂压力。对钻井工程而言，并不希望地层破裂，因为这样容易引起井漏，造成一系列的井下复杂问题。因此，了解地层的破裂压力，对合理的油井设计和钻井施工十分重要。

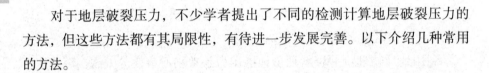

对于地层破裂压力，不少学者提出了不同的检测计算地层破裂压力的方法，但这些方法都有其局限性，有待进一步发展完善。以下介绍几种常用的方法。

(一) 休伯特和威利斯法

1957年，休伯特和威利斯根据岩石水力压裂机理和实验作出推论：在发生正断层作用的地质区域，地下应力状态以三维不均匀主应力状态为特征，且3个主应力互相垂直。最大主应力 σ_1 为垂直方向，大小等于有效上覆岩层压力 (即骨架应力)，最小主应力 σ_3 和介于 σ_1 与 σ_3 之间的主应力 σ_2 在水平方向上互相垂直。最小主应力 σ_3 的大小等于 $(1/3 \sim 1/2)\sigma_1$。地层所受的注入压力或破裂传播压力必须能够克服地层压力和水平骨架应力，地层才能破裂。

休伯特和威利斯从理论和技术上为检测地层破裂压力奠定了基础。但是由于钻井很少在正断层区域进行，所以休伯特和威利斯的理论在实际应用中受到限制。

(二) 马修斯和凯利法

1967年，马修斯和凯利根据海湾地区的一些经验数据，提出了检测海湾地区砂岩储集层破裂压力的方法。他们认为，最小破裂压力等于地层压力，最大破裂压力等于上覆岩层压力。如果实际破裂压力大于地层压力，则认为是由于克服骨架应力所致。骨架应力的大小与地层压实程度有关，并非固定为 $(1/3 \sim 1/2)\sigma_1$。地层压得越实，水平骨架应力越大。

(三) 伊顿法

1969年，伊顿提出了更适合计算地层破裂压力的方法。这种方法把上覆岩层压力梯度、泊松比作为变量来考虑，并且把泊松比也作为一个变量引入地层破裂压力梯度的计算之中。一般来说，弹性体在纵向压力的作用下将产生横向和纵向应变。横向应变和纵向应变之间的比值被定义为泊松比。把岩石作为弹性体考虑，那么泊松比就反映了岩石本身的特性。其中，伊顿的泊松比不是岩石本身特性的函数，而是区域应力场的函数，即泊松比为水平

应力与垂直应力之比值。

伊顿提出了上覆岩层压力梯度可变的概念。通过研究发现，由于上覆岩层压力梯度的变化，岩石的泊松比随深度呈非线性变化。伊顿计算了海湾地区的泊松比后，绘制了泊松比和深度的经验曲线。在破裂压力的计算中，上覆岩层压力起着重要作用，若能求得上覆岩层压力梯度的准确增量，可提高破裂压力的计算精度。如果一个地区的泊松比曲线已知，那么伊顿法就可在该地区应用。

(四)计算地层破裂压力的新方法

以上介绍的计算地层破裂压力梯度的方法均没考虑地层的抗拉强度和地质构造应力对破裂压力的影响，因而计算结果与实际情况有一定差距。

中国石油大学的黄荣樽教授在总结分析国外各种计算地层破裂压力方法的基础上，综合考虑各种影响因素，进行了严格的理论推导和一系列的室内实验，提出了预测地层破裂压力的新模式。

新模式与前述3个模式相比有两个显著特点。

(1)地应力一般是不均匀的，模式中包括了3个主应力的影响。垂直应力可以认为是由上覆岩层重力引起的。水平地应力由两部分组成：一部分是由上覆岩层的重力作用引起，它是岩石泊松比的函数；另一部分是地质构造应力，它与岩石的泊松比无关，且在两个方向上一般不相等。

(2)地层的破裂由井壁上的应力状态决定。深部地层的水压致裂是由于井壁上的有效切向应力达到或超过了岩石的抗拉强度。

岩石抗拉强度是利用钻取地下岩心，在室内采用巴西实验求得。

构造应力系数对于不同的地质构造是不同的，但它在同一构造断块内部是一个常数，且不随深度变化。构造应力系数是通过现场实际破裂压力实验与在室内对岩心进行泊松比实验相结合的办法来确定的。如果准确地掌握了破裂层的泊松比和破裂压力，以及抗拉强度，便能精确地求出构造应力系数。

第十一章　钻井工程设计与施工准备

第一节　井身设计

钻一口井所需的投资很大，陆上一口井的投资可为几百万美元，而深水探井的投资则可能超过1亿美元。钻井工程旨在通过使用最适当的技术和作业程序来最大限度地发挥所投入资金的价值，在不损害安全和环保标准的前提下，以最低的成本钻一口适合需求的井。成功的钻井工程需要综合多种学科和技能。

要获得钻井项目的成功，就需要进行详尽的规划。钻井的目的通常为以下目标中的一个，或者是其中多个目标的组合：收集资料；生产油气；注入气或水来保持储层压力或驱油；处置水、钻屑或 CO_2(封存)。

为了优化一口井的设计，需要尽可能准确地了解地下的情况。因此，在进行井眼轨迹设计和选择钻机及专用设备之前，需要利用一些学科来获得具体的信息。地质工作人员将确定拟钻井的最佳位置，以钻穿储层，并与钻井工程师进行磋商，就穿过目标层序的理想井眼轨迹达成一致意见。然后，通过与采油工程师和钻井工程师的讨论，确定井眼的最大斜度和所需的井眼直径。井口位置、井身及井眼轨迹设计的目的是尽量减少建井及海底地面设施的综合成本，同时最大限度地提高产量。

井身设计过程中所用参数的准确性取决于人们对该油气田或该区域的认识程度。特别是在勘探钻井的过程中以及油气田开发的初期阶段，地下会存在大量的不确定性因素。明确地识别出这些不确定性因素并最好对它们的量化非常重要。拟钻井的设计应结合潜在的风险和预期的问题或已经在探边井(该地区早些时候钻的井)中遇到问题进行。这通常可以在井身设计阶段通过使用决策树的方法来实现。最佳的井身设计可以在风险、不确定性和成本与项目的总价值之间达到平衡。井身设计的基础包含在一个综合文件中，然后将这个文件转化成一个钻井方案。

总而言之，钻井工程师将能够使用从石油工程师、地质学家和采油工程师那里获得的信息详细地进行井身设计并计算井的成本；将设计出各级套管的下入深度和等级、固井方案以及钻井过程中所需钻井液的密度和类型，并选择适当的钻机及钻头等相关硬件。

第二节　钻机类型与钻机的选择

作业中将要选择的钻机类型主要取决于以下一系列参数：成本和可用性；井位处的水深（海上）；机动性/可运输性（陆上）；目的层的深度和预期的地层压力；作业所在地的盛行气候/海洋气象条件；钻井队的经验（特别是安全记录）。

沼泽驳船可用于水深极浅的地方（水深小于20ft）。这些驳船可被拖至作业场地，然后给船压载，以使驳船静置于水底，而钻井装置则安装在驳船上。这种类型的装置在尼日利亚、委内瑞拉和美国墨西哥湾沿岸等地的沼泽地区都有使用。

钻井导管架是用于浅水和平静水域的小型钢制平台结构。在一个导管架上可以钻多口井。如果一个导管架空间太小而无法开展钻井作业，那么通常可以在该导管架上以悬臂的方式搭建一个自升式钻井平台，并在钻井平台上进行钻井作业。一旦开发某一油气藏的可行性得到了证明，那么在浅海环境中建造并运行导管架的成本效益是极高的。特别是导管架允许油气田开发活动以灵活和阶梯式发展的方式推进。在沿海水域，例如南中国海和墨西哥湾大陆架，使用导管架进行分阶段的油气田开发是很常见的。北海地区在大型生产平台上钻井的方式也与之类似。

自升式钻井平台被拖到钻井位置（或导管架旁边），或者是自身配备有推进系统。到达预定井位后，平台的三条或四条桩腿会下到海底。在桩腿深入海底一段深度后，平台会自行举升至海面以上一个确定的工作高度处。如果怀疑海底沉积物较为松软，就需要在海底放置大型防沉板，以使平台的质量均匀分布。平台上的所有钻井及配套设备都集成在整体结构内。其作业水深最深可约达 450ft，最浅可至 15ft。从全球范围来看，自升式钻井平台是海上最常用的钻机类型，可用于多种环境和所有类型的井。

在对于自升式钻井平台来说过深的水域中，可使用半潜式钻井平台进行探井和评价井的作业。一座半潜式钻井平台就是一艘可移动的近海船，它包含一个修建在钢柱上的大型甲板区。在这些重型钢柱上至少附着有两个称为浮筒的驳船形船体。在指定位置上开始钻井作业之前，这些浮筒内装有一定量的水并沉没在大约 50ft 的水深处以保持稳定。一根直径较大的钢管（隔水管）连接到海底，并作为钻柱的导管。此外，防喷器也位于海底（海底防喷器组）。

半潜式钻井平台借助于动力定位设备和几个锚的组合来协助维持定位。而它的重新定位则有可能通过使用拖船和（或）推进装置来实现。重型半潜式钻井平台，如深水地平线号（额定压力 15 000psi）可以承受很高的储层压力，并且可以在深达 3 000m 最恶劣的海洋气象条件下作业。

钻井船可用于深水和极深水域的钻井作业。在风大浪急的海面，它们的稳定性不如半潜式钻井平台。然而，现代化的高规格钻井船，如发现者企业号则能够使用由动力定位系统控制的强大的推进器来保持稳定，并在 100 节的风速下仍能保持在目标处。推进器能对洋流、风和海浪的力量产生反作用力，从而在不使用锚的情况下保持船只准确地定位在目标处，其偏离标记点的平均距离不会超过 2m。

在某些情况下，一些油气田的开发是通过多个平台进行的。因此一些平台还将包含开采和处理设施及生活区。另外，这些功能也可以通过独立的平台来实现，尤其是在浅水和静水区。然而，对于所有的海上结构来说，安装所需的额外的质量或空间代价是很高的。如果与油气田的整体寿命期限相比，钻井作业持续的时间很短，最好只在需要的时候才安装钻机。这就是补给船辅助钻井作业的概念。

在补给船辅助钻井中，井架是由使用驳船运送到平台上的多个部件组装而成的。补给船是一种特制的、锚定在平台旁边的宽敞的驳船，钻井作业的所有配套功能，如储存钻井液罐和生活区等都位于补给船上。因此，有可能仅使用一个或两个补给船辅助井架组为整个油田，甚至几个油田提供服务。由于平台是固定的，而驳船会随着海浪上下浮动，所以在恶劣的天气

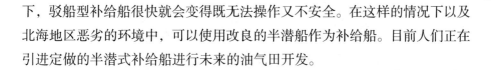

下，驳船型补给船很快就会变得既无法操作又不安全。在这样的情况下以及北海地区恶劣的环境中，可以使用改良的半潜船作为补给船。目前人们正在引进定做的半潜式补给船进行未来的油气田开发。

第三节　钻井系统与设备

一、钻头

无论是陆上钻井作业还是海上钻井作业，所使用的基本钻井系统都是旋转钻机。该系统的组成和旋转钻井作业期间所实现的三项基本功：通过钻柱将扭矩从地面的动力源传递给钻头；从存储装置中抽出钻井液，沿钻柱向下泵送并通过环空向上运动；这些钻井液会将钻头运动所产生的钻屑携带至地面，从而清洁井筒，冷却钻头并润滑钻柱。含油气地层以上及以内的压力由钻井液的重量和地面大型密封组件（防喷器）来控制。

最常用的钻头类型是牙轮钻头和聚晶金刚石复合片钻头。在牙轮钻头上，随着三个锥形牙轮的旋转，牙轮上所附着的齿状物会将牙轮下面的岩石破碎或粉碎成碎屑（钻屑）。在切割动作进行的同时还伴有强大的钻井液射流。这些射流是钻井液在高压下通过位于钻头侧面的喷嘴排出而形成的。经过几个小时的钻进（5～25h，具体时间取决于地层和钻头的类型）后，齿状物将会变钝，轴承也会被磨损。

聚晶金刚石复合片钻头上安装的是工业金刚石切削齿，而不是硬化的金属齿状物。因为聚晶金刚石复合片钻头能获得更高的机械钻速，使用寿命更长，并且适于在高转速下钻进，因此这类钻头很受欢迎，并成为涡轮钻井的首选钻头。钻头类型的选择取决于所钻地层的成分和硬度以及设计的钻井参数。钻头和地面之间的部分是钻柱，而扭矩是在地面产生的。尽管钻柱的首要作用是作为动力传输的手段，但它同时还具有其他一些功能。

钻铤就是厚壁的加重管材。它们能使钻柱保持在拉伸状态（避免弯曲），并在钻头上施加重量。钻柱上每隔一段距离安装有稳定器，用以稳斜、增斜或降斜。迄今为止所描述的部分构成了底部钻具组合。底部钻具组合悬挂在由多根螺纹连接的 30ft 长的钢管（单根）组成的钻杆上。钻柱连接在方钻杆保护接头上。方钻杆保护接头基本上是一个两端都带有螺纹的短的连接管。

在需要频繁进行接单根和卸单根操作的情况下，它可以减少价格更为昂贵的设备的螺纹损耗。方钻杆是一个紧紧地插在安装在转盘内的方钻杆补心中的六边形钻杆。通过转动转盘，可以将扭矩从方钻杆向下传输到钻头处。要使井眼中数千米以下的钻头开始旋转，转盘可能需要先转动许多圈。

方钻杆是悬挂在游车上的。由于游车并不旋转，因此游车和方钻杆之间需要有一个轴承。这个轴承称为旋转接头。转动深部储层内的钻柱的难度相当于通过一根悬垂于 75 层高的建筑物边缘的吸管来传输扭矩。因此，钻柱内的所有组件都是由优质钢材制成的。

在钻进一段时间后，需要在钻柱上添加一根新的钻杆。另外，也可能需要更换钻头，或者需要起出钻柱以实施测井作业。要进行起钻作业，就需要使用提升设备。对于一台基本的旋转钻机来说，其提升设备是由连接到游车上的大钩组成的。游车借助于一条通过天车缠绕在滚筒（绞车）上的钢丝绳（游动系统钢丝绳）上下移动。绞车上安装有大型制动器，可以根据需求上提或下放整个钻柱。井架或桅式井架可为上述操作提供整体结构支持。

出于各种原因和需求，如更换钻头或钻具组合等，可能要将钻柱起至地表。一般的做法是起出由 90ft 长的钻柱组成的立根，并将它们放置在桅式井架内，而不是断开所有单根的连接。起钻和再次下钻的过程称为起下钻。目前所介绍的这一钻井系统已使用了几十年。该系统有三个明显的缺点：

（1）在每钻进 30ft 后就需要接一次单根，而接单根作业是很费时的，会导致裸眼时间较长，钻井时间较长，并影响井眼的质量；

（2）钻台是钻机上最为危险的区域之一，在损失工时事故中占有很大的比例；

（3）该技术在井眼轨迹和复杂性方面存在局限性。

对于一台现代化的移动式海上钻井装置来说，其日费率可能会超过 50 万美元。因此，任何时间的节约都有可能显著地降低成本。再加上人们希望改善钻井作业的安全记录，因此推动了海上和陆上高规格钻机的自动化的进程。

二、顶部驱动系统

顶部驱动系统的钻台内没有转盘，钻柱的驱动机构安装在导轨上，并且可在井架内部上下移动。这样就允许使用预先装配好的90ft长的立根钻进，从而显著地减少了接单根的时间。

同时，更加连续的钻进过程也会获得更好的井眼条件和更高的机械钻速。最新的钻机允许使用120ft长的钻柱，并配有两部井架，一部井架用于钻井，而另一部则用于在钻井的同时预先组装钻柱。

三、自动化钻杆操作

钻台上的大部分手工操作已经被液压系统所取代。液压系统能从管架上提起钻杆，将钻杆运送到钻台上，并将其添加到钻柱中去。这一过程是由设在钻台旁边的控制室内的井队值守人员来控制。

在先前介绍钻头的切削作用时，我们就对钻井液有了初步的了解。钻井液能够冷却钻头，还能通过携带钻屑沿环空向上运动并流出钻杆而除去钻屑。在到达地面后，钻井液会通过多个运动筛，即钻井液振动筛，除去钻屑以进行处理。随后，通过筛网的细小颗粒会被除砂器和除泥器除去，其中的除泥器通常为旋流除砂器。

钻井液在经过清洁处理后会被转移到钻井液罐内。钻井液罐是大型的钻井液处理和储存装置。然后，人们会使用一台大功率钻井泵将钻井液从钻井液罐内抽出并沿一根管子（立管）向上泵送，随后，通过一个连接在旋转接头上的软管（水龙带）用钻柱将其泵入井眼。最后，清洁后的钻井液将再次通过钻头喷嘴离开钻柱。

最初的钻井液是由黏土和水混合而成的，是一种简单的钻井液体系。而如今的钻井液配制和处理已经成为一种需要专门知识的先进技术。如果考虑到预期的钻井液性质，这样做的原因就是显而易见的了。

为了有效地将钻屑从井眼中携带出来，钻井液需要达到一定的黏度，但必须同时保持可泵送性。如果为更换钻头等操作而停止循环钻井液，那么钻井液必须呈凝胶状，并且任何悬浮于其中的物质都必须保持悬浮状态，以避免沉积在井底。无论是在井下高温高压的条件下还是在地表条件下，钻井液性质都必须保持稳定。其中的添加剂不应被钻井液清洁工艺除去。同时，钻井液必须能够携带为控制地层压力而使用的重晶石等加重材料。另外，它们还必须与所钻地层相配伍。例如，钻井液应该防止地层中黏土的膨胀，并且不应对储层造成永久性的伤害。最后，因为钻井液是需要大批量泵送、传输和处理的，所以它们应该是环保且成本低廉的。

一般来说，使用水配制而成的钻井液称为水基钻井液。另一种常用的钻井液系统是以油为基础的，称为油基钻井液。油基钻井液的优势在于它能够更好地润滑钻柱，与黏土或盐岩地层相配伍，并且能够实现更高的机械钻速。配制油基钻井液所使用的往往是柴油。在以前的钻井作业中，大量受到污染的钻屑都被排放到了海底。但是现在这种做法已认定是不符合环保要求的。如果钻屑中含有油基钻井液或任何其他有害流体，就需要使用密闭钻井液系统。在这种情况下，钻屑的处理方法通常有两种：一种是使用专用的陆上装置对钻屑进行无害化处理，另一种是以钻井液的形式将钻屑重新注入适当的地层中去。现在，人们正在不断地开发新的钻井液成分和体系。例如合成钻井液，其性能可以与油基钻井液相媲美，但对环境却是无害的，例如，合成油基钻井液。

钻井液的选择会对井的评价和产量产生重大的影响。钻井液的作用之一就是提供一个流体静水压头，以平衡渗透性地层中流体的孔隙压力。然而，有些井可能会由于各种原因而发生井涌现象。井涌是指地层流体进入井筒，从而打破系统的平衡，将钻井液挤出井眼，并使井眼和设备的上部承受较高的深部地层压力的现象。如果不加以控制，可能会造成井喷。井喷是指地层流体在非控制状态下流至地面的现象。

防喷器是一系列旨在用以封闭钻杆和井筒之间的环形空间的有效密封元件。在正常情况下，钻井液是通过环空返回地面的。通过封堵这一路径可以实现关井，迫使钻井液或地层流体流经一个可控的节流器或调节阀。节流器允许钻井队控制到达地面的压力并遵循必要步骤来压井，即恢复流体系统的平衡。环形防喷器带有一个橡胶密封元件，该元件可在液压作用下膨胀，紧密地贴合在井眼中任何尺寸的钻杆周围。而闸板式防喷器则或者用内衬橡胶的钢制闸板抱紧钻杆，并且在井中没有钻杆时用全封闸板封住井眼；或者用强大的液压剪切式闸板切断钻杆，以封堵井眼。

防喷器的打开和关闭是由储存在蓄能器中的压力为 3 000psi 的液压流体实现的。所有的钻井活动都将由井队人员来执行，他们通常按每 8h 或每 12h 为一班的制度工作。司钻和副司钻将在钻台上操纵钻井控制装置，并通过钻台上的仪表监测和控制钻井参数。其中，最重要的参数包括：大钩载荷；钻柱扭矩；钻压；转盘速度（r/min）；泵压和排量；机械钻速（f/min）；注入和返出钻井液的相对密度；钻井液罐内钻井液的体积。

使用随钻测量系统的钻井作业还会为钻井工程师提供实时的地层参数、井下压力和方向数据。除了井队工作人员以外，钻井作业还需要大量从事钻井液工程、测井和打捞作业的专业人员，以及维修人员、厨师和清洁人员。现场的工作人员达 40~90 人是很常见的，而具体人数则取决于钻机的类型和位置。现场作业的负责人包括一名代表作业者的"公司人员"和一名作为钻井承包商代表的"钻机经理"。

第四节　井场准备

一、陆上井场

一旦明确了井的目的，就需要做出进一步的决定。其中的一个决定将是确定井场相对于地下目标的位置以及使用哪种类型的钻机。如果该地区最近没有开展过钻井活动，那么通常第一个步骤是需要开展一次环境影响评估。一般来说，环境影响评估的目的是：满足东道国的法律要求；确保当地的环境可以接受该钻井活动；量化发生事故时的风险和可能承担的责任。

环境影响评估可能涉及的问题：保护需要特别关注的地点（如自然保护区和考古遗址）；建筑区的噪声控制；大气排放；污水和废弃物处理；污染控制；景观影响；交通（钻机运输和供应）；应急响应（如火灾、泄漏等）。

在钻井项目的实施过程中，环境影响评估往往是一个重要的步骤。一些新开发的区域可能不具备所需的环境数据。为获得水流、迁徙途径、繁殖栖息地或气候类型等参数，数据收集过程可延伸若干个季节。

需要对井场进行现场勘查，借此获得大量岩土参数，例如拟建井场处土壤的承重能力、可能的交通线路、建筑区、湖泊与自然保护区等地面限制、整体地形和可能的水源供应等。通过现场勘查使作业者对未来的井场做好充分准备。例如，在陆上的沼泽区域内需要用支撑垫来覆盖土壤。

井场的大小将取决于作业要求和特定位置可能造成的限制。其决定因素包括：井架类型（取决于所需的载荷）；必须有可能在井场上成功安装钻机；钻井设备的布置；废钻井液池的尺寸；消耗品和设备所需的储存空间的大小；钻井的数量；该井场是否将是永久性的（在开发钻井的情况下）。

一台陆地钻机的质量可超过200t，因此需要分块运输、现场组装。在钻机和所有辅助设备入场之前，需要清除井场上的植被并平整井场。为了避免可能的油气或化学品泄漏造成污染，井场的地表区域应该铺设塑料衬里并安装封闭的排水系统。井场管理人员应确保能够收集到任何污染物并进行妥善处置。如果钻井和服务人员需要在井场住宿，则需要修建营地。为安全起见，由各种类型活动房屋组成的营地将与钻机相距一定的距离。另外，营地还需要配备垃圾坑、进出道路、停车场和饮用水供应设施。

二、海上井场

海上井场的勘查要求取决于钻机的类型和计划开发的范围，例如是单一的勘探井还是要装设钻井导管架。

一个典型的勘查区是以计划井位为中心的大约4km长、4km宽的区域。勘查内容包含以下方面。

(一) 海底勘查

采用高分辨率回声测深和侧向扫描声呐成像技术获取海底的准确图像。该技术使解释者识别出管道、暗礁和残骸等特征成为可能。特别是在考虑使用自升式钻井平台的情况下，更需要精确地掌握这些障碍物的位置，以便安全地设定自升式桩腿的位置。在这样的勘查中有时会发现一些火山口状的构造（麻点），而这样的构造在许多地区都很常见。这些都是气体从更深的地层逸出地表的结果，说明有存在浅层气藏的危险。

(二) 浅层地震

与旨在发现油气藏的深层地震不同的是，人们选择使用从浅层地震勘查中获取的参数来精确地了解地表沉积层 (即顶部的 800m) 内的特征。浅层地震的目的是探测浅层小气藏或水层的迹象。天然气可能圈闭在接近地表的砂岩透镜体中，如果钻头穿透这些透镜体，天然气则可能进入井眼，从而形成井喷的隐患。气烟囱是大型的逃逸构造，从气藏中逸出的天然气会在其上覆岩层内形成一个含气区。如果钻头钻遇浅水层，水可能会流到海底表面并降低导管桩腿的承重能力。

(三) 土壤钻孔

在拟用结构需要土壤支撑 (例如钻井导管架或自升式钻井平台) 的情况下，需要对土壤的承重能力进行评估 (与陆上井场相似)。通常需要在浅层取得一系列岩心，以获得沉积层的样品进行实验室研究。

尤其是对于自升式钻井平台来说，每次重新使用之前都需要进行现场勘查，以确保钻机的位置远离以前形成的"足迹"(以前的作业中自升式桩腿在海底留下的凹陷)。

第五节　钻井疑难问题

一、卡钻

该术语描述的是一种造成钻柱无法上下移动或旋转的情况。钻杆被卡可能是由钻井过程中钻杆本身的机械问题造成的，也可能是由所钻地层的物理和化学参数造成的。卡钻最常见的原因如下。

(1) 井眼和地层之间的压差过大。例如，如果钻井液柱的压力比地层压力高出许多，钻杆可能会被"吸"在井壁上 (压差卡钻)。这种情况通常发生在钻杆静止一段时间时，如测斜作业的过程中。其预防方法包括降低钻井液相对密度，在钻井液中加入降阻剂，连续旋转移动钻柱，增加扶正器或使用

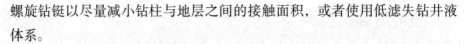

螺旋钻铤以尽量减小钻柱与地层之间的接触面积，或者使用低滤失钻井液体系。

（2）一些黏土矿物可能会吸收钻井液中的一部分水。这将导致黏土膨胀，并最终使井眼直径缩小到卡住钻杆的地步。其预防方法是加入防止黏土膨胀的钻井液添加剂，如钾盐。

（3）不稳定的地层或严重磨损的钻头可能导致井径缩小。盐岩就是不稳定地层的一个例子，它可以随着钻井的进行而发生"流动"，将钻杆周围的空间封闭起来。其预防措施是在钻具组合中加入稳定器和钻柱扩眼器。

（4）由区域构造作用力形成的地层内残余应力可能会导致井眼坍塌或变形，从而造成卡钻。有时较高的钻井液相对密度可能有助于延缓井眼的变形。

（5）如果井眼轨迹中存在一个严重的狗腿（角度或方向的突然改变），那么钻柱的运动可能会导致钻杆在井壁上切割出一个沟槽，最终造成钻杆被卡，这一过程称为键槽卡钻。最好的预防方法是避免狗腿的形成、频繁扩眼、在钻铤顶部使用稳定器或在钻柱中加入键槽破坏器（钻柱扩眼器）。

在许多情况下，可以通过使用卡点指示器来确定钻杆的卡点。卡点指示器是一个用电缆下入钻杆内部的特殊的电测应变仪装置，该装置能够测量钻杆的轴向形变和角形变。可以通过在钻柱上施加一个超过钻柱重量的拉力并测量钻杆中观察到的拉伸来计算钻柱卡点的初步估计位置。如果深部钻具无法起出，则可以使用这些信息来决定钻柱的倒扣位置。

如果利用超载提升确实无法起出钻柱，那么可以将炸药或化学弹药下入钻杆内部被卡钻杆段的上方，并在炸断钻柱后起出卡点以上的钻杆。由于底部钻具组合以及用侧钻的方法重新钻进成本非常高，因此需要尝试回收留在井眼中的管材（通常称为落鱼）。这就是如下所述的打捞作业的一个用途。

二、打捞作业

打捞作业是指从井眼中回收异物的过程。如果预计这一异物会堵塞钻柱或损坏钻头，从而妨碍钻井的继续进行，则需要开展打捞作业。这个"落物"往往由较小的非可钻物体组成，例如钻头喷嘴、牙轮钻头的牙轮或设备中断掉的部分。打捞作业其他常见原因如下。

（1）留在井眼中的钻杆（可能是由于钻柱脱扣、倒扣或固井作业造成的）。

（2）已经落入井眼，可引起重大钻井疑难问题的物体（如钻台工具、钻柱的组成部分等）。底部钻具组合及某些类型的井下设备（例如测井仪器、随钻测量仪器）的价格高达数十万美元。一些测井仪器还带有放射源，而这些放射源可能由于安全和法律方面的原因需要被回收或隔离处理。然而，在打捞作业开始之前，有必要进行一次成本效益评估，以证明落鱼的价值或侧钻该井眼的成本大于打捞作业所需的时间和设备投入。由于落物的性质不同，需要使用各种各样的打捞工具。

三、井漏

在钻井作业过程中，有时会出现大量钻井液漏失在地层中的现象。在这样的情况下，可能无法实现正常的钻井液循环，并且井眼内钻井液的液面也会下降，从而形成潜在的危险。以下地层可能发生井漏现象：不易形成有效泥饼的高孔隙性、粗粒或孔洞性地层；岩溶构造，即已被侵蚀并形成与洞穴相当的大规模开放性系统的石灰岩地层；存在密集裂缝的层段；低强度地层，其中的张开性裂缝会由于井眼中钻井液压力过高而张开。

井漏的后果取决于漏失的严重程度，即钻井液漏失的速度以及裸眼井段的地层压力是等于还是高于静水压力，也就是说是否超压。钻井液的成本很高，所以钻井液的漏失是不可取的，同时还可能导致潜在的危险情况。中度钻井液漏失可通过向钻井液体系中加入堵漏材料，如云母片或椰壳碎屑来加以控制。堵漏材料通过在井眼周围形成一个密封层来阻止钻井液的进一步侵入而堵塞孔隙性井段。但是堵漏材料也可能会堵塞钻井液循环系统的元件，例如钻头喷嘴和振动筛等，并且随后还可能伤害目的层井段的产能或注入能力。在漏失严重的情况下，可以通过向漏失层段挤入水泥来控制漏失。

如果该层段恰好是储集层段，那么这显然不是一个好的解决办法。如果在地层压力为静水压力的井段（如在岩溶化的石灰岩井段）突然出现钻井液的完全漏失，作业者可能会决定在没有钻井液的情况下继续钻进，但是要使用大量的地表水来冷却钻头。环空中的液面通常会稳定在一定的深度。这类作业也称为浮动钻井液帽盲钻。

由于没有岩屑返回到地面，不可能开展录井作业，因此无法进行早期油藏评价。在超压井段突然出现钻井液漏失的情况下，环空中的钻井液液柱将会下降，从而使作用在地层上的静水压头降低到使地层压力大于钻井液压力的地步。这样使得地层流体（油、气或水）可以进入井眼并向上运动。在这一过程中，由于气泡以上静水压头的降低，气体会随着初始压力的损失而显著膨胀。这时井中所剩的最后一道防线只有防喷器了。然而，尽管防喷器能阻止液体或气体逸出到地表，但关井可能导致以下两种潜在的灾难性的情况。

（1）在埋深较浅、强度较低的地层中出现地层破裂（裂缝形成），随后流体从较深的地层未经控制地流向较浅的地层（内部井喷）。

（2）地层破裂，随后近地表地层发生液化，钻机以下井眼开始出现下陷。这将最终导致地面井喷。

当在正常压力地层中钻进时，要对井中钻井液相对密度加以控制，使其维持在高于地层压力的水平上，以防止地层流体涌入井眼。典型的正压值在200psi左右。更大的正压将使过多钻井液漏失在地层中，同时会降低钻速，并有可能引起压差卡钻。如果地层流体由于正压不足而涌入井筒，那么相对密度较低的地层流体将使钻井液柱的压力减小，从而导致更多地层流体涌入，就会出现不稳定的情况，并有可能导致井喷。因此，钻进过程中要始终保持井筒中的钻井液具有适当的相对密度，以避免地层流体的流入。这是保持井况稳定的第一道防线。

在钻入一个超压地层时，必须增大钻井液的相对密度，以防止地层流体涌入。如果钻井液相对密度的增加可能导致浅层正常压力地层出现钻井液大量漏失，则往往有必要在钻入超压地层之前用套管将正常压力地层封隔起来。因此，超压预测对于钻井设计非常重要。

同样，在钻入一个欠压地层时，必须降低钻井液的相对密度，以避免过多钻井液漏失到地层中。在这样的情况下同样可能需要在进入欠压层前下入套管。要预测钻进过程中超压的开始点，需要做大量的工作。最可靠的指标是气体读数、孔隙度随深度的变化趋势、机械钻速和页岩密度的测量值。

如果出现了地层流体或气体进入井筒的情况，司钻将注意到钻井液总体积增加。另外，机械钻速突然增加以及泵压减小等现象也可能表明发生了地层流体涌入井筒的情况。井涌的程度取决于司钻在大量地层流体进入井筒之前作出响应并关井的速度有多快。一旦关闭了防喷器，就可以计算出系统恢复平衡所需的新钻井液梯度。然后通过钻柱将相对密度较大的钻井液泵入井筒，并通过节流管线将相对密度较小的钻井液和涌入流体循环出来。一旦恢复了过平衡状态，就可以再次打开防喷器并继续进行钻井作业了。

第六节　钻井工程的成本与合同管理

一、钻井成本的内容

实际钻井成本分为以下三部分。

（1）固定成本：套管和管材、测井、固井、钻头、动员费用和钻机搬迁费用。

（2）日费：承包商服务、钻机在用时间和消耗品。

（3）管理费用：办公室、工资、养老金、医疗保健与差旅费。

通常钻井承包商要承担的一笔相当大的费用就是为特定的钻井作业改进并准备钻机所需的费用。这一费用称为动员费用。类似的费用包括有关终止为特定客户所实施作业的一次性费用，该费用称为复员费用。这些费用的金额可以很大，如5亿~10亿美元。一口井的实际钻井成本变化很大，并且主要取决于八个因素：井的类型（勘探井、评价井或开发井）；井眼轨迹（直井、斜井、水平井或多分支井）；总深度；地下环境（温度、压力及流体的腐蚀性）；钻机的类型和额定功率；作业类型（陆地或海上）；可用的基础设施、运输与后勤情况；气候与地理条件（热带地区、北极地区或偏远地区）。

大多数石油公司都选择雇用钻井承包商来提供设备和人力，而不是自行购买钻机并组建钻井队。他们这样做的原因有三点：建造/购买一台钻机所需的投资相当大；无论石油公司是否有作业需求和活动，都需要维护钻机并为钻井队支付工资；与钻井作业并非核心业务的石油公司相比，钻井承包商执行的钻井作业往往可以成本更低，效率更高。

在授予合同之前往往会进行一次招标。因此，会有多家符合要求的公司收到邀请参与指定工作量的竞标。石油公司将根据价格、钻机规格和承包商以前的业绩来评标，并且会特别关注这些承包商的安全记录。钻井作业所使用的合同有多种类型。

二、总承包合同

这类合同要求作业者在完井后向承包商支付固定的金额，而承包商则提供所有的材料和人工并独立开展钻井作业。由于钻井承包商希望以尽可能快的速度、尽可能低的成本完成钻井作业，这一方法的难点在于如何确保其交付给石油公司的井是优质井。因此，承包商应该保证每口井都能达到一个约定的可衡量的质量标准，并且应该规定万一承包商所交付的井不合格时将采取哪些补救措施。

三、进尺合同

在进尺合同中，作业者会根据承包商所钻的进尺付费。虽然这样的合同会为承包商提供快速钻进的动力，但也包含着与总承包合同相同的风险。在预期储层以上，从评价或生产角度出发井眼条件不太关键的井段常常使用进尺合同。

四、激励合同

这种开展钻井作业的方法近年得到非常成功的应用，并且节约了相当可观的成本。正在使用中的系统有许多种，通常都是为优于平均水平的业绩提供奖金。在这类合同中，承包者会与石油公司就井的技术条件达成一致意见。然后，确定过去所钻的类似井的"历史"成本。这样就更方便对新井的预期费用进行估算。承包商将完全负责该井的钻井作业，所节省的成本由石油公司和承包商分享。

五、日费率合同

正如此类合同的名称所暗示的那样，石油公司基本上是按天租用钻机和钻井队。同时，石油公司通常还管理着钻井作业并完全控制着钻井的进程。这类合同实际上是鼓励承包商在可以接受的限度内尽可能长时间地留在井场上。随着成本意识的增强，大多数石油公司已经变得不那么青睐日费率合同了。

实际的钻井合同往往包含以上多个合同的组合。例如，作业者可能同意在达到一定深度前按进尺付费，在该深度以下按日费率付费，而当钻机在井场上，但是并没有钻进时按天支付待工日费率。

六、伙伴关系与联盟

近年来，一种新的承包方法已经演变形成并正在迅速地被油气行业所接受。这一被称为伙伴关系的理念已经为人们所熟知，并且可以被视为激励合同的一种延伸。前面介绍的合约安排只限于单井项目或少量的井，在这些合同中客户为所完成的工作向承包商付费，而伙伴关系则是资产持有人（例如石油公司）与服务公司（如钻井承包商和设备供应商）之间建立长期关系的开始。它包括联合作业目标的确定及合并及财务风险与回报的分享，旨在提高效率并降低操作成本。因此，伙伴关系合同不仅解决了技术问题，而且包含了作业过程的质量管理。这种质量管理模式能够更加有效而经济地利用资源。例如，联合执行小组的建立已取代了承包商和作业者为执行同一项任务而各自成立单独的工作组的做法。石油与天然气行业正日益认识到承包商和服务公司通过联盟，即为一个特定项目或多个项目建立的合作关系来提高他们自身的核心业务能力的价值。为了能够涵盖更广泛的作业范围，如完井、大修和修井等，一个总承包商（比如一个钻井公司）可能会与多个分包商结成联盟。

第十二章　钻井技术

第一节　影响机械钻速的因素分析

在钻进过程中，影响机械钻速的因素很多。客观因素有地层、岩性、井深等，主观因素包括钻头类型、钻井液类型及性能、钻压、转速、泵压、排量等。要降低钻井成本，重要的途径是提高机械钻速。这主要通过室内及野外的试验分析，建立各参数间的数学模型，从而优选参数而实现。

一、钻压对机械钻速的影响

钻头的牙齿或刀刃只有吃入地层才能有效地破碎岩石，加深井眼。而吃入地层的必需条件是给钻头施加钻压，因此，钻压是影响钻进速度的最直观、最明显的因素之一。在门限钻压之后的这个较大范围内，钻压与钻速成线性关系，而这个范围正是现场常用的钻压范围。在此范围之后，钻速随钻压的增长减缓。所谓门限钻压是指切削齿吃入岩石并能以体积方式碎岩的最小钻压值。门限钻压的大小取决于岩石的强度和钻进时的水力参数。

二、转速对钻速的影响

大量的实验证明，当钻压和钻井条件等一定时，转盘转速与机械钻速呈幂函数关系。因为牙齿与地层岩石接触，吃入岩石破碎是需要一定时间的，也就是说，牙齿必须与岩石有一定的接触时间，岩石才能有效地破碎。接触时间过短，岩石不能有效破碎，井眼得不到有效的加深，机械钻速不能相应地增加。不同性质的岩石所需的接触时间是不同的，幂指数也不同。软地层，幂指数较大，接近 1；硬地层，幂指数小。大量实验得出，幂指数一般在 0.5 ~ 1.0 变化。

三、排量和泵压对机械钻速的影响

在钻进一个行程中，排量基本保持不变。排量大小确定的主要依据是有效地携带岩屑至地面。泵压是钻井液在整个循环流程中的压力损失，又称压力降。对机械钻速影响较大的是钻头压力降，它的大小取决于钻井泵排量以及钻头喷嘴直径，而钻头压力降又决定了从钻头喷嘴喷射出的射流对井底的水力作用。实际钻井工作中，一定的机械钻速就意味着单位时间内钻出一定量的岩屑。而这一定量的岩屑就需一定的水力功率才能清除干净，否则井底净化就不完善，岩屑被重复切削，钻速随之下降。

调整泵压、排量使井底净化完善，有利于提高机械钻速。如条件许可，应设法提高井底水功率（即钻头水功率），发挥水力的间接或直接破岩作用，机械钻速将会得到大幅度提高。

四、井底压差对机械钻速的影响

井底压差是指井底压力与地层孔隙压力之差。钻进时的井底压力是井内钻井液液柱压力、循环压降和操作时引起的压力激动三部分之和。

井底压差的大小对破岩和清洗井底影响很大。压差大，岩石被压实，相对地增加了岩石的强度，使岩石的可钻性变差；压差小，破碎下的岩屑不易离开破碎坑，使井底净化不良，造成重复切削，降低了钻进速度，这种现象称为静压持效应。

五、提高深井钻速的有效途径

提高深井、超深井钻井速度的关键是：抓住两头（即提高上部大直径井眼和深部井段，特别是小直径井眼的机械钻速），推动中间（重点是解决难钻地层和易斜井段的机械钻速）。加强复杂情况的监测和预报，研究适应复杂地质情况的钻井液体系，为设计出合理井身结构创造有利条件。

第二节 小井眼钻井技术

随着油气生产费用的提高，以及石油工程领域不断向边缘地区扩展和钻井工艺技术水平的提高，钻小井眼井开采油气的优越性更加明显，使得小井眼钻井技术成了继水平井钻井技术之后的又一研究热点。国外公司为了配合小井眼钻井，开发和研制了一系列适合小井眼钻井的配套设备，主要集中在钻头及马达、固井、井控、取心、小井眼水平钻井等方面。研究发展的小井眼先进技术归纳起来有：带有顶部驱动的小井眼钻机、井下动力钻具、采用井控专家系统控制和预防井喷、采用连续取心钻机进行小井眼取心作业、采用高强度固定齿的新型钻头、老井加深小井眼钻井技术、老井侧钻小井眼或小井眼水平井钻井技术、钻探边井小井眼钻井技术等。

小井眼钻井的优点如下。①井场占地面积小，通常小于 1 200m²。②钻井设备型号小，质量轻。适于在偏远地区钻井，钻机及辅助设备不足 200t。③钻井作业人员需求少，每天只需 8～10 人。④钻井费用低。井场各项费用可减少 60%，节约钻井成本 15%～40%，边远和交通困难地区可节约 70%。⑤由于井眼小，产生的岩屑量仅占常规井的 1/10 以下。例如，一口 2 500m深的常规井的岩屑量为 700～1 200t，而小井眼井仅为 60t。

但一般认为，小井眼井不适于开发高产井，可用于采矿行业的连续取心和开发其他各类油气藏。

一、小井眼钻机

国外小井眼钻机类型有小型常规石油钻机、采矿式连续取心钻机、修井机、连续管钻机和专用小井眼钻机。一般来说，国外小井眼钻机采用常规旋转钻井设备，如前开口井架、液压绞车、三缸泥浆泵、防喷器组、固相控制设备、取心装置等，另加其他先进的自动化装置。国外小井眼钻机特点有：①设备体积小，占地面积少；②设备一机多能，既可钻井又可修井，所用钻柱既可钻小井眼又可连续取心；③采用专用小型测试装置；④现代化程度高。

具有代表性的国外公司开发研制的小井眼钻机主要有以下几种。

（1）Shell 公司和 Baker Hughes 公司联合开发了一种小井眼钻井系统，该系统使用改进固定式牙轮钻头和高强度钻杆，包括先进的井涌监测系统。该系统钻机可选择改进的常规钻机、专用小井眼钻机、修井机和连续管钻机。

（2）意大利 Soilmec 公司有 G-100、G-100HD、G-150、G-200 和 G-250型系列小井眼钻机。该系列钻机选用 4 台隔音柴油机作动力，采用液压驱动形式，利用 4 台液压马达同时驱动顶驱。钻机用长冲程千斤顶液缸、滑轮组和可伸缩式轻便井架代替常规绞车、游动系统和井架。该钻机可用于钻小井眼井、水平井、斜井和丛式井，还可用于修井作业。

Soilmec 公司小井眼钻机的优点：钻井速度快，技术经济指标先进，自动化程度高，工作安全可靠，钻井成本低，移运性好，对环境污染程度小。

（3）法国钻井承包商 Forsol 使用的小井眼钻机。

（4）美制 Kenting 小井眼钻机。

（5）Amoco 公司和 Nabors 公司共同研究开发的 Rig170 型小井眼石油钻机。它最主要的特点是钻机上配有数控系统和专家井控系统。数控系统收集钻机上液压传感器、压力差传感器、应变仪、位置传感器、磁性流量仪、热电偶转速仪、钻井液池液面高度传感器、温度传感器的数据，该系统还包括数据收集计算机和监测器、司钻控制台、司钻监测器、人机联做系统数据控制软件。专家井控系统包括 Amoco 公司处理数据控制系统中数据的专利软件，这套井控专家系统能够判断是否发生了井涌，是否通知司钻，以便司钻可以采取合适的井控措施，如果司钻在预定的时间段（10s）中没有作出反应，井控专家系统会自动采取井控措施。井控专家系统也可以随时停用，以便完全由司钻进行控制。

主要技术参数及结构特点：大钩载荷为 975kN，绞车功率为 350kW，钻井泵功率为 165kW，井架高 26.2m，全液压驱动，钻井液净化系统为清洁器和离心机。自动送钻装置是一个承载能力为 725kN 的液缸，固定在井架上面，送钻性能较好。采用两挡速顶驱和计算机井控装置。设计制造的岩心搬运机可进行连续取心作业。

优点：试验证明，钻机和钻井成本均较低，环境污染少，钻井性能好。

（6）欧盟小井眼石油钻机。主要技术参数及结构特点：大钩载荷为1000kN，绞车功率为 600kW，采用顶驱钻井，最高转速为 600r/min。采用

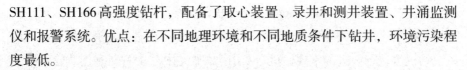

SH111、SH166 高强度钻杆，配备了取心装置、录井和测井装置、井涌监测仪和报警系统。优点：在不同地理环境和不同地质条件下钻井，环境污染程度最低。

（7）英国钻井设备公司研制的小井眼钻机，采用液力驱动，大钩载荷为980kN，钻深能力为3000m，配有新式钻杆排放系统和先进检测仪器，既可钻井又可取心，只需 3 名钻工。

二、小井眼钻井钻头

（1）牙轮钻头。为适应高转速、长寿命的要求，国外采用改进的钨合金镶齿牙轮钻头，如美国贝克休斯公司研制出的能适应转速为200r/min的98.4mm 牙轮钻头，具有较厚的锥形外壳和直径较小的轮轴，具有较高的锁紧能力和转速能力，钻头长度由常规的 146mm 减小到 121mm，增强了侧钻能力，降低了井底钻具弯曲时钻头的损坏程度，寿命增加了 30% ~ 40%。

（2）单牙轮钻头。主要通过增加牙轮钻头轴承直径，增加钻头寿命。阿曼油田在水平井中（中硬地层）使用 IDC437 单牙轮钻头，水平钻进平均机械钻速达 60ft/h。加拿大使用 1/4IADC637 单牙轮钻头钻研磨性硬砂岩，16.25h内钻进 105ft，相当于 2 只 IADC737 三牙轮钻头的总进尺。

（3）金刚石钻头。在小于 φ152.4mm 的井眼全面钻进中，牙轮钻头已逐渐被金刚石钻头所取代。DBS 公司、克里斯坦森公司、Amoco 公司在小尺寸PDC 钻头、热稳定聚晶金刚石钻头和天然金刚石钻头领域有许多产品。在连续取心作业中，1000 ~ 3 000m 的井，59% 使用金刚石取心钻头，目前国外 1 000m 以上的井眼井段多用连续取心钻头。

三、井下马达系统

目前，国外已有高、中、低三种转速（500 ~ 1 000r/min）和多种直径（38.1 ~ 171.5mm）的小井眼井下马达，其抗高温性能已经超过了 200℃。为了解决钻柱振动问题，以便将更多的能量传递到钻头上，提高钻进效率，同时还配套使用了井下液力加压器，使得钻头寿命更长，在许多地层钻进都比转盘钻进快 3 ~ 5 倍，钻井成本可降低 50% ~ 70%。该系统也常与连续油管钻机配合使用。

美国 Maurer 工程公司为美国能源部研制的大功率小井眼泥浆马达，输出功率和转速是常规泥浆马达的 2 倍，所研制的 $3^3/_8$in 小井眼泥浆马达，输出功率为 73 马力，而常规泥浆马达的输出功率仅 28 马力。使用这种大功率泥浆马达时，只要钻机配备的泥浆泵能够输出该泥浆马达所需的高循环压力，配合 PDC/TSP 高效钻头，能使钻速提高 2 倍。

Anadrill Schlumberger 公司和 Shell U.K. 研究开发机构开发了一套仪表化的井下导向马达以提高地质导向的效果。该工具是在动力端和轴承外壳之间插入一个带近钻头传感器短节的常规螺杆导向钻具。这个短节包含近钻头传感器、电路、动力源和电磁遥测系统。该马达将钻井和地层评价测量相结合，可进行井斜、马达转速、温度、伽马射线和两个电阻率测量。仪表化马达具有一个双弯外壳系统，其中固定弯外壳被直接安置在马达轴承端的上部，而地面可调弯外壳被装在传感器短节和马达的动力端之间。设计这种固定和可调弯外壳系统组合可使钻具具有多种造斜率，最大可超过 15°/100ft。

四、液力加压系统

为减小钻柱振动和疲劳破坏，主要采用的配套工具及技术有抗偏转的 PDC 钻头、柔性转盘或顶驱钻机、减小扭转振动、钻井液马达和液力加压器、耐疲劳新型钻杆接头。

配套使用井下液力加压器，可增加钻头寿命，在许多地层钻进都比转盘钻进快 3~5 倍，钻井成本可降低 50%~70%。

五、小井眼打捞、震击技术

目前已根据需要研制出了多种适合小井眼的打捞筒和震击器等，如用于打捞 φ83.2mm 和 φ89.6mm 钻具的 φ104mm 打捞筒，高压小井眼用各种尺寸井下循环接头/液力倒扣接头，液压及裂缝圆盘接头以及安全接头。耐高压用的震击器有单作用和双作用液力震击器，可受压也可拉伸，现已研制出 150.4~160mm 井眼用的 121.6mm 双作用液力震击器和 150.6~112mm 井眼用的单作用液力震击器。

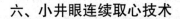

六、小井眼连续取心技术

小井眼连续取心技术源于矿业连续取心技术，实质上就是绳索式取心。现在已经能在 104.8mm 或更小的井眼中取心，并采用钻柱抗震（动）技术来提高岩心收获率。Amoco 是最早采用薄壁钻杆和电缆可回收岩心筒连续取心钻井系统的。该系统采用顶部驱动旋转外平钻杆，得到的连续岩心可达 12.19m 长，在开发井中平均取心收获率达 98.3%。一般来说，小井眼连续取心装备包括取心钻机、取心钻杆、取心钻头、岩心筒和其他所需工具。

（1）钢丝绳连续取心钻机。钢丝绳连续取心钻机比油田使用的同样钻深能力的钻机轻、小、结构简单，不用常规岩心筒而用绳索式岩心筒，能够连续取心，克服了常规石油钻机和常规岩心取心筒取心时需频繁起下钻的缺点。这类钻机既能全面钻进又能进行连续取心。

（2）取心钻杆。一种薄壁无缝钢管，机械强度没有同直径的常规钻杆大，外径小、长度短、质量轻，具有外平内加厚接头，由于环空间隙很窄，这种钻杆在裸眼井中可作为可取回式技术套管使用，甚至作为永久性套管固井，然后用直径更小的矿业取心钻杆继续取心。

（3）取心钻头。小井眼连续取心作业中要保持较高的钻速，应选择适合低钻压、高转速的天然金刚石取心钻头。取心钻头的切削面很窄，一般只有 38.1～25.4mm，Total 公司为 149.225mm、107.95mm 和 76.2mm，井眼选择的钻头转速分别为 350r/min、450～500r/min 和 600r/min。

（4）取心岩心筒。连续取心筒与常规岩心筒一样，也由内筒和外筒组成。但与常规岩心筒不同的是，其内筒可以用钢丝绳打捞筒取出来，再将另一个内筒投入钻柱继续取心。为防止起出内筒时发生抽吸作用，通常是一边起内筒，同时一边向钻柱内泵送泥浆。连续取心岩心筒及其内筒和单筒岩心的长度一般为 3m、6m、9m、12m、13.5m、15m，最长的达 27m。

（5）整体式取心马达。整体式取心马达可进一步提高收获率，因为在取心作业中防止了内筒的旋转，横向振动的减少使岩心能平稳地进入内筒。外岩心筒是由一个直接连在其顶部的井下钻井液马达驱动。

七、小井眼水平井钻井系统

1. 小井眼水平井钻井系统

小井眼水平井钻井系统包括以下三部分。①钻头。带有保径齿和天然金刚石基体的侧钻用钻头，用于直井初始造斜，造斜完毕，使用天然金刚石或热稳定聚晶金刚石基体的 HT-1 钻头钻水平井，钻速为 20～30m/h。②容积式液压马达。一种专门用于小井眼水平井的高性能马达，输出功率是常规小井眼马达的 2 倍，可延长和提高使用寿命和机械钻速。③钻柱。由于该钻井系统采用高速马达（400～800r/min）配合热稳定聚晶金刚石钻头，可以使用光钻杆，而不必使用昂贵的抗压钻杆；此外还包括定向/循环接头、地面记录陀螺、导向或随钻工具、蒙乃尔钻铤、旁通接头。

2. 小井眼定向钻井导向工具

小井眼定向钻井导向工具可用于钻小井眼水平井的定向钻井。导向系统包括导向马达、随钻测量（Measurement While Drilling, MWD）和稳定器，利用该系统可在造斜段和直井段不需要起下钻的情况下控制钻头轨迹。该系统有两种类型来进行导向钻进：一是定向组合，二是转盘。在定向钻井情况下，钻柱不旋转，钻头通过井下马达来驱动。现在主要使用的导向系统是带有弯外壳的螺杆钻具和带稳定器的马达。

八、小井眼完井技术

采用油管代替套管完井，在国外，小井眼井中占有很大的比重（美国约为 2/3），其完井方式有小井眼单管完井、小井眼双管完井、小井眼三管完井。Stekoll 石油公司采用小井眼完井系统。Halliburton 气举井单筒完井系统选择 89.6mm 油管，允许日产油 79m³，或日产气 $14.15 \times 10^5 m^3$。

根据小井眼单管完井技术要求，Baker 石油工具公司研制了一种由三个主要产品组成的综合无接头完井系统。①生产桥塞。可用电缆坐入的一种可回收式桥塞，代替具有传统锁定和接头的回收桥塞，在井内提高了灵活性。②可回收小井眼跨越式封隔系统。能够跨越和隔离套管内生产或注水井段 91.4m 以上，并保持足够大的内径以允许过油管膨胀工具、枪等通过。该系统由挠性管或电缆下入，适合于长、短生产井段进行选择性或永久性层位封隔，可通过工具孔灵活地下入过油管膨胀工具，从跨越式封隔系统以下的层位开采。③可消失式桥塞。作为尾管的一部分并且仅用在初期完井阶段的可消失式桥塞省去了井内电缆的起下，也可在欠平衡井内完井作业中使用。

我国目前小井眼常规钻井大多还是采用152.4mm钻头，完井多采用127mm或114.3mm套管。对于侧钻井，根据原井筒尺寸的不同采用的侧钻井眼也不同，原井筒为177.8mm的，多采用152.4mm钻头挂127mm或114.3mm尾管完井；原井筒为139.7mm的，多采用118mm钻头挂88.9mm或73.0mm无接箍尾管完井。

第三节　钻直井技术

按照设计轨道的不同，井可以分为两大类：直井和定向井。对于直井来说，设计轨道都是一条铅垂线。但钻井历史表明，直井的轨迹控制难度很大，甚至比定向井的轨迹控制难度还大。

一、井斜的危害

井身轴线偏离铅垂线的现象称为井斜。井斜是井身质量的关键因素，井斜超过允许范围会造成如下多方面的危害。

（1）对勘探工作的影响：井斜过大会造成井深误差，使地质工作者得出错误的结论或漏掉油、气层，特别是小区块油田或薄油层。

（2）影响油气田的合理开发：井斜过大就会使井眼偏离设计井位，打乱了油气田的开发布井方案，使采收率降低。

（3）对钻井工作的影响：井斜过大，起下钻阻卡严重，加剧了对钻柱的磨损，会造成断钻具、卡钻等严重的钻井事故，钻速减慢，延长了完井时间，增加了钻井成本。

（4）对完井工作的影响：井斜过大造成下套管困难，甚至发生卡套管事故，注水泥易产生窜槽现象，影响固井质量。

（5）对采油工艺和抽油井的影响：井斜过大会影响分层开采及注水工作，如下封隔器困难以及封隔器密封不好等；对于机械抽油井来说，井斜过大，

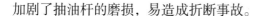

加剧了抽油杆的磨损，易造成折断事故。

二、井斜原因分析

影响井斜的因素概括起来可分为三方面：一是地质因素，二是钻具因素，三是钻进工艺方面的因素。

(一) 地质因素

最本质的是地层可钻性的不均匀性和地层的倾斜两个因素。

(1) 在沉积岩中，垂直层面方向的可钻性高，平行层面方向的可钻性低。钻头总是有向着容易钻进的方向前进的趋势。在地层倾斜的情况下，当地层倾角小于45°时，钻头前进方向偏向垂直地层层面的方向，于是偏离铅垂线。在地层倾角超过60°以后，钻头前进方向则是沿着平行地层层面方向下滑，也要偏离铅垂线。当地层倾角在45°～60°时，井斜方向属不稳定状态。

(2) 在软硬交错地层，软地层的一侧容易钻，该侧的钻速高；而另一侧遇到硬地层则钻速低。于是井眼轴线偏离，发生井斜。

(二) 钻具原因

首先，由于钻具直径小于井眼直径，钻具和井眼之间有一定的间隙，所以钻具在井眼内活动余地很大，这就给钻具的倾斜和弯曲创造了空间条件。

其次，钻柱在井眼中就像力学中的一个杆，杆加压就会产生弯曲，钻头轴线偏离原轴线。当钻头直径为8/in，钻铤直径为7in，钻压加到13.6tf时，钻铤与井壁的切点在14.6m。钻铤的弯曲在钻头上产生一个侧向力，使井眼偏斜。

(三) 其他因素

实践证明，影响井斜的因素除了下部钻柱弯曲和地质因素，还有一些其他因素，如设备安装质量不合要求（如转盘不平，天车、转盘、井口三者中心不在同一铅垂线上等）、钻进参数配合不当、钻井操作水平不高等。方钻杆和钻铤弯曲超过标准、接头螺纹歪斜等也会造成井斜。这些工具因素、施工质量、操作水平等对井斜的影响是人为造成的，可以用加强管理提高责任心来解决。

上述三方面的原因中，地质原因是客观存在的，是无法改变的。钻具因素则可以人为控制。在这方面人们进行了大量的研究，设计了许多种防斜钻具组合，最常见的两种是满眼钻具组合和钟摆钻具组合。井眼扩大总是有个过程，不会刚一钻成就马上扩大，所以可以利用这个过程防斜。

目前在钻井实践中的防斜理论与技术措施主要包括三种：满眼钻具组合控制井斜、钟摆钻具组合控制井斜及动力学防斜。

三、满眼钻具组合控制井斜

常规的满眼钻具组合防斜技术，也是基于钻柱自转假设之上的静力分析结果，认为钻铤弯曲和钻头横向偏斜是引起井斜变化的主要原因，这种钻具组合能有效地控制井斜变化率，避免出现严重狗腿。

在钻头上面直接接上一个直径与钻头直径一样的稳定器，稳定器上接上一根粗钻铤，钻铤之上接一个直径略小一点的稳定器，其上再接一根粗钻铤。这样就使钻柱的下部结构从"杆"变成了一个与钻头直径相同的"柱塞"，用它来填满井眼，钻进时平衡掉所有来自钻铤弯曲和地层造斜的侧向力。这种方法在使用中效果很好，解决了钻进中既快又直的难题。"满眼钻井"得到认可和推广后，进一步针对地层的岩性特点、地层的造斜能力、井身结构和钻井参数等，编制成多种钻柱下部结构优化组合方案，并编成电脑软件，使用时只需将程序所要的参数输入就可以得到优化的组合方案。

满眼钻具组合的使用要注意以下问题。

(1) 在已经发生井斜的井内使用满眼钻具组合并不能减小井斜角，只能做到使井斜角的变化 (增斜或降斜) 很小或不变化。所以满眼钻具组合的主要功能是控制井眼曲率，而不能控制井斜角的大小。

(2) 使用满眼钻具组合的关键在于一个"满"字，即扶正器与井眼的间隙对满眼钻具组合的性能影响非常显著。在使用中应使间隙尽可能小。设计间隙一般为 Δd=0.8~1.6mm。在使用中，因扶正器的磨损，间隙将增大。当间隙 Δd 达到或超过两倍的设计值时，应及时更换或修复扶正器。

(3) 保持"满"的另一个关键在于井径不得扩大。这要求有好的钻井液护壁技术。但即使钻井液护壁技术不好，井径的扩大总要经过一定的时间才会发生。只要抢在井径扩大以前钻出新的井眼，则仍可保持"满"的效果。这就要求加快钻速。我国现场技术人员将此概念总结为"以快保满，以满保直"。

（4）在钻进软硬交错或倾角较大的地层时，要注意适当减小钻压，并要勤划眼，以便消除可能出现的狗腿。

四、钟摆钻具组合控制井斜

(一) 理论和技术概要

以鲁宾斯基为代表的专家认为，在转盘钻进中的钻柱基本上处于自转状态，因而可采用静力方法对底部钻具组合的受力和变形进行分析研究，并由此形成了常规的钟摆钻具防斜打直理论和技术。目前国内外常用的钟摆钻具防斜打直技术主要包括单稳定器钟摆钻具组合技术、双稳定器满眼钟摆钻具组合技术及塔式钟摆钻具组合技术等。这种钻具组合主要是利用倾斜井眼中的钻头与稳定器或"切点"之间的钻铤重力的横向分力，迫使钻头趋向井眼底边降斜钻进，以达到纠斜和防斜的效果。这个横向分力通常称为"钟摆力"，它使钻头产生降斜力以抵抗地层及钻具弯曲产生的造斜力等。钻头与稳定器或"切点"之间钻铤的长度（称为钟摆长度）、单位长度重量、抗弯刚度，以及所钻地层、所用钻头及施加的钻压等，是影响井斜控制的主要因素。遵循钟摆钻具组合防斜打直理论，认为加大钻压及钻具弯曲均不利于防斜打直，因而在易斜地区打直井时，往往通过"吊打"来实现防斜或纠斜，结果制约了机械钻速。

(二) 钟摆钻具组合的使用

（1）钟摆钻具组合的钟摆力随井斜角的大小而变化。井斜角大则钟摆力大，井斜角等于零，则钟摆力也等于零。所以，钟摆钻具组合多数用于对井斜角已经较大的井进行纠斜。

（2）钟摆钻具组合的性能对钻压特别敏感。钻压加大，则增斜力增大，钟摆力减小。钻压再增大，还会将扶正器以下的钻柱压弯，甚至出现新的接

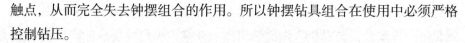

触点，从而完全失去钟摆组合的作用。所以钟摆钻具组合在使用中必须严格控制钻压。

（3）在井尚未斜或井斜角很小时，要想继续钻进而保持不斜，只能减小钻压进行"吊打"。由于"吊打"钻速很慢，所以这时多使用满眼钻具组合，仅在对轨迹要求特别严的直井（段）中才使用钟摆钻具组合进行"吊打"。

（4）扶正器与井眼间的间隙对钟摆钻具组合性能的影响特别明显，当扶正器直径因磨损而减小时，应及时更换或修复。

（5）使用多扶正器的钟摆钻具组合，需要进行较复杂的设计和计算。

五、动力学防斜打直理论

动力学防斜理论认为，在转盘旋转钻井中，对于普通的光钻铤钟摆钻具组合，可望通过加大钻压使其处于涡动状态，使得钻压大，有钟摆力，有惯性离心力，此外还有一个动态轴向附加力。在所有这些有利因素的联合作用下，井斜能够很快得到纠正，并使井保持良好的垂直钻进状态。

钻压增大，使中性点上移，从而增加了钻柱受压段长度，也就增加了出现螺旋屈曲的可能性，增加了钻柱与井壁之间的接触力，使钻柱螺旋屈曲的螺距减小，有利于消除钻头的轴向跳动。由井下记录知道，在钻进时，钻头轴向跳动非常厉害，从而降低了钻井效率。增大钻压可抑制这种跳动，但也增加了钻头破碎岩石的机械能量。

动力学防斜理论最适用于牙轮钻头，因为牙轮钻头的破岩过程是冲击和挤压。先是牙齿以一定的速度冲击岩石，这时如果钻压增大，无疑会增加冲击的力度，再加上其后的大力挤压，使破岩速度加快。这种加速破岩的过程正是在钻头指向井底低边时进行的。当钻头指向井底高边时，钻压不但不增大，还可能减小，破岩速度就慢。

动力学防斜的不利因素有以下几个方面。首先，加大钻压肯定会增加中性点以下钻柱的摩阻。钻压增大，伴随着中性点位置上移，钻柱与井壁的接触段增加，总接触力增大，从而导致摩阻增加。其次，大钻压动力学防斜时有可能加速钻头失效。最后，大钻压动力学防斜时有可能增加钻柱疲劳。钻压增大，使底部钻柱轴向压应力升高，且处于涡动状态，涡动频率高于钻柱自转频率，因而其疲劳程度更加严重。

第四节　定向钻井技术

定向钻井是指使井眼轴线沿着预先设计的轨迹钻达目的层的一种钻井方法。

一、定向钻井的基本概念

(一) 定向钻井的应用领域

早在 1887 年就有人用顿钻打过斜井，但是真正按照人们预先设计的井眼轴线钻井，却开始于 20 世纪 30 年代。50 年代后得到了较大发展，70 年代后得到广泛应用，先后出现了多底井、丛式井、水平井等，在石油勘探和开发中起到了很重要的作用。定向井常应用在以下几个方面。

(1) 地面条件限制。油气藏埋藏在重要建筑、军事要塞、工业重镇、交通枢纽、河流、高山、沼泽、港口、海洋、江湖、沙漠等下面地层中。井场的设置、设备搬迁等非常困难，或难以进行，在这种情况下，往往要钻定向井达到开发油气藏的目的。有时是出于费用上的考虑，例如在海上钻井建一座钢架平台要花费几亿元，是钻一口井投资的几十倍。

(2) 地下地质要求。由于地质构造的特点，钻直井不能有效地勘探开发油气藏时，采用定向钻井有利于发现油气藏或者提高开发速度。如裂缝性油气藏、断层油气藏、底水油藏，需要钻水平井或定向丛式井，可钻一口井井身轴线穿越多个目的层。对于断层遮挡油藏，定向井比直井可发现和钻穿更多的油层；对于薄油层，定向井和水平井比直井的油层裸露面积要大得多。另外，侧钻井、多底井、分支井、大位移井、侧钻水平井、径向水平井等定向井的新种类，显著地扩大了勘探效果，增加了原油产量，提高了油藏的采收率。

(3) 处理事故的需要。在遇到井下事故无法处理或者不易处理时，常进行定向钻井。如侧钻技术：在处理井下事故中，为了绕过或离开障碍物，如落物无法打捞时，需侧钻以达到钻探目的。钻救援井：当井喷无法扑灭时，钻定向救援井，定向救援井是使其和邻近的井喷失火井的井底相交，以便把

钻井液或水注入喷井内压井。

（4）经济有效地勘探开发油气藏的需要。原井钻探落空，或钻遇油水边界和气顶时，可在原井眼内侧钻定向井。遇多层系或断层断开的油气藏，可用一口定向井钻穿多组油气层。对于裂缝性油气藏可钻定向井（水平井）穿遇更多裂缝。低压低渗稠油单斜油藏采用定向井可最大限度地穿透产层。此外，采用水平井可大幅度提高单井产量和采收率，并能有效地开发边际油气藏（指常规开采无经济效益的薄、低渗透、低产、海上小储量等油气藏），或用二次完井开发老油田而取得经济效益。

要做好定向钻井工作，就必须掌握定向井井身剖面的设计、实钻井眼轴线的计算和绘制、井斜角和方位角的控制和测量，以及与定向钻井有关的钻井工艺技术。

（二）定向井的分类

1. 按设计井眼轴线形状分类

（1）两维定向井：指井眼轴线形状只在某个铅垂平面上变化的定向井，它们的井斜角是变化的，而井斜方位角是不变的。二维定向井又可分为常规二维定向井和非常规二维定向井。常规二维定向井的井段形状都是由直线和圆弧曲线组成。非常规二维定向井的井段形状除了直线和圆弧曲线，还有某种特殊曲线，例如悬链线、二次抛物线等。

（2）三维定向井：指设计井眼轴线超出某一铅垂平面而在三维空间中变化的定向井。三维定向井既有井斜角的变化，又有井斜方位角的变化。三维定向井又可分为三维纠偏井和三维绕障井。

在实际工程中，最常见的是常规二维定向井。我国钻井行业标准化委员会对常规二维定向井的轨道设计制定了标准。

2. 按设计的最大井斜角分类

（1）低斜度定向井。设计的最大井斜角不超过15°，这种定向井由于井斜角小，钻进时井斜、方位不易控制，钻井难度较大。

（2）中斜度定向井。设计最大井斜角在15°～45°，钻进时井斜、方位较易控制，钻进难度相对较小，是使用最多的一种。

（3）大斜度定向井。设计最大井斜角在46°～85°，其斜度大，水平位

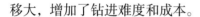

移大，增加了钻进难度和成本。

（4）水平井。设计最大井斜角在86°～120°，并沿（近）水平方向钻进一定长度的井。

3. 按钻井的目的分类

（1）救援井。为抢救某一口井的井喷、着火而设计施工的定向井。

（2）多目标井。为钻达数个目的层位而设计施工的定向井。

（3）绕障（三维）井。为绕过地下某种障碍而设计施工的定向井。

（4）立槽斜井。采用斜井钻机施工，从井口开始倾斜的定向井。

（5）多底井。凡在一个井口下面有两个以上井底的井称多底井，是用定向侧钻方法完成的。

（三）轨迹的基本参数

井眼轨迹，实指井眼轴线。一口实钻井的井眼轴线乃是一条空间曲线。为了进行轨迹控制，就要了解这条空间曲线的形状，就要进行轨迹测量，这就是"测斜"。目前常用的测斜方法并不是连续测斜，而是每隔一定长度的井段测一个点。这些井段被称为"测段"，这些点被称为"测点"。测斜仪器在每个点上测得的参数有三个，即井深、井斜角和井斜方位角。这三个参数就是轨迹的基本参数。

1. 井深

井眼轨迹上某点的井深是指井口至该点间的井眼长度，通常称为"测深"。井深常以钻柱长度或电缆长度来测量的，它既是井眼轨迹上某一点的标志，又是该点处的井眼轨迹参数之一。测点的井深以测斜仪器中测角装置所在的井深为准。

井深常以字母 D_m 表示，单位为米。两个测点的井段称为测段，以 ΔD_m 表示。一个测段的两个测点中，井深小的称为上测点，井深大的称为下测点。井深的增量总是下测点井深减去上测点井深。

2. 井斜角

过井眼轴线上某测点作井眼轴线的切线，该切线向井眼前进方向延伸的部分称为井眼方向线。测点处的井眼方向线与重力线之间的夹角称为该测点的井斜角。井眼方向线与重力线都是有向线段，井斜角表示了井眼轨迹相

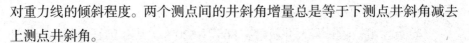

对重力线的倾斜程度。两个测点间的井斜角增量总是等于下测点井斜角减去上测点井斜角。

3. 井斜方位角

某测点处的井眼方向线投影到水平面上，称为井眼方位线，或井斜方位线。以正北方位线为始边，顺时针方向旋转到井眼方位线上所转过的角度，即井眼方位角。注意，正北方位线是指地理子午线沿正北方向延伸的线段。所以正北方位线和井眼方位线也都是有向线段，都可以用矢量表示。井斜方位角的值可以在 0 ~ 360° 变化。

目前使用磁力测斜仪器所测得的井斜方位角是以地球磁北方位线为准的，称为磁方位角。磁北方位线与正北方位线并不重合，二者之间有个夹角，称为磁偏角。磁偏角又有东磁偏角和西磁偏角之分。当磁北方位线在正北方位线以东时，称为东磁偏角；在正北方位线以西，称为西磁偏角。因此，使用磁性测斜仪所测得的磁方位角需要进行校正，以换算求得真方位角。这种换算称为磁偏角校正，换算方法如下：

真方位角=磁方位角+东磁偏角

真方位角=磁方位角−西磁偏角

注意"方向"与"方位"的区别。方位线是水平面上的矢量，而方向线则是空间的矢量。只要讲到方位、方位线、方位角，都是在某个水平面上；而方向和方向线则是在三维空间内（当然也可能在水平面上）。井眼方向线是指井眼轴线上某一点处井眼前进的方向线。该点的井眼方位线则指该点井眼方向线在水平面上的投影。

井斜方位角还有另一种表示方式，称为"象限角"。它是指井斜方位线与正北方位线或与正南方位线之间的夹角。象限角在 0 ~ 90° 变化。书写时需注明所在的象限，如 N67.5° W。

（四）轨迹的计算参数

计算参数是根据基本参数计算出来的参数，可用于描述轨迹的形状和位置，也可用于轨迹绘图。

1. 垂直深度

垂直深度简称垂深，是指轨迹上某点至井口所在水平面的距离。垂深的增量称为垂增。垂深常以字母 D 表示，垂增以 ΔD 表示。

2. 水平投影长度

水平投影长度简称水平长度或平长，是指井眼轨迹上某点至井口的长度在水平面上的投影，即井深在水平面上的投影长度。水平长度的增量称为平增。平长以字母 L_p 表示，平增以 ΔL_p 表示。

3. 水平位移

水平位移简称平移，指轨迹上某点至井口所在铅垂线的距离，或指轨迹上某点至井口的距离在水平面上的投影。此投影线称为平移方位线。水平位移常以字母 S 表示。

请注意，水平位移和水平长度是完全不同的概念。在实钻的井眼轨迹上，二者的区别是明显的，但在二维设计轨迹上二者是完全相同的。

4. 平移方位角

平移方位角是指平移方位线所在的方位角，即以正北方位为始边顺时针转至平移线上所转过的角度，常以 θ 表示。在国外，将平移方位角称为闭合方位角。而我国油田现场常特指完钻时的平移方位角为闭合方位角。

5. N 坐标和 E 坐标

N 坐标和 E 坐标是指轨迹上某点在以井口为原点的水平面坐标系里的坐标值。此水平面坐标系有两个坐标轴：一是南北坐标轴，以正北方向为正方向；一是东西坐标轴，以正东方向为正方向。

6. 视平移

视平移亦称投影位移，是水平位移在设计方位线上的投影长度。视平移以字母 V 表示。当实钻轨迹与设计轨迹偏差很大甚至背道而驰时，视平移可能成为负值。

7. 井眼曲率

井眼曲率指井眼轨迹曲线的曲率。由于实钻井眼轨迹是任意的空间曲线，其曲率是不断变化的，所以在工程上常常计算井段的平均曲率。井眼曲率也有人称为"狗腿严重度""全角变化率"。

对一个测段来说，上、下两测点处的井眼方向线是不同的，两条方向线之间的夹角（注意是在空间的夹角）称为"狗腿角"，也有人称为"全角变化"。狗腿角被测段（或井段）除即可得到该段的井眼平均曲率。显然，所取测段越短，平均曲率就越接近实际曲率。

（五）轨迹的图示法

井眼轨迹的图示法有两种：一种是垂直投影图与水平投影图相配合；一种是垂直剖面图与水平投影图相配合。不管哪种都必须有水平投影图。

1. 水平投影图

相当于机械制图中的俯视图，也相当于将井眼轨迹这条空间曲线投影到井口所在的水平面上。图中的坐标为 N 坐标和 E 坐标，以井口为坐标原点。所以只要知道一口井轨迹上所有各点的 N、E 坐标值就可以很容易画出该井轨迹的水平投影图。

2. 垂直投影图

相当于机械制图中的侧视图，即将井眼轨迹这条空间曲线投影到铅垂平面上。图中的坐标为垂深 D 和视平移 V，也是以井口为坐标原点。但是经过井口的铅垂平面有无数个，应该选择哪个呢？我国钻井行业标准规定，选择设计方位线所在的那个铅垂平面。这样的垂直投影图与设计的垂直投影图进行比较，可以看出实钻井眼轨迹与设计井眼轨迹的差别，便于指导施工中的轨迹控制。

显然，只要计算出一口井轨迹上所有各点的垂深和视平移就可以很容易画出该井轨迹的垂直投影图。

3. 垂直剖面图

可以这样来理解垂直剖面图的原理：设想经过井眼轨迹上每一个点作一条铅垂线，所有这些铅垂线就构成了一个曲面。这种曲面在数学上称为柱面。此曲面有一个显著的特点，就是可以展平到一个平面上。当此柱面展平时就形成了垂直剖面图。

实际的垂直剖面图并不是按照先作柱面然后展平的办法得到。垂直剖面图的两个坐标是垂深 D 和水平长度 L_p。实际上，只要计算出一口井轨迹上所有各点的垂深和水平长度就可以很容易画出该井轨迹的垂直剖面图。

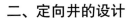

二、定向井的设计

定向井的轨道设计是定向井设计的重要内容之一。

(一) 设计原则

定向井设计应遵循以下原则。

(1) 应能实现钻定向井的目的。钻定向井的目的是多种多样的，或为了钻穿多套含油层系扩大勘探成果，或为了延长目标段的长度增大油层的裸露面积，或为使老井、死井复活，或处理井下事故进行侧钻，或受限于地面条件而移动井位，或为节约土地而钻丛式井，或为扑灭邻井大火而钻救援井等。

(2) 应有利于安全、优质、快速钻井。要注意选好造斜点，要选择硬度适中，无坍塌、缩径、高压、易漏等复杂情况的地层开始造斜。在可能的条件下，尽量减小最大井斜角，以便降低钻井的难度。但最大井斜角不得小于15°，否则井斜方位不易稳定。在选择井眼曲率值时，要权衡造斜工具的造斜能力，满足减小起下钻和下套管的难度以及缩短造斜井段的长度等各方面的要求。

(3) 要满足采油工艺的要求。在可能的情况下，减小井眼曲率，以改善油管和抽油杆的工作条件。进入目的层井段的井斜角应尽量小，最好是垂直井段，以利于安装电潜泵、坐封封隔器及其他井下作业。

按照我国钻井行业标准的规定，常规二维定向井轨道有四种类型：三段式、多靶三段式、五段式和双增式。

不同类型的轨道，它们的设计条件和计算公式各不相同。

(二) 设计依据

轨道设计依据的条件有两种。一种是由地质、采油部门提供的分层地质情况预告和目标点或目标井段的有关数据：目标点的垂深、水平位移以及设计方位等。一种是由钻井工程部门根据设计原则和钻井的条件选定的造斜点位置、造斜率的大小等。

(三) 扭矩与阻力

影响沿着设计轨迹钻井和下套管作业的关键因素是扭矩与阻力。为了预测油井扭矩与阻力，模型的建立考虑了井眼轨迹、钻具结构、"狗腿"、摩擦系数和套管下深等因素。扭矩/阻力模型的作用如下：①优化井眼轨迹，减小扭矩与阻力；②调整轨迹，减小局部作用，如正压力过大；③为其他程序(如套管磨损模型)提供正压力输入值；④确定钻进和下套管/油管的井深和水平位移的限制；⑤使钻柱各组成部分的强度适应井筒施加的载荷(轴向载荷、扭矩和侧向载荷)；⑥确定钻机的提升和扭矩要求。

大多数模型的根据是 Johancsik 等提出的"柔性钻柱"模型，它将钻具看成是一根可承受轴向力但不能承受弯矩的弦，摩擦力为正压力与摩阻系数的乘积，每一计算节点所受的正压力分解为两个分力：①钻具在钻井液中的浮重；②钻具因弯曲井段受拉所产生的侧向力。简化的钻柱单元体受到净轴向力和正应力的作用。

若能从油田现有的资料中准确地导出摩阻系数，柔性钻柱模型能够为多数钻杆尺寸和井眼曲率提供较为精确的结果，但由于柔性钻柱模型没有考虑钻柱的刚性，精度将随着钻杆尺寸和井眼曲率的增加而降低。钻杆尺寸和井眼曲率的增加也会导致正压力和扭矩/阻力的增加，对于这种情况，可应用钻柱特性的有限元模型，它也可用于模拟套管。以上两种模型均没有考虑局部井眼与钻具组合的机械相互作用，如稳定器悬挂在台阶或"狗腿"处。

三、定向控制技术

在定向井、水平井及大位移井等特殊工艺钻井中，不仅需要对垂直井段防斜打直，而且更需要定向造斜、定向增斜或降斜及定向稳斜等作业。在这些定向钻进过程中，井眼轨迹的定向控制技术是不可缺少的关键性技术。在井眼轨迹的定向控制中，井下动力钻具组合和转盘钻具组合均获得了成功的应用。

(一) 井下动力钻具组合

井下动力钻具组合主要由带弯接头或具有弯外壳或具有偏心稳定器的

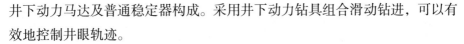

井下动力马达及普通稳定器构成。采用井下动力钻具组合滑动钻进，可以有效地控制井眼轨迹。

井下动力钻具又称井下马达，包括涡轮钻具、螺杆钻具、电动钻具三种。目前我国常用的是前两种。动力钻具接在钻铤之下，钻头之上。在钻井液循环通过动力钻具时，驱动动力钻具转动并带动钻头旋转破碎岩石。动力钻具以上的整个钻柱都可以不旋转。这种特点对于定向造斜是非常有利的。

1.带弯接头的井下动力钻具组合

带弯接头的井下动力钻具组合主要由钻头、定排量马达及弯接头组成。用定排量马达驱动钻头旋转，弯接头装在马达上方以产生钻头造斜力。在定向钻井中，这种组合是一项重要的定向造斜及纠斜技术。

2.涡轮钻具组合

典型的涡轮钻具组合由涡轮马达及1个偏心稳定器和1~2个常规稳定器组成。常用的偏心稳定器为3翼型和5翼型，安放在涡轮马达的轴承节上，其中心偏离轴承节的轴线，从而使钻头轴线定向偏离井眼轴线，形成这种钻具组合的工具面。偏心稳定器的中心偏离轴承节轴线的距离（即偏心距），主要视所钻地层及所要求的造斜率而定，偏心距愈大，则涡轮钻具组合的造斜率愈大。

（1）动力钻具造斜工具的形式。动力钻具造斜工具的形式有三种。①弯接头。在动力钻具和钻铤之间接一个弯接头，使此部位形成一个弯曲角。这种结构迫使钻头倾斜，造成对井底的不对称切削，从而改变井眼方向。②弯外壳。将动力钻具的外壳做成弯曲形状，称为弯外壳马达。其造斜原理与弯接头类似，而且比弯接头的造斜能力更大。③偏心垫块。在动力钻具壳体的下端一侧加焊一个"垫块"。在井斜角较大的倾斜井眼内，通过定向使此垫块处在井壁下侧，形成一个支点，在上部钻柱重力作用下使钻头受到一个杠杆力，从而产生侧向切削，改变井眼方向。显然，垫块的偏心高度越大，则造斜率越大。

需要注意，工具的造斜率越高，下入井内就越困难。

（2）涡轮钻具的结构与特性。涡轮钻具包括上端带大小头的外壳，被压紧短节压紧而安装在外壳内的定子；下端带有下部短节并与钻头相连接的主轴，套装在主轴上的转子，以及止推轴承和扶正轴承等。定子和转子是由特殊的叶片组成。

3. 螺杆钻具

螺杆钻具是一种高压钻井液驱动的容积式井底动力钻具。它是由一根螺杆（转子）、定子衬套、万向轴、主轴、轴承、下接头等组成。螺杆钻具最主要的工作元件是螺杆及衬套。定子衬套的内孔在全长上是由椭圆形横截面构成的螺旋通道，通道内有一麻花形的螺杆，螺杆轴线相对于衬套轴线是偏心安装的，螺杆上端为自由端，下端通过万向轴与主轴相连。当高压钻井液进入螺杆钻具时，钻井液从螺杆及衬套间的空间往下挤压，依靠其压力使螺杆不断移位、旋转、产生扭矩，从而驱动钻头破碎岩石。

当结构尺寸一定时，螺杆钻具的转速与通过钻具的钻井液流量成正比，流量越大，转速越高。扭矩与压力成正比。

（二）转盘钻具组合

与钻直井相反，钻定向井要充分利用地层和钻具的造斜能力。钻柱结构的改变可以使井眼增斜、稳斜和降斜，将钻头稳定器放在钻头上面，作为钻头的支点，钻铤受压后弯曲产生的侧向力使井斜增加；将两个稳定器放在钻头和钻铤之间，起到"满眼"的作用，收到稳斜的效果。降斜采用"钟摆"法在钻铤的上面放一个稳定器，利用钻铤的重量，向中心摆动，可降低井斜。利用钻柱下部结构的改变来控制井斜，效果显著，已在定向钻井中得到广泛的使用。但是，用转盘钻井很难控制方位，因此不能全部满足定向钻井的需求。

（三）定向控制的基本规程

一口定向井的设计轨道一般由垂直井段、增斜井段、稳斜井段及降斜井段组成，在定向钻进过程中，可分三个阶段实施井斜控制，即垂直井段控制、定向造斜控制和后续定向控制等。

1. 垂直钻进控制阶段

要求实钻轨迹尽可能接近铅垂线，也就是要求井斜角尽可能小。定向井的垂直井段可以按照打直井的方法进行井眼轨迹控制，而且比打直井要求更高，因为它是定向造斜控制的基础。

2.定向造斜控制阶段

要求从造斜点开始，强制钻头偏离垂直方向增斜钻进，称为定向造斜，所钻出的井段是增斜井段的一部分。由于垂直井段井斜方位角不确定，所以开始造斜时需要"定向"。如果定向造斜段的井斜方位有偏差，则会给后续的井眼轨迹控制造成困难。因此，定向造斜是关键。

现代的定向造斜方法除套管开窗侧钻还使用斜向器外，几乎全是使用井下动力钻具组合进行定向造斜。造斜井段的长度一般是以井斜角达到可以使用转盘钻具组合继续增斜为准，这个井斜角约为8°～10°。

3.后续定向控制阶段

从定向造斜控制阶段结束至钻完全井，都属于后续定向控制阶段。这一阶段的任务是在钻进过程中不断了解井眼轨迹的变化情况，并使用各种底部钻具组合和操作参数，控制钻头沿预置轨道不断向目标靶区钻进。一旦实钻井眼轨迹严重偏离预置轨道，就需要采取有效措施（通常使用井下动力钻具组合）进行纠偏作业。

第五节　丛式井及多侧向分支井钻井技术

当前，石油工程师们已不再仅仅依靠直井进行油气生产，而是转向利用丛式井、水平井、多侧向及多分支井来提高油气的生产能力。

井距较小的一组钻井称为丛式井。在一个垂直母井筒中分出的多个近似水平的钻井称为多侧向井。

一、丛式井

丛式井常用于海上钻井，在大多数情况下，在一个钻井平台上要钻几口到几十口井，即组成丛式井，它有利于提高效益，降低钻井总成本；在陆地钻井中，钻丛式井有占耕地少、平井场修公路工作量小、钻井成本低、节约输油气管线、管理方便等特点，尤其是在丘陵、沟壑地区更显出其优越性。

丛式井实质上是一组定向井。就单井而言，钻井过程和钻井技术与上面讲过的定向井钻井相同。但由于它们是由多口定向井组成,具有井口井距较小、井眼轨迹要严格控制等特点。因此应从钻井、测井、固井、试油、采油及地面建设等多方面考虑,进行总体优化设计,使其满足油田整体开发布置要求,有利于加快钻井、试油、采油、集输等工程的建设速度,降低建井和油田基本建设的总费用,提高油田的投资效益。

丛式井在设计时应考虑如下几方面。

(1) 优选平台或井场个数。根据油田含油面积、构造特征、开发井网布局、井数、地面条件、油田开发的要求等,测算每个阶段的费用成本,进行经济技术论证,在此基础上计算出每个平台或井场能够控制的含油面积及丛式井平台个数。

(2) 优选平台位置及井网类型。根据每个平台或井场上各井井底位置、地面条件,以平台或井场中心位置来优选,其原则是:丛式井组内井身总长度应最短,井组内水平位移总长应最小等。如地面允许均匀布置井场,可采用辐射型井网布置,如地面条件限制,可采用锥散型井网布置。

(3) 优选地面井口的排列方式。根据丛式井平台上或井场内井数多少选择平台或井场内地面井口的排列方式,以达到因地制宜、便于施工、布局合理、节约费用的目的。

丛式井平台或井场内地面井口排列方式如下。①"一"字形单排列。此种方法适用于井数少的陆地丛式井,井距一般为 3~5m。②双排或多排排列。适用于一个丛式井平台打多口井(十几口到几十口),同排井井距一般为 3~5m,排距一般为 10~50m。③环状排列、方形排列。这两种排列适用于陆地或浅海人工岛上钻丛式井,一般一个平台钻几十口井,可多部钻机同时钻。④网状密集排列。此种排列适用于海上丛式井钻井,一般井距为 2~3m。

地面井口排列方式确定后,可依据地下目标点确定各井相对于地面井口的方位,使其布局合理,避免交叉,减小井眼轨迹控制难度。

(4) 井眼轨迹设计及钻井次序确定。①造斜点的选择。选择不同的造斜深度是防止井眼相碰的重要措施之一,邻井间方位角相差大,造斜点可相距较小;反之,造斜点应相距较大。一般情况,两相邻井造斜点深度应相距至少30m。造斜点的选择还应考虑地层条件、油层深度、水平位移、最大井斜角和井眼曲率等因素。②井身剖面设计。辐射型井网多采用二维平面井身剖面设计，锥散型井网则应采用三维空间设计。③钻井次序。先钻水平位移大、造斜点位置较浅的井，后钻水平位移小、造斜点深的井。④施工中应严格控制井眼轨迹，使其不超过规定的控制范围，确保井底中靶，防止井眼互碰。

二、多侧向井

多侧向井也称分支井。多侧向井系统是从"母"井筒的某一段径向钻出多个开采井筒。这一方法与传统开采方法的主要区别是该系统中的母井筒和侧向井筒都能产出油气。

目前可进行三大类多侧向井设计：裸眼多侧向井、部分隔离多侧向井、完全多侧向井。

（一）裸眼多侧向井

裸眼多侧向井开钻时，应先下表层套管；基础井筒钻至生产层段顶部然后再下技术套管固井，然后才开始造斜；而后利用可控钻具组合钻穿套管底部。该工具可引导钻头从母井筒侧向钻出一个侧向井眼。其他井眼也可从母井筒同样钻出，直至所有设计出油通道钻成为止。

大多数裸眼井应用于相对较短的水平段。井的水平位移很少超过360m。由于在这类井中一般不考虑在井筒套管中侧钻，所以可以考虑采用超短半径钻井技术来钻至靶区。

（二）部分封隔多侧向井

当油藏需要进行层位封隔或者重新钻开新层，并已纳入长期方案时，可应用部分隔离多侧向井方法满足这些需求。这类完井方式适用于某一分支意外产水或产气的多侧向井系统。此时产水或产气的分支便可从生产系统中隔离出去。侧向分支油层间的压力变化也可通过这种"开/关"结构来进行管理。

与裸眼完井类似，这种部分封隔多侧向井也不允许在侧向井筒中下套管，它只是通过机械装置与母井筒相连接。然而该系统允许钻具在钻进和初次完井过程中重复进入侧向井筒。致密、坚硬不坍塌的油层最适宜进行该类方式的完井。

这类油井的最终完井方式较多，且可比裸眼多侧向井提供更多的生产管理的选择。一般情况下，可在母井筒中每一侧向分支的上部和下部下入生产封隔器。若需要，也可以下入一根或两根生产油管来进行混合或单独生产。

(三) 完全多侧向井

完全多侧向井可从一个新的或已存在的井筒钻出 2~5 支侧向井筒，适用于深水或海洋环境。在该系统的新井中，侧向分支出口可下置于垂直、倾斜和水平面之中，套管开窗的方位可在基础井筒已下入套管后确定。该系统必须下套管注水泥固井再进行衬管和割缝衬管以及防砂的预制滤砂管作业。

当采用完全多侧向系统时，侧向分支井筒与基础井筒套管相连，衬管也通过机械方式与基础井筒中的套管相接。

第六节 水平井钻井技术

水平钻井是指在地下某一深度的地层中沿水平方向钻出一段水平井眼的工艺过程。水平钻井技术是在定向钻井技术的基础上发展起来的。

水平井是以水平方向钻进到储集层中、最大井斜角接近 90°、在产层内有水平的或近似于水平段井身的特殊油气井。由于水平井使泄油面积增大、一口井可以穿过几个油气层，并能开发用常规方法无法开采或效益差的油气藏，还可以改造老井和废井，所以极大地提高了钻井的经济效益、原油产量和采收率。

水平井也是定向井的一种，但由于水平井特有的轨道形状、钻进工具、技术难度均超过了普通定向井的范畴，所以人们将水平井钻井技术单列出来。

一、水平井的分类

水平井的分类是根据从垂直井段向水平井段转弯时的转弯半径（曲率半径）的大小进行的，通常分为长、中、短半径水平井。

长半径水平井可以用常规定向钻井的设备、工具和方法钻成，固井、完井也与常规定向井相同，只是难度增大而已。若使用导向钻井系统，不仅可较好地控制井眼轨迹，也可提高钻速。主要缺点是摩阻力大，起下管柱难度大。此类水平井的数量将越来越少。但对低渗透性油气藏和裂缝性油藏效果较佳。

中半径水平井在增斜段均要用弯外壳井下动力钻具进行增斜，必要时要使用导向钻井系统控制井眼轨迹。固井完井方法也可与常规定向井相同，只是难度更大。由于中半径水平井摩阻力小，所以目前在已钻水平井中，中半径水平井数量最多。在裂缝性油层中应用较经济。

短半径和中短半径水平井主要用于老井侧钻、死井复活，可以提高采收率。少数也有打新井的。此类水平井需用特殊的造斜工具，目前有两种钻井系统：柔性旋转钻井系统和井下马达钻井系统。另外，完井的困难较大，只能裸眼或下割缝衬管。由于中靶精度高，增产效益显著，此类水平井将越来越多。

超短半径水平井也被称为径向水平井，仅用于老井复活。通过转动转向器，可以在同一井深处水平辐射地钻出多个（一般为 4 ~ 12 个）水平井眼。这种井增产效果很显著，而且地面设备简单，钻速也快，很有发展前途。但需要有特殊的井下工具和钻进工艺以及特殊的完井工艺。

二、水平井的优点

（1）水平井的突出特点是井眼穿过油层的长度长，所以油井的单井产量高。据统计，全世界水平井的产量平均为直井的 6 倍，有的高达几十倍。而且水平井的渗流速度小，出砂少，采油指数高，因而可以大大提高采收率。

（2）水平井可使一大批用直井或普通定向井无开采价值的油藏具有工业开采价值。例如，一些以垂直裂缝为主的裂缝油藏、一些厚度小于 10m 的薄油层，还有一些低压低渗油藏。另外，海上油田投资大、成本高、直井开采无效益，水平井却可能有开采价值。

（3）水平井可使一大批死井复活。许多具有气顶或底水的油藏，油井经过一段时间的开采之后，被气锥或水锥淹没而不出油，实际上油井周围仍有大量的油，称为死油。在老井中用侧钻水平井钻到死油区，可使这批死井复活，重新出油。

（4）水平井作为探井亦具有广阔的前景。我国胜利油田有一口水平井一井穿过十多个油层，相当于九口直探井。

（5）其他应用：浅的未胶结砂岩沥青型稠油油藏、浅的岩礁型稠油油藏、穹窿背斜油藏为断层破碎及倾斜大的翼部、煤层气等。

随着水平井技术的发展，大位移水平井、水平分支井、侧钻水平井、径向水平井等技术的成熟，在提高油田勘探、开发的速度和油藏采收率方面，水平井将起到极其重要的作用。

三、水平井钻井的难度及对策

（一）水平井钻井增加的难度

水平井的形态特征与其他类型井相比，使得重力由有利于钻井变为不利于钻井，由此带来诸多技术难点。再加之我国的油藏多以陆相沉积为主，其特点是油层薄，纵横物性变化大，油层位置不确定性大。而且我国地域辽阔，油藏类型多，水平井钻井基础薄弱，所有这些都大大增加了在我国钻水平井的难度。其难点概括起来主要有如下几方面。

1. 水平井的轨迹控制要求高，难度大

普通定向井的目标区是一个靶圆，井眼只要穿过此靶圆即为合格。水平井的目标区则是一个扁平的立方体，不仅要求井眼准确进入窗口，而且要求井眼的方位与靶区轴线一致，俗称"矢量中靶"。所以，水平井的轨迹控制要求高。

由于在轨迹控制过程中存在的"两个不确定性因素"：一是目标垂深的不确定性，即地质部门对目标层垂深的预测有一定的误差；二是造斜工具的造斜率的不确定性，使得水平井钻井的风险加大，可能导致脱靶。

这一方面要求精心设计水平井轨道，一方面又要求具有较高的轨迹控制能力。

2. 管柱受力复杂

（1）由于井眼的井斜角大，井眼曲率大，管柱在井内运动将受到巨大的摩阻，致使起下钻困难，下套管困难，给钻头加压困难。

（2）在大斜度和水平井段需要使用"倒装钻具"，下部的钻杆将受轴向压力，压力过大将出现失稳弯曲，弯曲之后摩阻更大。

（3）摩阻力、摩扭矩和弯曲应力将显著增大，使钻柱的受力分析、强度设计和强度校核比直井和普通定向井更为复杂。

（4）由于弯曲应力很大，在钻柱旋转条件下应力交变，将加剧钻柱的疲劳破坏。这就要求精心设计钻柱，严格按规定使用钻柱。

3. 钻井液密度选择范围变小，容易出现井漏和井塌

（1）地层的破裂压力和坍塌压力随井斜角和井斜方位角而变化。在原地应力的三个主应力中，垂直主应力不是中间主应力的情况下，随着井斜角的增大，地层破裂压力将减小，坍塌压力将增大，所以钻井液密度选择范围变小，容易出现井漏和井塌。

（2）在水平井段，地层破裂压力不变，而随着水平井段的增长，井内钻井液液柱的激动压力和抽吸压力将增大，也将导致井漏和井塌。

这就要求精心设计井身结构和钻井液参数，并减小起下管柱时的压力波动。

4. 岩屑携带困难

由于井眼倾斜，岩屑在上返过程中将沉向井壁的下侧，堆积起来，形成"岩屑床"。特别是在井斜角为45°～60°的井段，已形成的"岩屑床"会沿井壁下侧向下滑动，形成严重的堆积，从而堵塞井眼。

这就要求精心设计钻井液参数和水力参数。

5. 井下缆线作业困难

这主要指完井电测困难。在大斜度和水平井段，测井仪器不可能依靠自重滑到井底。钻进过程中的测斜和随钻测量，均可利用钻柱将仪器送至井下。射孔测试时，亦可利用油管将射孔枪弹送至井下。只有完井电测时井内为裸眼，仪器难以送入。目前解决此问题的方法是利用钻柱送入，但仍不理想。

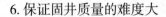

6. 保证固井质量的难度大

此难度一方面由于大斜度和水平井段的套管在自重下贴在下井壁，居中困难；另一方面钻井液在凝固过程中析出的自由水将集中在井眼上侧，从而形成一条沿井眼上侧的"水槽"，大大影响固井质量。

目前此问题的解决方法是在套管上加足够的特制扶正器，使用"零自由水"水泥浆。

7. 完井方法选择和完井工艺难度大

水平井井眼曲率较大时，套管将难以下入，无法使用射孔完井法，将不得不采用裸眼完井或筛管完井法等。这将使完井方法不能很好地与地层特性相适应，将给采油工艺带来困难。

(二) 水平井钻井中的技术对策

要解决上述工艺技术问题，主要可以从以下几个方面采取措施：①可采用大功率的驱动系统 (如顶部驱动系统) 和优选钻具组合；②使用优质洗井液，保持井眼具有良好的清洁、润滑、稳定性能；③采用先进的随钻检测技术和连续井眼轨迹控制技术；④选择合适的完井方法和固井技术等。

水平井完井技术近年来得到了迅速发展，使水平井的产量得到大幅度提高。现有的水平井完井方法有八种。

(1) 用井下动力钻具造斜后，可用转盘钻及相应的钻具组合来增斜、稳斜，以利于提高机械钻速，不论用何种钻具组合钻进，均应定期测斜 (定点测斜或随钻测斜)，以便及时掌握井斜变化采取相应的措施。

(2) 选好钻井液类型，提高清砂效果，消除岩屑床。水平井钻井中特别是进入水平段，钻井液应能稳定井壁、携带岩屑、降低摩阻与扭矩、防止粘卡等，现场经验证明，选用防塌混油水基钻井液或油包水乳化钻井液、油基钻井液均能满足要求。

(3) 在水平井段采用倒置钻具组合有利于减少扭矩和摩擦阻力。倒置钻具组合是钻头上除加 1~2 根无磁钻铤和稳定器外，下部钻具全部采用加重钻杆或钻杆，在垂直井段或井斜较小的斜井段加一定数量的钻铤，以便增加水平钻进的轴向力，推动钻头前进和给钻头加压。

四、水平井轨道设计原则

（1）水平井轨道设计时，首先要根据油藏特性及地质要求计算水平段的基本数据，结合区域地质和工程资料进行综合分析，确定轨道类型。

（2）在地层岩性和工具增斜能力都确定的条件下，增斜段宜选择单增轨道。在地层岩性和工具增斜率均较稳定时，宜选择较短的靶前位移、较高的增斜率和较短的增斜段；反之，在确定增斜率、靶前位移和增斜段时，应留有充分余地。

（3）造斜点应选择在具有较好可钻性、无坍塌和无缩径的地层。

（4）调整段的长度及位置宜放在最后增斜段之前。

（5）对确定的轨道进行转矩计算分析，并依此进行钻机选型和钻具强度校核。

第七节　大位移钻井技术

随着定向井、水平井钻井技术的发展，出现了大位移井。

大位移井一般是指井的位移与井的垂深之比等于或大于2的定向井。大位移井具有很长的大斜度稳斜段，大斜度稳斜角称为稳航角，稳航角大于60°。由于多种类型油气藏的需要，从不变方位角的大位移井又发展了变方位角的大位移井，这种井称多目标三维大位移井。即使中等垂深的大位移井，由于位移大、斜深长，测量井深实际达到了深井、超深井的深度。所以大位移井实际上是定向井、水平井、深井、超深井技术的综合体现，加上多目标三维大位移井技术复杂、要求高，因此大位移钻井技术实际上是体现了目前世界上各个方面的最先进钻井技术。

一、大位移井的用途

钻大位移井的目的似乎只有一个，那就是出于经济上的原因。如挪威北海西的 Sleipneer 油田用大位移井代替原来的开发方案，节约了10亿美元。美国的 Pedermales 油田用大位移井代替原来建钻井平台的方案，节约了1亿

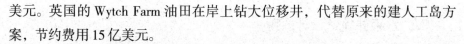

美元。英国的 Wytch Farm 油田在岸上钻大位移井，代替原来的建人工岛方案，节约费用 15 亿美元。

为什么钻大位移井比较经济？其原因有如下几点。

（1）开发海上油气田用常规定向井、水平井钻井，需要建的人工岛或固定平台的数量多，打井也多；如果钻大位移井，就可少建人工岛或固定平台，少打井，故可节省大量投资。

（2）在靠近海岸进行勘探、开发时，凡距海岸 10km 左右的近海油田，均可使用大位移井进行勘探、开发。这样可以不建人工岛或固定平台，也可以不用活动钻井平台设备，省去了复杂的海底井口及海底设备，完全可以从陆上向海上钻大位移井勘探、开发油田，从而节省大量投资。

（3）小断块的油气田或几个不相连的小断块油气田，可钻一口或两口大位移井开发，减少钻井数量，节省投资，便于管理；对于几个油气田，油气层不在同一深度，方位也不一样，这时可钻多目标三维大位移井，节省投资。

二、大位移井的关键技术

大位移钻井的关键技术有扭矩／摩阻、钻柱设计、井壁稳定、井眼净化、泥浆和固控、套管作业、定向钻井优化、测量、钻柱振动及钻机设备。随着近几年大位移井的实施，大位移井钻井研究的重点和难点主要集中在以下几个方面：轨道设计、定向控制、水力学与井眼净化、套管漂浮技术。

（一）扭矩与阻力控制技术

大位移井扭矩和阻力增加是突出问题，减少扭矩和阻力应从以下几个方面解决。

1. 最优的井身剖面

选择摩阻小的井身剖面是钻大位移井的首要问题。国外大位移井井身剖面主要有三种：增斜 – 稳斜剖面、下部井段造斜剖面（小曲率造斜剖面）和悬链线剖面。现在悬链线剖面已成为大位移常用的设计剖面。在 Wytch Farm 油田，准悬链线剖面，初造斜率从（$1 \sim 1.5°$）/30m 逐渐增加到 $2.5°$ /30m。实践证明，准悬链线井身剖面可减少钻井扭矩，增加套管下入重量 20% ~ 25%，增加钻具的滑动能力。

2. 钻井液润滑性

钻井液润滑性是影响大位移井钻井扭矩和阻力的一个重要参数。一般认为，在钻大位移井时，油基钻井液比水基钻井液有更大的优势。国外试验证明，将油水比为 90∶10 同油水比为 62∶38 的钻井液相比，使用前者时，金属对金属的摩阻降低 50%，金属对砂岩的摩阻降低 40%。

3. 减少扭矩的工具

在 Wytch Farm 油田的 FI9 井试验时，在 1 830m 套管井段，每隔一个单根加一个非旋转护箍，结果套管内扭矩减少 25%。润滑小球可暂时减少扭矩约 15%，但小球回收系统的成本较高。由 Security DBS 公司开发的钻柱降扭短节，可与钻井常用的 127mm、139.7mm 和 168mm 钻杆配合，使得钻大位移井时，钻杆接头离开套管，可避免套管磨损，降低扭矩，降扭幅度达 40%。使用加长马达，减少了钻头泥包，降低了钻头与地层或井眼之间的扭矩。

4. 模型研究

现有各种扭矩与阻力的模型可评价和监测大位移井作业。但在 Wytch Farm 油田开发期间，在预测扭矩时，得出一个重要结论：钻柱模拟器和任何工业模型在动态钻井条件下，都不能精确地预测钻头扭矩。所以现在通常用 MWD（Measurement While Drilling，随钻测量）连续监测井下钻头扭矩和井下钻头压力。

(二) 钻柱设计

顶部驱动系统承受扭矩范围为 61 ~ 81kN·m，只有钻柱强度足够时，这个顶驱系统才能发挥作用。在大位移井钻井中，钻柱设计须考虑钻柱的拉压载荷和扭转载荷，建立钻柱设计模型，以满足钻大位移井要求。除采用高强度钻杆外，还应采用工具接头应力平衡、高扭矩丝扣油以及高扭矩接头、高扭矩联结等方法，以保证钻柱具有足够高的扭转能力。在井底钻具组合方面，国外公司目前采用的方法主要有采用螺旋钻铤和可调稳定器、选择好顶部及下部钻具组合的中和点、减少丝扣连接的数量、减少在斜井段使用的加重钻杆的数量。

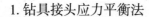

1. 钻具接头应力平衡法

高强度钻杆的抗扭能力如S-135以上钢级钻杆常常受钻杆接头限制，因此需要采取专门的措施改进钻杆接头的性能。钻杆接头推荐的上扣扭矩是以达到最小的台肩预加压力，同时螺纹达到最大的连续拉力为基础计算的。

2. 高扭矩的丝扣油

已给上扣扭矩的接头轴向应力是受台肩上扭矩的摩擦系数控制的，在钻杆接头材料已定时，接头台肩扭矩的摩擦系数主要由使用的钻杆丝扣油类型决定的。简单地说，一种具有高摩擦力的丝扣油在接头应力相同时可得到高的上扣扭矩。

基于保护环境的考虑，相关部门提出要研究除掉丝扣油中的重金属物质。基于这项研究，Wytch Farm油田鉴定了一种摩擦系数为1.27的高摩擦系数丝扣油，从而在钻杆接头应力相等时可使上扣扭矩增加27%。

3. 高扭矩接头

增加钻杆接头扭矩的直接方法是提供扭矩大的接头台肩，双台肩的接头能增加扭矩，对小尺寸接头更有利。主要产品是 $5\frac{1}{2}$in 钻杆的 7in 外径的钻杆接头。双台肩的钻杆接头比普通钻杆接头能提供高 40% ~ 60% 的抗扭强度。

(三) 井眼净化

1. 钻井泵排量

对于大位移井，排量是井眼净化的主要参数，井眼净化模型用来预测井眼净化所需的最小排量和最优钻井液流变性。在 Wytch Farm 油田，5 200m 的 $12\frac{1}{4}$in 井眼下部，使用 3 000m $6\frac{5}{8}$in 钻杆和 2 200m $5\frac{1}{2}$in 钻杆，排量能保持到 1 000gal/min，该井眼大部分井段使用的排量为 1 100gal/min，使用这样的排量，很少需要其他特殊的净化方法。如钻井液流变性合乎技术要求，保持 50m/h 的钻速并不困难。

2. 钻井液流变性

保持良好的钻井液流变性对任何钻井作业都是重要的，对于大斜度井，钻井液流变性尤其重要。

3. 起下钻前充分循环钻井液

大斜度井需要多循环钻井液以保持井眼干净。起钻前，应继续循环钻井液直到井内钻屑几乎全部返出。起钻前不充分循环，会导致起下钻时产生严重问题。

4. 井眼净化的监测

井下钻压和钻头扭矩测量短节装在下部钻具组合中，以测定清洗井眼的效果和补救措施（如起下钻通井、划眼、循环泥浆和开泵冲洗）的效果。测量短节装在 MWD 仪器下边，轴向和扭转应变仪数据被转换成力和扭矩的信号，然后随钻井液脉冲输送到地面，作为标准数据结构的一部分。

5. 固相控制

钻屑在大位移井中，要比小斜度井停留更长的时间，这些钻屑将在钻具和套管间或钻具和井壁间的钻井液中长时间停留，使钻屑变得更细，若要钻井液保持良好状态，就必须有好的固控设备。

(四) 套管需要考虑的问题

1. 避免套管磨损

套管磨损依旧是大位移钻井的一个需要高度重视的问题。实际的经验表明，通过使用新一代的硬金属能消除这些问题。表面硬化材料和铬合金的交替使用在一些时候能保护套管和钻杆。

2. 严格选择下套管方案

大位移井下套管受很多因素限制是人所共知的。大位移井的最佳下套管方案应考虑三个主要条件，即设备能下入的最大重量、下入重量的摩阻损失和下入重量的机械损失。这些重量将决定下井套管的极限。最大能下入重量取决于井的临界摩擦角随着岩性、钻井液和其他因素的变化情况，临界角的范围是 70°～72°。Wytch Farm 油田在 $12\frac{1}{4}$in 裸眼内，高润滑性油基钻井液摩擦系数为 0.21，相关的临界角为 70°，超过这个角度，套管需要向下加推力才能使套管下入井内。

最近，国外钻井公司在大位移井作业中开发了使部分套管悬浮的新技术。套管悬浮可减少很多套管重量，也可减少摩阻损失。Wytch Farm 油田在 $12\frac{1}{4}$in 井段，使下部 40lbf/ft 重的 $9\frac{5}{8}$in 套管悬浮起来，从而使之顺利下入。

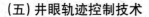

(五) 井眼轨迹控制技术

(1) 采用旋转导向钻井，精确控制井眼轨迹。在钻进中，尽量采用旋转钻进方式，少采用滑动钻进方式来控制井眼轨迹。如 Wytch Farm 油田在钻大位移井时旋转导向系统是最主要的工具。

(2) 使用大刚度井眼控制钻具组合，防止井眼出现大的狗腿度。

(3) 使用水力加压器，为钻头施加足够的钻压，减少了井眼轨迹的变化，使井眼轨迹得到更有效的控制。

(4) 精确控制井眼轨迹，采用先进的随钻测量工具和数据传输系统，如传输速率 60m/s 的 M10 型 MWD、三联 (电阻、中子、密度及 γ 测井) 或四联 (三联加声波测井) 的随钻测井。阿吉普等公司最近还使用了其独有的专利技术随钻地震等。

(5) 实施短起下钻作业，帮助清洗井眼、破坏岩屑床的同时，充分修整井壁，使井眼光滑、规则，减少局部狗腿度。

(6) 采用大排量循环洗井，将井眼的岩屑带出地面，经固控设备处理，降低钻井液中的固相含量。

第八节　欠平衡钻井技术

一、欠平衡钻井的优点及缺点

(一) 欠平衡钻井的优点

(1) 减少对产层的损害，有效保护油气层，从而提高油气井的产量。常规钻井一般都是过平衡钻井，由于钻井液液柱压力高于地层压力，不可避免地会造成钻井液滤液和有害固相进入产层，从而造成对产层的伤害。在某些情况下，这种伤害将永久地降低油井的产量，需要采取和进行费用昂贵的增产措施和修井作业才能达到地层的经济产量水平。采用欠平衡钻井，由于井筒内钻井液液柱压力低于地层压力，钻井液滤液和有害固相的侵入就会减轻或消除，从而有效地保护了油气层，减少或免去油层改造等作业措施及昂贵的费用，尤其在水平井中的优势很明显。

（2）大幅度提高机械钻速，延长钻头使用寿命，从而缩短钻井周期，减少作业及相关费用。由于采用负压钻进，使井底岩石三相应力状态发生了变化，减小了压持效应，有利于钻头对岩石的破碎，从而大幅度提高机械钻速，缩短钻井周期，降低钻井综合成本。

（3）有利于及时发现和评价低压低渗油气层，为勘探开发整体方案设计提供准确依据。过平衡钻井对产层造成的伤害很可能使预期本应该出现的油气显示没有出现，从而影响了油气的勘探和开发。而在欠平衡钻井条件下，钻井过程中地层流体可以进入井眼，在井口监测返出液就可以适时提供良好的产层信息，从而有利于达到勘探和开发的目的，并可以及时对产层进行较为准确的评价。

（4）有效地控制漏失，并减少和避免压差卡钻等井下复杂情况的发生。欠平衡钻井由于井筒内钻井液液柱压力低于地层压力，从而可以大大降低井漏发生的概率，另外可以基本消除压差卡钻的问题。

（5）可以在钻井过程中生产油气。由于欠平衡钻井是有控制地制造溢流，油气可有控制地从井内返出到地面，经分离处理后，该油气可以作为钻井过程中的副产品加以利用或出售，从而补偿欠平衡作业的辅助费用。

（二）欠平衡钻井的缺点

（1）钻井成本高：钻井设备多，井场面积大，占地费用高；钻机租金高；控流钻井通常采用含油钻井液，成本高；采用注氮方式进行欠平衡钻井时，特别是在边远地区采用现场制氮设备制氮时，制氮设备的租金较高。

（2）完井时，若采用强行起下钻设备起下钻柱，导致钻井成本上升。

（3）存在安全隐患：井喷、井塌；使用空气作为注入气可能造成井下爆炸或钻具腐蚀。

（4）地层损害：在欠平衡钻井过程中，地层压力高于循环钻井液井底压力，所以在岩石表面不能形成泥饼，一旦在钻井和完井作业期间不能保持连续的欠平衡状态，无泥饼的井壁无法阻止液相和固相对地层的侵入，可能会造成更大的污染。

二、欠平衡钻井类型

根据钻井液类型的不同，欠平衡钻井技术可分为气相、气液混合及液相欠平衡钻井技术。

(一) 气相欠平衡钻井

气相钻井一般采用纯气体作为钻井液，这种气体可能是空气、氮气、天然气或任一混合气体。密度适用范围为 $0 \sim 0.02 \text{g/cm}^3$。

气相钻井的优点是钻速快且单只钻头进尺高。另外，钻成的井具有井斜小、固井质量好、完井容易、产量高等特点。

气相钻井的缺点是存在井壁不稳定因素和携屑困难。采用空气钻井，由于地层产水，对钻具具有腐蚀作用；另外，由于空气中存在氧气，容易发生井下燃爆。而氮气和天然气虽然可以克服腐蚀问题，但其存在成本高和现场供应困难等问题。

(二) 气液两相欠平衡钻井

(1) 雾化钻井。当有大量的地层水进入井眼并影响了空气 - 钻屑钻井，但水量还没有高到能引起井眼清洁问题时，应使用雾化钻井。其密度适用范围为 $0.002 \sim 0.04 \text{g/cm}^3$，气体体积为混合物体积的 96% ~ 99.9%。

在雾化钻井过程中，往往要在井口往空气流中注入少量含发泡剂的水，由于空气中含有水雾而形成了一种连续的空气体系。发泡剂降低了井眼中水和钻屑的界面张力，并允许水/钻屑在返出的气流中分散成极细的雾状物。这样就可把水和钻屑从井眼中携带出去，而不会在井眼中形成泥浆环和钻头泥包。发泡剂的加量要通过试凑法来确定。

(2) 泡沫钻井。泡沫钻井是指钻井时将大量的气体 (如空气和氮气) 分散在少量含起泡剂 (表面活性剂) 的液体中作为循环介质的工艺，液体是外相 (连续相)，气体是内相 (非连续相)，其产生黏度的机理是气泡间的相互作用。其密度适用范围为 $0.04 \sim 0.6 \text{g/cm}^3$，井口加回压时可达到 0.8g/cm^3 以上，气体体积为混合物体积的 55% ~ 96%。

泡沫钻井按使用结果可分为一次性和可循环两类，按流体性质可分为

稳定和不稳定 (非弹性泡沫) 两类。钻井中常用的泡沫为稳定泡沫，泡沫质量范围一般为 53% ~ 96%。稳定泡沫是淡水、洗涤剂、化学添加剂、压缩空气 (氮气、二氧化碳、天然气和空气) 的混合物。在稳定泡沫的钻井液体系中，环空上返速度一般低于 0.5m/s，在侵入井眼流体低于 1 ~ 1.3m³/min 的情况下，稳定泡沫能有效地携带钻屑和侵入井眼流体。

非弹性泡沫是在泡沫体系中加入膨润土和聚合物，使其有稳定井壁的功能，适用于大井眼。

(3) 充气钻井液钻井。充气钻井是指钻井时将一定量的可压缩气体通过充气设备注入液相钻井液中作为循环介质的工艺。常用注入气体主要是空气和氮气，此外还有二氧化碳、天然气、柴油机尾气，但较少使用。

(4) 充气钻井。包括通过钻杆和井下注气两种方式。井下注气是通过寄生管、同心管在钻进的同时往钻井液中连续注气。密度适用范围为 0.7 ~ 0.9g/cm³ 或更高，气体体积低于混合物体积的 55%。

从流体性质看，充气钻井属于不稳定气液两相流体。按充气方式分为地面注入法 (立管注入法) 和强化充气法 (寄生管注入法、同心管注入法、连续油管注入法等)。

(三) 液相欠平衡钻井

(1) 控流钻井。控流钻井简称流钻，是用液相钻井液所进行的欠平衡钻井。其密度范围是 0.84 ~ 2.28g/cm³。油包水或水包油钻井液钻井的密度适用范围为 0.8 ~ 1.02g/cm³，常规钻井液钻井 (采用密度减轻剂) 的密度适用范围大于 0.9g/cm³，淡水或卤水钻井液钻井的密度适用范围为 1.0 ~ 1.30g/cm³。

(2) 泥浆帽钻井。环空、节流阀关闭，环空施加重稠的流体 (所谓的泥浆帽)，而清晰的钻井液通过钻具进入地层实现边漏边钻的一种钻井方式。

(3) 强行起下钻钻井。使用不压井起下钻装置进行的欠平衡钻井。根据地层和地层孔隙压力系数的不同，所使用的欠平衡钻井液体系也较多，大致归纳起来有以下几类：①各种常规的钻井液；②充气体系；③原油、柴油或油包水、水包油体系；④雾；⑤天然气；⑥泡沫；⑦其他降密度剂的钻井液。

降低钻井液密度的方法还有加入低密度固体添加剂的方法，这种低密度固体添加剂主要是指空心玻璃球 (或者是塑料小球)。空心玻璃球的密度为 0.7g/cm³，而微型空心玻璃球的密度为 0.38g/cm³，抗破坏压力为 20.7 ~ 27.6MPa。

据资料介绍，在密度为 1.054g/cm³ 的钻井液中加入 50% 的空心玻璃球，可使其密度降到 0.7188g/cm³；当空心玻璃球的加量控制在 35% ~ 40% 时，钻井液的密度可控制在 0.78 ~ 0.82g/cm³。空心玻璃球钻井液的成本要比普通钻井液高。

三、欠平衡钻井工程设计的原则与步骤

欠平衡钻井技术作为一项新兴技术，具有一定的复杂性和风险性。

主要设计原则有：满足地质设计要求，满足安全、健康要求，地层选择合理，欠平衡方式合理，设备配套布局合理，欠平衡相关参数设计合理，以最佳成本完成勘探、开发和生产目标。

主要设计步骤和内容为：①收集准备施工井的区块或邻井的地质、工程、测井和试油等方面的资料；②利用收集的资料分析地层复杂情况，预测地层压力和出油气量，了解施工队伍的设备配置及存在的问题；③进行井身结构、欠平衡钻井和完井方式设计；④提出欠平衡压力钻井配套方案、布置方案和设备改造措施，制定现场设备及管线连接方案；⑤根据地层岩性和测井资料处理结果优选钻头；⑥根据地层压力、地层稳定性、地层产量、摩阻等参数确定井底负压值和钻井液密度窗口；⑦设计钻井机械参数、水力参数、钻井液体系和性能参数；⑧根据地层参数和设备能力等参数设计井口回压值；⑨设计钻具组合（含内防喷工具），钻具组合要考虑保护胶芯；⑩设计井口设备组合；⑪制定现场施工压力控制、钻井工艺、起下钻、安全等技术措施。

参考文献

[1] 谢彬，喻西崇 . 海洋深水油气田开发工程技术总论 [M]. 上海：上海科学技术出版社，2021.

[2] 罗迪耶 . 海洋油气技术 [M]. 上海：上海交通大学出版社，2019.

[3] 熊友明，张杰，刘平礼，等 . 现代海洋油气工程技术 [M]. 北京：石油工业出版社，2020.

[4] 刘均荣，陈德春 . 海洋油气开采工程 [M]. 东营：中国石油大学出版社，2019.

[5] 徐雪松 . 海洋油气集输 [M]. 上海：上海交通大学出版社，2021.

[6] 李吉 . 海洋油气生产与施工安全 [M]. 北京：石油工业出版社，2020.

[7] 刘均荣，王杰祥，邬星儒 . 海洋油气工程管理 [M]. 东营：中国石油大学出版社，2021.

[8] 王平，徐功娣 . 海洋环境保护与资源开发 [M]. 北京：九州出版社，2019.

[9] 杨平，翟先强，全倚德 . 海洋石油勘探开发安全管理创新研究 [M]. 武汉：中国地质大学出版社，2020.

[10] 邓少贵，魏周拓，葛新民 . 地球物理测井基础 [M]. 北京：石油工业出版社，2023.

[11] 大庆油田有限责任公司 . 测井工 [M].2 版 . 北京：石油工业出版社，2023.

[12] 李浩，吴世祥，徐敬领，等 . 测井技术与裂缝研究 [M]. 北京：地质出版社，2021.

[13] 康正明，柯式镇 . 电阻率成像测井技术 [M]. 北京：中国石化出版社，2022.

[14] 郭海敏 . 生产测井导论 [M].3 版 . 北京：石油工业出版社，2023.

[15] 邹长春，谭茂金，徐敬领，等 . 地球物理测井教程 [M].2 版 . 北京：

地质出版社，2021.

[16] 汤天知 . 石油地球物理测井 [M]. 北京：石油工业出版社，2019.

[17] 马火林，骆淼，赵培强，等 . 地球物理测井资料处理解释及实践指
导 [M]. 武汉：中国地质大学出版社，2019.

[18] 高杰，张锋，车小花 . 地球物理测井方法与原理 [M].2 版 . 北京：石
油工业出版社，2022.

[19] 刘国强 . 测井新技术应用方法与典型实例 [M]. 北京：科学出版社，
2021.

[20] 郭海敏，宋红伟，刘军锋 . 生产测井原理与资料解释 [M].2 版 . 北
京：石油工业出版社，2021.

[21] 窦宏恩 . 油田开发基础理论（下）[M]. 北京：石油工业出版社，2019.

[22] 李斌，刘伟，毕永斌，等 . 油田开发项目综合评价 [M]. 北京：石油
工业出版社，2019.

[23] 黄红兵，李源流 . 低渗油田注水开发动态分析方法与实例解析 [M].
北京：北京工业大学出版社，2021.

[24] 穆龙新，范子菲，王瑞峰 . 海外油田开发方案设计策略与方法 [M].
北京：石油工业出版社，2020.

[25] 齐与峰，叶继根，黄磊，等 . 油田注水开发系统论及系统工程方法
[M]. 北京：石油工业出版社，2023.

[26] 姜洪福，辛世伟 . 海塔油田滚动开发探索实践 [M]. 北京：科学出版
社，2022.